Abdelaziz Kallel

Apport et Analyse d'Images Satellites pour le Suivi de la Végétation

Abdelaziz Kallel

Apport et Analyse d'Images Satellites pour le Suivi de la Végétation

Intérêt de la Modélisation du Transfert Radiatif, la Fusion de Données et la Classification dans l'Inversion des Images

Presses Académiques Francophones

Mentions légales / Imprint (applicable pour l'Allemagne seulement / only for Germany)
Information bibliographique publiée par la Deutsche Nationalbibliothek: La Deutsche Nationalbibliothek inscrit cette publication à la Deutsche Nationalbibliografie; des données bibliographiques détaillées sont disponibles sur internet à l'adresse http://dnb.d-nb.de.
Toutes marques et noms de produits mentionnés dans ce livre demeurent sous la protection des marques, des marques déposées et des brevets, et sont des marques ou des marques déposées de leurs détenteurs respectifs. L'utilisation des marques, noms de produits, noms communs, noms commerciaux, descriptions de produits, etc, même sans qu'ils soient mentionnés de façon particulière dans ce livre ne signifie en aucune façon que ces noms peuvent être utilisés sans restriction à l'égard de la législation pour la protection des marques et des marques déposées et pourraient donc être utilisés par quiconque.

Photo de la couverture: www.ingimage.com

Editeur: Presses Académiques Francophones est une marque déposée de
Südwestdeutscher Verlag für Hochschulschriften GmbH & Co. KG
Heinrich-Böcking-Str. 6-8, 66121 Sarrebruck, Allemagne
Téléphone +49 681 37 20 271-1, Fax +49 681 37 20 271-0
Email: info@presses-academiques.com

Produit en Allemagne:
Schaltungsdienst Lange o.H.G., Berlin
Books on Demand GmbH, Norderstedt
Reha GmbH, Saarbrücken
Amazon Distribution GmbH, Leipzig
ISBN: 978-3-8381-8916-1

Imprint (only for USA, GB)
Bibliographic information published by the Deutsche Nationalbibliothek: The Deutsche Nationalbibliothek lists this publication in the Deutsche Nationalbibliografie; detailed bibliographic data are available in the Internet at http://dnb.d-nb.de.
Any brand names and product names mentioned in this book are subject to trademark, brand or patent protection and are trademarks or registered trademarks of their respective holders. The use of brand names, product names, common names, trade names, product descriptions etc. even without a particular marking in this works is in no way to be construed to mean that such names may be regarded as unrestricted in respect of trademark and brand protection legislation and could thus be used by anyone.

Cover image: www.ingimage.com

Publisher: Presses Académiques Francophones is an imprint of the publishing house
Südwestdeutscher Verlag für Hochschulschriften GmbH & Co. KG
Heinrich-Böcking-Str. 6-8, 66121 Saarbrücken, Germany
Phone +49 681 37 20 271-1, Fax +49 681 37 20 271-0
Email: info@presses-academiques.com

Printed in the U.S.A.
Printed in the U.K. by (see last page)
ISBN: 978-3-8381-8916-1

Remerciements

Tout d'abord, je tiens à exprimer mes remerciements les plus sincères à **Sylvie Le Hégart-Mascle** ma directrice de thèse, pour la confiance qu'elle m'a accordé, ses conseils son aide et surtout pour la quantité de travail effectuée durant ces trois années de thèse. Qu'elle trouve ici un témoignage de ma profonde reconnaissance.

Je remercie également **Laurence Hubert-Moy** qui a co-dirigé cette thèse, commandé les données et ensemble nous avons effectué les relevés terrain.

Je tiens à exprimer ma reconnaissance à **Catherine Ottlé** qui a co-encadré cette thèse. Je la remercie pour ses précieux conseils et sa vision critique dans la partie transfert radiatif.

Je tiens à exprimer ma gratitude aux personnes qui m'ont fait l'honneur de participer au jury de ma thèse : **Roger Renaud**, qui a accepté de présider la thèse et qui a rendu possible la participation de Sylvie Le Hégarat-Mascle par visioconférence, **Thierry Denoeux** et **Jean Philippe Gastellu-Etchegorry** qui ont pris en charge les rapports de la thèse et m'ont apporté des remarques enrichissantes, et finalement **Ziad Belhadj**, pour avoir examiné ce manuscrit et qui a été mon Professeur et encadreur durant ma formation d'ingénieur et Master à SUP'COM de Tunis.

Mes remerciement vont également à **Wout Verhoef** pour le temps qu'il a consacré pour de langues discutions, et ce, malgré un emploi de temps chargé, l'intérêt avec lequel il a suivi mes travaux en modélisation directe du transfert radiatif, ses conseils et sa vision critique.

Je suis également redevable au **CNES** et à **la région de Bretagne** qu'ont financé mes trois années de thèse.

Ce travail a été effectué au sein du **CETP**, là ou j'ai trouvé l'ambiance favorable pour faire la science et évoluer. Ainsi, je tiens à remercier tous mes collègues, en particulier, le directeur **Hervé de Férody** pour sa bienveillance à mon égard, **Mehrez Zribi** qui est à l'origine de mon arrivé au laboratoire en stage de Master et mes amis **Benoît** avec lequel j'ai eu beaucoup de discussions scientifiques enrichissantes, **Stéphane** que je lui souhaite une bonne chance, **Abdouaziz**, **Hassan** et **Aurélie** à vous bientôt le tour. Je remercie finalement **Michael** dont son arrivée au laboratoire a donné un air frais à la vie sociale.

Toute mon affection va à ma famille avec au premier rang ma mère **Majida** et mon père **Hadi** qui attendaient depuis longtemps ma réussite et qui n'ont cessé de m'encourager à aller jusqu'au bout malgré l'éloignement qui est très difficile pour eux, j'espère un jour pouvoir vous rendre une infime partie de ce que vous m'avez donné . Toute ma grattitude va également à mes frères, mes sœurs et ma belle-famille pour leur soutien.

Enfin, toute ma tendresse va à ma femme **Rabeb** qui était à coté de moi cœur et âme durant toute les périodes difficiles de la thèse, j'espère être à la hauteur et te le retourner le plutôt possible.

i

*Je dédie cette thèse
à mes parents,
ma fiancée,
mes frères et soeurs*

Table des matières

Chapitre 1
Modélisation par transfert radiatif

Chapitre 2
Classification des images de densité de végétation par champs de Markov

Conclusion   169

Annexe A
Fonctions comonotones   175

Annexe B
Condition de non concurrence entre trois isolignes

Table des matières

Glossaire

B : Bilan énergétique d'une couche de végétation

$Betf$: Probabilité pignistique

C_{HS} : Facteur de correction de hot spot

E : Éclairement

E : Énergie d'une image

$E_{t \to r}$: Énergie d'un saut

H : Champ du voisinage non-stationnaire

L : Image des labels

L : Luminance

M : Émittance

$N(s)$: Voisinage du pixel s

R_{dd} : Réflectance hem-hem d'un couvert calculée par SAIL

R_{do} : Réflectance hem-dir d'un couvert calculée par SAIL

R_{sd} : Réflectance dir-hem d'un couvert calculée par SAIL

R_{soil} : Réflectance du sol

R_{so} : Réflectance dir-dir d'un couvert calculée par SAIL

S : Fonction de spécialisation

TOA : AU dessus de l'atmosphère

TOC : Au dessus du couvert

VI : Indice de végétation

W_{N_n} : Fenêtre de voisinage

X : Ensemble des sites des pixels

$\bigcirc$: Règle conjonctive

Δ : Ensemble d'ordonnancement consonant

Γ : L'ensemble des cliques d'une image

$^{\alpha w}m$: Affaiblissement généralisé de m

$\overline{^{\alpha w}}m$: Anti-affaiblissement généralisé de m

$^{\alpha \varphi}h$: Affaiblissement généralisé de h

$\overline{^{\alpha \varphi}}h$: Anti-affaiblissement généralisé de h

Λ : Ensemble des labels

Ω : Angle solide

Ω : Ensemble de discernement

Φ : Flux énergétique

R : Opérateur de réflectance discrétisé

T : Opérateur de transmittance discrétisé

$\mathcal{R}$: Opérateur de réflectance

$\mathcal{R}_b$: Opérateur de réflectance d'en dessous

$\mathcal{R}_t$: Opérateur de réflectance du dessus

$\mathcal{T}$: Opérateur de transmittance

$\mathcal{T}_d$: Opérateur de transmittance vers le bas

$\mathcal{T}_u$: Opérateur de transmittance vers le haut

$^{\alpha}m$: Affaiblissement de m

fCover : Fraction de couverture végétale

γ : Clique

$\bar{h}^{\sigma}$: Bbd gaussienne centrée normalisée

$\mathcal{G}(m)$: L'ensemble des bba les moins engagées que m

$\mathcal{I}$: Ensemble d'ordonnancement consonant en continu

$\mathcal{N}$: Bruit gaussien

$\mathcal{S}(m)$: L'ensemble des bba les plus engagées que m

$\mathcal{C}_{HS}$: Facteur de correction de hot spot

ACO : Ant Colony Optimization

ALA : Angle moyen de distribution de feuilles

FCC : Fonction à support simple

FDRB : Fonction de Distribution de Réflectance Bidirectionnelle

ICM : Iterative Conditional Mode

LAI : Indice foliaire

LAI_{HS} : LAI effective

LC_{bba} : La bba la moins engagée

MAP : Maximum A Posteriori

MC_{bba} : La bba la plus engagée

MRF : Markov Random Field

bba : Assignement de croyance basique

bbd : Densité de croyance basique

Glossaire

μ : moyenne d'une gaussienne

$\wp_{\oslash}$: Règle prudente adaptative

NIR : Proche Infra-rouge

$\oplus$: Règle de Dempster-Shafer

$\oslash$: Règle prudente

R : Rouge

ρ : Réflectance hémisphérique d'une feuille

$\rho^{(1)}$: Réflectance simple d'un milieu turbide

$\rho^{(1)}_{HS}$: Réflectance simple d'un milieu discret

ρ_{so} : Réflectance dir-dir d'une couche de végétation calculée par SAIL

σ : Écart-type d'une gaussienne

$\sqsubseteq$: Ordonnancement

τ : Transmittance hémisphérique d'une feuille

θ : Angle zénithal

θ : Hypothèse simple de Ω

$\mathcal{V}_\gamma$: Potentiel de la clique γ

φ : Angle azimuthal

φ : Fonction de poids canonique

bel : Croyance

d_l : Facteur de hot spot

f : Densité de masse

f : Distribution des feuilles

h : Densité de masse simplifiée dans le cas consonant

h^σ : Bbd gaussienne

k : Extinction

l_s : Label du pixel s

m : Fonction de masse

pl : Plausibilité

q : Communalité

r : Réflectance bidirectionnelle d'une couche de végétation

r_b : Réflectance bidirectionnelle d'en dessous d'une couche de végétation

r_t : Réflectance bidirectionnelle d'au dessus d'une couche de végétation

t : Transmittance bidirectionnelle d'une couche de végétation

t_d : Transmittance bidirectionnelle vers le bas d'une couche de végétation

t_u : Transmittance bidirectionnelle vers le haut d'une couche de végétation

$t_{d,d}$: Transmittance bidirectionnelle vers le bas par diffusion d'une couche de végétation

$t_{d,s}$: Transmittance bidirectionnelle vers le bas par extinction d'une couche de végétation

w : Facteur de réflectance bidirectionnelle d'une feuille

w : Poids

w_d : Facteur de transmittance bidirectionnelle d'une feuille

x_s : Valeur du pixel s

Introduction générale

Généralités sur la télédétection des surfaces continentales

Le développement des capteurs de télédétection embarqués sur satellites, au début des années soixante-dix, a été un événement majeur permettant des études plus efficaces des surfaces du globe. Les intérêts principaux de telles mesures sont la régularité de l'acquisition, les vastes étendues en termes de surfaces observées ainsi que la possibilité d'accès à des endroits inaccessibles. Parmi les avantages de la télédétection, on peut citer aussi le fait que les mesures sont physiques, offrant la possibilité d'une modélisation objective (interactions onde/matières). Par ailleurs, la numérisation de ces données a permis un traitement rapide et sophistiqué par des ordinateurs et de grands calculateurs.

En terme de résolution spatiale, on distingue trois sortes de capteurs :

- les capteurs Basse Résolution (BR, résolution spatiale $\geq 1 km^2$) tels que les capteurs AVHRR (depuis 1979), embarqués sur les satellites de météorologie NOAA, qui fournissent des images quotidiennes de la surface du globe dans le domaine Visible/Proche Infrarouge/Infrarouge Thermique ;
- les capteurs dits 'Haute Résolution' (HR) : on peut citer les radiomètres imageurs Landsat (premier lancement en 1972 avec une résolution de $80m \times 80m$ dans le domaine optique ; actuellement, Landsat 7 possède une résolution de $30m \times 30m$ en mode multispectral dans le domaine optique) et SPOT-HRV (premier lancement en 1986 avec une résolution de $20m \times 20m$). Ces capteurs ont permis l'étude de la végétation à l'échelle de la parcelle agricole. Cependant de par leurs cycles orbitaux, leurs faibles fauchées et les problèmes de nébulosité (conditions atmosphériques), le nombre d'images exploitables est faible (de l'ordre du mois à quelques mois) ;
- les capteurs dits 'Très Haute Résolution' (THR), ce sont les nouveaux capteurs métriques et décimétriques. Notamment SPOT 5, IKONOS et Quickbird ayant des résolutions respectivement de $5m \times 5m$, $4m \times 4m$, et $2.44m \times 2.44m$ en mode multispectral permettent d'acquérir au niveau de la parcelle des pixels purs n'incluant pas les bords des parcelles, des chemins et des routes. Ces derniers capteurs ouvrent aussi de nouvelles perspectives pour la détection des routes, la reconstruction 3-D du bâti et la localisation précise des zones sinistrées.

La télédétection joue ainsi un rôle important dans les études sur les surfaces continentales et notamment les bilans hydriques, d'énergie, de nitrate et carbonés de la Terre. La télédétection permet en effet d'étudier le fonctionnement de la biosphère, de suivre des flux d'eau et de carbone, et par la suite d'analyser les interactions entre les surfaces continentales, l'atmosphère et les processus hydrologiques (nappes, rivières, océans). En termes d'applications sociales et anthropiques, on pourra citer par exemple la gestion des risques naturels (inondations, incendies, tempêtes, etc.) à l'aide de capteurs optiques haute résolution, la prévision des récoltes et donc une meilleure sécurité alimentaire. D'une manière générale, la télédétection permet de surveiller l'environnement (ressources en eau, qualité de l'air, pollution et érosion, etc.) avec notamment :

- L'étude du fonctionnement de la végétation : avec les mesures dans le domaine optique qui permettent d'accéder à des informations sur l'occupation des surfaces, le taux de couverture, la structure et la phénologie des plantes ;
- L'estimation de la biomasse : avec les capteurs optiques ou radar qui sont capables de fournir des estimations de volume de biomasse, directement ou indirectement ;
- L'étude du bilan énergétique : avec les mesures dans le domaine de l'infrarouge thermique permettant d'accéder à la température de surface ;
- L'étude du bilan hydrique : avec les mesures réalisées dans le domaine des micro-ondes par des capteurs actifs (radar) ou passifs (radiomètres) permettant d'accéder à l'humidité de surface du sol ;
- La mesure des propriétés physiques des sols : comme la rugosité, la porosité, l'imperméabilisation de surface, et ceci par observation optique ou radar ;
- La détermination des minéralogies : en utilisant l'imagerie hyperspectrale composée d'une centaine de canaux, elle permet de réaliser des spectres quasi continus en longueur d'onde offrant des informations spectroscopiques sur la nature des minéraux constitutifs des roches et des sols.
- La cryosphère des neiges et glaciers de montagne : l'évolution des paramètres caractéristiques de la cryosphère (notamment l'épaisseur du manteau neigeux indirectement accessible par radiométrie hyperfréquence passive) nous renseigne sur les changements environnementaux et climatiques globaux des tropiques aux pôles.

Dans le cadre de cette thèse, on s'intéresse plus spécifiquement à la végétation dont le suivi par télédétection est un élément clef. En effet, elle permet d'avoir des données journalières sur des vastes étendues et ceci à basse résolution spatiale, ainsi que des données très hautes résolutions, mais avec une fréquence temporelle moindre. Plusieurs types de capteurs peuvent servir à l'étude de la végétation : les capteurs micro-ondes actifs (radars) qui permettent entautre l'accès à la quantité d'eau dans la végétation ; les capteurs passifs surtout en infrarouge thermique permettent d'obtenir leurs propriétés thermiques ; les capteurs en visible et proche-infrarouge qui permettent d'identifier l'occupation des sols et d'estimer la quantité de biomasse, ainsi que les différentes concentrations de matière organique dans la végétation.

Le suivi temporel de la végétation à partir de l'espace permet donc : (i) l'estimation dynamique de l'occupation des sols des paramètres liés aux couverts végétaux ; (ii) le forçage des modèles qui intègrent cette composante (directement ou indirectement).

La thématique de la couverture hivernale des sols

Dans le cadre de cette thèse, on s'intéresse à l'occupation du sol en hiver en Bretagne. En effet, le changement d'occupation des sols influe le développement durable aussi bien à l'échelle locale en termes d'érosion, d'appauvrissement des sols et de pollution des eaux, qu'aux plus grandes échelles en influençant le transfert de matière et d'énergie dans le continuum sol-végétation-atmosphère. En région d'agriculture intensive, les produits fertilisants, les engrais et les produits phytosanitaires sont largement utilisés pendant la période des cultures (souvent au printemps). L'hiver, période de transition entre deux cultures principales, les parcelles se retrouvent souvent à nu. L'eau des pluies s'infiltre dans le sol et ruisselle, entraînant avec elle à la fois les éléments fertiles et tous les excédents d'azote et de phosphate, polluant par la suite les ressources en eau. Ainsi, l'étude du suivi de la couverture hivernale et son impact sur la pollution représente depuis une dizaine d'années un enjeu important pour la région de Bretagne.

En effet, à partir des années 1950, l'agriculture en Bretagne (région située à l'ouest de la France) a subi un bouleversement lié aux avancées technologiques, passant en deux décennies de la ferme à la firme [Canévet, 1992]. Actuellement, la Bretagne est la première région agricole en France et parmi les plus intensives d'Europe. L'économie bretonne est fortement tributaire de son activité agricole. En hiver, le climat est frais et pluvieux, obligeant les agriculteurs à procéder à une période de repos, laissant ainsi les sols à nu. Mais avec un excédent pluviométrique important, la Bretagne souffre de la pollution des eaux des nappes, des rivières et de l'océan. Pendant ces quarante dernières années, en plus des progrès génétiques visant à améliorer les espèces, et afin d'améliorer le rendement de la production végétale et animale, les agriculteurs utilisent souvent des engrais et des pesticides avec excès, polluant par la suite l'environnement.

La pollution des eaux est due à l'infiltration et au ruissellement des trois excédents suivants :

 – Les nitrates qui sont dûs aux produits azotés apportés aux cultures comme engrais. Comme conséquences, on peut citer le fait que les eaux de la nappe deviennent non potables, ainsi que l'eutrophisation des rivières et la prolifération des algues vertes sur le littoral.
 – Les phosphates qui sont moins solubles que les nitrates et donc ont plus de risque d'être capturés par le sol (ils atteignent les eaux uniquement par ruissellement). Notons qu'un quart environ de cette pollution est due à l'agriculture.
 – Les produits phytosanitaires qui font partie de la famille des pesticides et issus de la chimie de synthèse. Servant comme médicaments afin de protéger les cultures contre des maladies. Ce sont des organismes qui entrent en compétition avec les plantes, nuisant à leur croissance ou à leur reproduction.

Comme mesure de lutte contre ce type de pollution, l'état français a mis en place depuis le début des années 90 plusieurs programmes de restauration de la qualité de l'eau, en particulier, il a lancé un programme d'action appelé "Directive nitrates" (20-23 Juillet 2001) sur deux thèmes : (i) l'obligation de couverture des sols en hiver et la limitation des apports d'engrais à $210 kg/ha/an$.

Les statistiques sur les types de couverture des sols agricoles en hiver montrent qu'elles sont de deux sortes : (i) des prairies pour le pâturage des bovins (ii) des sols nus après récoltes de cultures de maïs et céréales, avec éventuellement des repousses de la culture précédente (colza, céréales) et des résidus de culture (chaumes). Afin d'éviter de laisser les sols à nu, des intercultures (appelées aussi Cultures Intermédiaires Pièges à Nitrates) sont implantées afin de lutter contre les pollutions d'origine agricole, de la récolte jusqu'aux semis de printemps. Une telle procédure permet de réduire le lessivage d'azote jusqu'à 60% [Meisinger et al., 1991]. Une telle procédure réduit aussi l'érosion et la perte en phosphore et aide à améliorer la qualité des sols en contribuant au stockage du carbone dans le sol.

Afin d'étudier le suivi de la végétation en hiver, nous avons choisi comme site d'étude le bassin versant du Yar ($61.5km^2$), qui est un des sites ateliers labellisés par le Ministère de la Recherche dans le cadre du Programme Environnement, Vies et Sociétés (PEVS) 'Zones Atelier'. Il est situé à l'ouest du département des Côtes-d'Armor, à la limite du Finistère. Il s'étend sur 8 communes : Guerlesquin, Lauvellec, Plestin-en-Grèves, Plounérin, Plufur, Tréduder, Trémel, Plouégat-Moysan.

L'objet de cette thèse est d'estimer le taux de végétation sur des parcelles agricoles en hiver (couverture hivernale) sur ce bassin versant à partir de données satellite 'haute résolution'. Pour ce faire, nous cherchons d'abord à comprendre et à modéliser l'effet des paramètres physiques sur les signaux de télédétection mesurés. Nous définissons ainsi un premier modèle dit 'direct' qui, connaissant les caractéristiques physiques de la surface (sol, végétation) et les caractéristiques de l'observation (géométrie de la scène, longueur d'onde, etc.), simule le signal observé. Puis, nous cherchons à retrouver les caractéristiques physiques de la surface à partir des signaux mesurés. Nous définissons ainsi un nouveau modèle dit 'inverse' qui, connaissant les signaux mesurés et les caractéristiques de l'observation, estime les caractéristiques de la surface (dans notre cas, le taux de couverture). Notons que cette terminologie de modèle inverse est prise au sens large : elle va de la modélisation physique inverse (analytique ou numérique) jusqu'à l'utilisation des techniques d'inversion mathématique ou d'intelligence artificielle (par exemple réseaux de neurones), voire les techniques de fusion de données dans notre cas.

Modélisation directe des signaux mesurés par télédétection

Dans notre étude, on se place dans le domaine des longueurs d'onde solaire et plus précisément le Visible/Proche Infrarouge (en anglais Near Infrared, NIR). Dans ce domaine, étant illuminé par le soleil, la réponse du couvert végétal dépend de la végétation notamment des feuilles, du sol, des conditions atmosphériques et de la géométrie de la scène (positions relatives soleil/capteur). Notons ici que l'impact du sol dépend du taux de couverture : pour une faible végétation le sol a une grande part dans la réponse, inversement quand la végétation est dense, le sol n'influe quasiment pas.

La diversité des types de culture et de sols sous-jacents ainsi que l'existence de différents stades de croissance (par exemple, une nouvelle culture peut co-exister avec les chaumes de la culture précédente) rend compliquée l'estimation du taux de végétation à partir de données de télédétection. En effet, dans le domaine optique, la réflectance dans une certaine bande de fréquence, de deux types de végétations différentes ayant le même taux de couverture n'est pas la même, et inversement deux végétations différentes peuvent avoir la même réflectance [Jacquemoud and Baret, 1990]. Ainsi, une estimation du taux de couverture du sol par la végétation à partir d'une relation simple utilisant une seule bande de fréquence ne garantit pas la fiabilité des résultats. En outre, les contrôles terrain récoltées sur des parcelles de végétation sont souvent peu précises et correspondent à un nombre d'échantillons faible. Ainsi, l'utilisation de tels contrôles comme base d'apprentissage peut aboutir à des résultats peu fiables.

Afin de surmonter de tels problèmes, une modélisation de la réflectance de la végétation (le modèle direct) doit être établie préalablement au modèle inverse qui à partir de la réflectance du couvert végétal estime ses caractéristiques (dans notre étude la densité de végétation). Comme le Visible et le NIR correspondent à de courtes longueurs d'onde, lors de l'interaction avec la matière, l'onde est supposée entièrement diffusée (sans réflexion). Ainsi, la phase de l'onde après diffusion est aléatoire et le champ électromagnétique total est la somme cohérente de la contribution de chaque composante du couvert végétal. Dans ce cas, les équations de Maxwell peuvent être approximées par l'unique équation du transfert radiatif [Chandrasekhar, 1960] qui exprime la variation de l'énergie dans le milieu et dans une direction donnée. Le transfert radiatif modélise deux phénomènes qui s'interposent : (i) la diminution par extinction par les éléments du milieu, et (ii) l'augmentation par diffusion des flux provenant de toutes les directions dans la direction considérée.

Ainsi, dans le domaine optique (Visible/NIR), la quantité utile fournie par un capteur passif (radiomètre) est le rapport entre l'énergie diffusée par l'ensemble couvert végétal et atmosphère, et l'énergie reçue en provenance du soleil. Elle est appelée la Fonction de Distribution de la Réflectance Bidirectionnelle (FDRB) du couvert. Cette fonction est liée aux caractéristiques du couvert et elle possède des propriétés fondamentales comme la réciprocité qui correspond à la possibilité d'échanger le rôle de l'émetteur et du récepteur (principe de Helmholtz), la conservation de l'énergie qui implique que l'énergie totale diffusée est inférieure à l'énergie reçue et la séparabilité qui signifie la possibilité d'additionner plusieurs phénomènes calculés séparément. Goel (1988) définit une classification des modèles d'estimation de la FDRB qui comprend :

- Les modèles empiriques : ils consistent à approximer dans un certain domaine de validité la FDRB par une fonction arbitraire,
- Les modèles théoriques : ils consistent à décrire le milieu d'une façon suffisamment simple pour être paramétré : la forme des éléments, leur diffusion et l'architecture. On distingue trois sortes de modèles théoriques :
  - Les modèles turbides : le milieu est supposé constitué par des éléments de taille infinitésimale. En le décomposant en sous couches élémentaires, de tels modèles permettent d'estimer la diffusion multiple (appelée aussi diffusion volumique) [Chandrasekhar, 1960]. On peut citer comme exemple, le modèle SAIL [Verhoef, 1984; 1985] largement utilisé par la communauté de télédétection optique de la végétation, il consiste à modéliser la réflectance bidirectionnelle de la végétation en supposant qu'elle est un milieu turbide et en approchant l'équation du transfert radiatif par une représentation en quatre flux différents.
  - Les modèles géométriques : ils supposent la distribution des composantes du milieu ayant une taille non nulle (milieu discret) et les caractéristiques de diffusion permettant de déterminer la FDRB. Ce type de description complexe ne permet pas d'estimer la diffusion multiple au sein du milieu. Dans ce cadre, on peut citer les travaux sur la modélisation de la réflectance simple de la végétation [Kuusk, 1985; 1991b]. Les feuilles sont supposées des disques de tailles non nulles mais assez faibles comparées à la hauteur du couvert. Par rapport à un milieu turbide, cette description augmente la réflectance en direction de l'émetteur, ce phénomène étant appelé le 'hot spot'.
  - Les modèles hybrides : ils tirent profit des deux sortes de modélisation : le modèle géométrique pour estimer la diffusion simple et le modèle turbide pour estimer

la diffusion multiple. En s'appuyant sur la théorie des deux flux [Chandrasekhar, 1960] et afin d'estimer la réflectance de la surface de la lune, Hapke (1963) montre qu'on peut tenir compte des deux phénomènes à la fois. Afin de tenir compte du phénomène de hot spot, Verhoef (1998) propose aussi de remplacer la réflectance simple du modèle SAIL par celle de Kuusk (1985), d'où le modèle SAILH.

- Les modèles semi-empiriques : ce sont des modèles à fondement théorique mais utilisant un certain nombre de paramètres empiriques permettant d'étalonner les résultats du modèle par rapport à la 'réalité'.
- Les modèles numériques : il s'appuient sur un modèle numérique en 2 dimensions (2-D) ou 3 dimensions (3-D) d'une réalisation d'un milieu à étudier. L'estimation de la réflectance s'effectue en lançant un grand nombre de rayons et en suivant leurs interactions avec les composantes du milieu. Notons que ce type de modèle ne permet pas d'obtenir une expression analytique de la FDRB. Comme modèles représentant l'architecture de la végétation, on peut citer les modèles 3-D comme Flight [North, 1996], DART [Gastellu-Etchegorry et al., 1996], Sprint-2 [Thompson and Goel, 1998], Raytran [Govaerts and Verstraete, 1998], RGM [Qin and Sig, 2000] et Drat [Lewis, 1999].

L'estimation de la réflectance bidirectionnelle du couvert nécessite la connaissance préalable des propriétés radiatives des feuilles et du sol sous-jacent :

- Les feuilles : elles sont caractérisées par leur composition biochimique (polymères comportant le carbone, l'hydrogène, l'oxygène, l'oxygène et l'azote) et leur structure interne (épiderme et structure mésophile). L'absorption est dépendante de la longueur d'onde : les cellules chlorophylliennes absorbent dans le visible (transition électronique), la réflexion multiple dans le PIR absorbe le signal (elle est liée à la structure mésophile) et dans l'infrarouge l'absorption est liée à l'eau et à la matière sèche [Allen et al., 1973; Jacquemoud and Baret, 1990]. La diffusion au niveau de la feuille est liée aux trois phénomènes suivants : la réflexion, la réfraction et la diffraction au niveau de la surface ou à l'intérieur de la feuille. La modélisation de ces phénomènes est intégrée dans le modèle PROSPECT proposé la première fois par Jacquemoud and Baret (1990). De nombreuses améliorations visant à améliorer ses performances ont été apportées par la suite [Fourty et al., 1996; Fourty and Baret, 1997; 1998].
- Le sol : il est composé des minéraux (quartz) et de la matière organique (origine végétale). La réflectance par le sol dépend de la taille de ses éléments, de sa rugosité, de son humidité et de son indice de réfraction. Jacquemoud et al. (1992) ont proposé la modélisation de la réflectance du sol en s'inspirant du modèle de Hapke (1963).

Parmi les modèles de transfert radiatif 1-D les plus utilisés, on peut citer le modèle SAIL. Ce modèle utilise des flux diffus semi-isotropes, ce qui peut aboutir à une sous-estimation de la réflectance de la végétation [Andrieu et al., 1997]. Ainsi, dans cette thèse, nous proposons de le coupler avec la méthode Adding [Cooper et al., 1982] permettant une meilleure estimation de la diffusion multiple dans un milieu turbide. Étendu dans le cas discret, le modèle couplé devrait permettre de tenir compte de l'effet de hot spot [Kuusk, 1985] et de conserver l'énergie.

Modélisation inverse pour l'estimation des paramètres physiques

A partir d'images de télédétection, on peut estimer la densité de la végétation ainsi que d'autres paramètres relatifs à la végétation en utilisant soit des méthodes empiriques simples dites 'indices de végétation' soit la modélisation inverse du transfert radiatif. Les indices de végétation [Rondeaux et al., 1996] sont des combinaisons des réflectances en Visible (généralement le rouge) et en Proche Infrarouge, ayant montré une bonne corrélation avec la croissance des plantes, la couverture végétale et la quantité de biomasse. Le modèle inverse [Verstraete et al., 1990; Kuusk, 1991a; 1995; Fanga et al., 2003; Combal et al., 2002; Rautiainen, 2005] consiste à retrouver les caractéristiques de la végétation à partir des réflectances observées pour différentes longueurs d'onde ou différents angles de visée (images satellites). D'après Combal et al. (2002), le modèle inverse est un problème mal posé. Ceci est dû à la fois à l'imperfection du modèle direct (trop simpliste), la forte hétérogénéité du couvert, les conditions atmosphériques, le bruit dû au capteur (pour lequel nos connaissances sont partielles et peu précises). Notons aussi que le nombre d'inconnus est généralement supérieur au nombre de mesures ce qui conduit aussi à un modèle mal posé. Par ailleurs, on peut classer les modèles d'inversion en deux groupes : (i) ceux qui permettent d'inverser un seul paramètre [Verstraete et al., 1990; Kuusk, 1991a; 1995; Baret et al., 1995] et (ii) ceux qui essaient d'inverser tous les paramètres (les caractéristiques de la végétation) du modèle direct à la fois [Kimes et al., 2000; Combal et al., 2002; Baret and Buis, 2007]. Dans cette thèse, on se propose d'estimer le taux de couverture (dont le nom physique est : fraction de couverture végétale, et qui est noté fCover), i.e. un seul paramètre.

Dans cette étude, nous essayons d'inverser le taux de végétation en utilisant les bandes spectrales Rouge (R) et Proche Infrarouge (PIR) et en couplant SAIL et Adding. Un tel modèle de transfert radiatif est complexe (les relations entre réflectances et taux de végétation ne sont pas linéaires). En alternative, plusieurs méthodes utilisant les réseaux de neurones artificiels (ANN) ont été proposés [Rumelhart et al., 1986]. Dans notre cas, une telle méthode n'est pas applicable vu la nécessité d'une grande base d'apprentissage (Les ANN consistent à lancer plusieurs simulations du modèle direct permettant l'optimisation du réseau (phase d'apprentissage) ensuite à l'appliquer sur les données à inverser [Anderson, 1995]). Par ailleurs, jusqu'à aujourd'hui, aucune justification mathématique réelle d'une telle approche n'a été donnée. Nous proposons ici une approche semi-empirique (pour l'inversion des réflectances en R et NIR) exploitant d'une part une approximation du 1er ordre du modèle direct précédent et d'autre part des relations empiriques entre paramètres physiques (réduisant à quatre le nombre de paramètres à étalonner avec une base de données d'apprentissage).

Dans cette thèse, on propose d'une part de comparer les résultats de notre méthode d'inversion avec les indices de végétation, et d'autre part, nous proposons d'estimer le taux de végétation en combinant plusieurs indices de végétation (ou notre méthode d'inversion). Ayant besoin d'un cadre flexible et riche représentant nos connaissances, ce qui nécessite un formalisme généralisant la mesure de probabilité, nous avons opté dans cette thèse pour le cadre de la théorie des fonctions de croyances [Shafer, 1976].

Comme les indices de végétation sont souvent 'corrélés', ils sont considérés comme des sources partiellement 'non-distinctes'. On propose ainsi dans cette thèse d'utiliser une règle adaptée à ce type de configuration : variant entre la règle conjonctive, proposée par [Smets and Kennes, 1994], et la règle prudente de [Dubois *et al.*, 2001] qui suppose des sources 'non-distinctes'.

Enfin, ayant estimé la valeur du taux de végétation en chaque point (pixel) de l'image, les résultats sont lissés spatialement en utilisant un modèle markovien (Markov Random Field, Geman and Geman (1984)). Pour ce modèle, nous proposons alors une approche qui permet de relâcher l'hypothèse de stationnarité des formes de voisinages spatiaux en chaque pixel. La méthode proposée consiste à avoir un voisinage adaptatif pour chaque pixel de l'image. Afin d'optimiser la forme du voisinage, nous proposons l'optimisation par colonie de fourmis (Ant Colony Optimization [Dorigo *et al.*, 1996], ACO). Cette méthode permet de mieux préserver les contours et les structures fines.

Plan du document

Le mémoire est organisé en deux grandes parties qui présentent respectivement les contributions en modélisation directe et inverse, et en traitement de données :

- Dans la première partie, nous exposons le modèle de transfert radiatif direct que nous avons développé par couplage SAIL/Adding ainsi que son inversion, en trois chapitres :
  - Le premier chapitre est consacré à l'étude du transfert radiatif en général et les deux modèles Adding et SAIL. Les principes du transfert radiatif sont brièvement rappelés : mesure de flux, calcul de réflectance et équation générale du transfert radiatif. Les modèles SAIL et Adding sont par la suite détaillés et un parallèle entre les deux est présenté. Nous donnons ainsi une interprétation physique des paramètres de SAIL ainsi qu'une nouvelle formulation des opérateurs d'Adding.
  - Le deuxième chapitre est consacré au développement du nouveau modèle de transfert radiatif tirant profit de la modélisation de la végétation par SAIL et du formalisme général d'Adding. La description de l'architecture de la végétation par le modèle SAIL est ainsi intégrée dans le modèle Adding aussi bien dans le cas turbide que le cas discret. Nous montrons que dans le premier cas, un tel couplage permet de surmonter l'hypothèse de flux diffus isotropes considérée par SAIL, et dans le second cas, notre méthode permet de conserver l'énergie tout en tenant compte du hot spot. La méthode proposée permet aussi de tenir compte du hot spot entre les flux diffus, phénomène appelé l'effet 'multi hot spot'.

    Une étude comparative entre le nouveau modèle et SAIL montre que ce dernier sous estime la réflectance bidirectionnelle. Enfin pour valider, le modèle est comparé (avec succès) avec des modèles 3-D supposés réalistes.
  - Le troisième chapitre est dédié au modèle inverse permettant de retrouver le taux de couverture. Nous montrons ainsi qu'en négligeant la diffusion multiple par le sol, dans le plan (R,NIR), les isolignes de taux de végétation (les points ayant le même taux de couverture) sont des segments de droite (ce qui était admis dans les indices de végétation). Par la suite, nous proposons de paramétriser la famille des isolignes : en modélisant la variation de la pente (2 paramètres) et de l'intersection avec la droite des sols (2 paramètres).

    Comme les isolignes se recoupent (par un point peuvent peut passer plusieurs isolignes), la connaissance de la famille des isolignes n'est pas suffisante pour inverser. Ainsi nous montrons que la solution physique est celle qui minimise le fCover. Par ailleurs, on montre qu'au plus, il y a deux isolignes qui se recoupent en un point de l'espace ce qui facilite l'inversion et réduit le temps de calcul par rapport à une recherche classique pour une même précision.

Les quatre paramètres sont par la suite étalonnés en utilisant une base d'apprentissage. Pour étudier les performances et la robustesse de la méthode, nous proposons plusieurs tests sur des données simulées. Les tests montrent que la méthode est plus performante que les indices de végétation classiques. Enfin, nous montrons l'inversion des données réelles.

– Dans la deuxième partie, nous exposons successivement la fusion des indices de végétation et la classification de la carte de densité de végétation.

  – Dans le premier chapitre, en vue d'améliorer les résultats obtenus avec chaque indice de végétation (ou méthode d'inversion) pris individuellement nous proposons d'utiliser la théorie des fonctions de croyance. Comme plusieurs des indices sont corrélés entre eux avec des degrés différents, nous proposons de les modéliser comme des sources de croyance partiellement non-distinctes. Nous présentons ainsi une règle de combinaison, appelée la règle 'prudente-adaptative', qui tient compte de ce type de dépendance.

  Afin de définir une telle règle, nous montrons l'équivalence entre l'ordonnancement q-ordering et s-ordering, nous avons aussi besoin d'étendre certaines définitions existantes déjà en théorie des croyances. Comme par exemple la 'fonction de poids canonique' qui est l'extension de la notion de décomposition canonique des fonctions de croyance dans le domaine continu et l'affaiblissement généralisé qui est l'extension de l'affaiblissement classique des sources peu fiables.

  En termes de résultats, aussi bien pour les données simulées que les données réelles, nous montrons l'intérêt de combiner deux ou trois indices de végétation permettant ainsi l'amélioration de la précision ou la robustesse de l'estimation du fCover.

  – Le deuxième chapitre est dédié à la classification. Nous proposons une méthode de création des cartes de classification du taux de végétation en se plaçant dans le cadre de l'approche Maximum a posteriori (MAP) et en utilisant les champs aléatoires de Markov. Afin de préserver les contours des segments de classes, nous utilisons les champs de Markov sur des voisinages non-stationnaires adaptatifs. Nous montrons ainsi que cette approche revient à considérer un champ de Markov couple : label du pixel et son voisinage.

  Le voisinage d'un tel champ couple est une fenêtre assez grande et le nombre de configurations à tester est très important. Nous proposons ainsi d'utiliser la méthode ACO afin de trouver le voisinage et le label de chaque pixel. L'algorithme est similaire au problème du voyageur de commerce qui étant donné un ensemble de villes, consiste à trouver le plus court chemin reliant toutes les villes, et du routage dans les réseaux de télécommunications.

  En le comparant à la classification MRF classique utilisant le recuit simulé ou des méthodes plus sophistiquées comme les processus ligne [Geman and Geman, 1984] ou le Chien-modèle [Descombes *et al.*, 1998], notre méthode montre des résultats légèrement meilleurs. En outre, l'algorithme comprend plusieurs para-mètres. Cependant nous montrons qu'il est peu sensible à leurs variations et que des paramètres par défaut suffisent pour obtenir de bons résultats.

Table des figures

2

3

4

6

7

Première partie

Apports en modélisation directe et inverse

Chapitre 1

Modélisation par transfert radiatif

Les modèles physiques les plus utilisés pour modéliser l'interaction onde/couvert végétal dans le domaine optique sont ceux fondés sur la théorie du transfert radiatif proposée par Chandrasekhar (1960). Ainsi, nous adoptons cette théorie pour modéliser la réflectance du couvert végétal ce qui va nous permettre par la suite d'inverser le taux de couverture végétale à partir de données satellitaires 'haute résolution'.

Ainsi, ce chapitre est consacré à l'introduction de la théorie du transfert radiatif et ses différentes grandeurs physiques. Nous présentons aussi les modèles utilisés au cours de cette thèse, à savoir SAIL et Adding. Nous montrons dans le chapitre suivant que le couplage de ces deux modèles permet d'obtenir des résultats comparables à des modèle 3-D 'réalistes'. Nous proposons par la suite un modèle simple d'inversion du modèle couplé. Ainsi, nous discutons , dans ce chapitre, les différents paramètres du modèle SAIL et leur signification. En ce qui concerne le modèle Adding, nous montrons son extension (reformulation) au cas continu (définition des angles solides dans le cas continu) et une nouvelle façon de le discrétiser (discrétisation des angles solides : angles zénithal et azimuthal). Par ailleurs, nous mettons l'accent sur la différence d'échelles entre les deux approches ainsi que les avantages et les inconvénients de chacune.

Le plan du chapitre est comme suit : tout d'abord les principales grandeurs en transfert radiatif, les réflectances d'un milieu et l'équation du transfert radiatif sont exposées. Nous présentons par la suite les deux modèles : SAIL (estimation de la réflectance et bilan énergétique) et la méthode Adding (formulation des opérateurs, en continu et en discret et le principe de combinaison de plusieurs couches).

1.1 Le transfert radiatif

Dans cette section, nous présentons les grandeurs énergétiques utilisées en transfert radiatif, la réflectance d'une surface, ainsi que l'équation intégro-différentielle de transfert radiatif.

1.1.1 Radiométrie

La science de la radiométrie consiste à mesurer les flux énergétiques transportés par des ondes électromagnétiques. La Figure 1.1 montre le spectre électromagnétique total

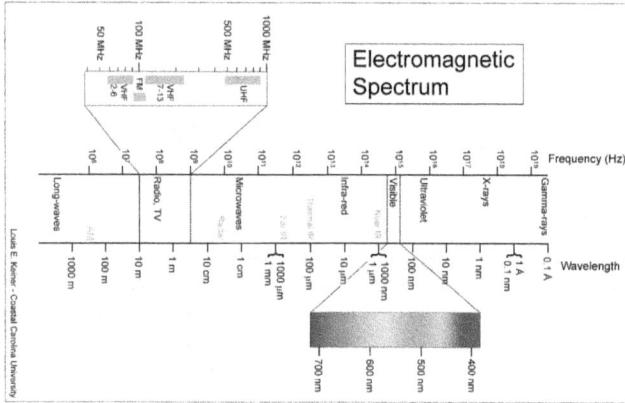

FIGURE 1.1 – Spectre électromagnétique (Extrait de Keiner (2003)).

représentant les rayonnements naturels. Ainsi une onde électromagnétique est caractérisée par sa longueur d'onde ou sa fréquence (de gauche vers la droite, la longueur d'onde augmente et la fréquence diminue) et la quantité d'énergie transportée. Le visible correspond aux longueurs d'onde variant entre $0.4\mu m$ et $0.7\mu m$ et les longueur d'onde proche infrarouge, moyen infrarouge et infrarouge thermique appartiennent respectivement aux l'intervalles $[0.7\mu m, 1.3\mu m]$, $[1.3\mu m, 2.5\mu m]$ et $[2.5\mu m, 100\mu m]$.

Les mesures d'énergie se font soit dans une direction bien définie, soit intégrées sur une hémisphère, soit sur tout l'espace. Une direction dans l'espace est donnée par les deux angles zénithal et azimuthal, respectivement $\theta \in [0, \pi]$ et $\varphi \in [0, 2\pi]$. Un point M dans l'espace est défini à l'aide de ses coordonnées sphériques (r, θ, φ) avec r la distance par rapport à l'origine de l'espace. La Figure 1.2 montre ce point M et une surface élémentaire dA centrée en ce point. On étend la définition d'angle dans l'espace par la notion d'angle solide (il représente la partie de l'espace couverte par une surface lorsqu'elle est observée du point O l'origine du repère). L'angle solide élémentaire $d\Omega$ sous lequel est vue la surface dA est défini par :

$$d\Omega = \frac{dA\cos(\theta')}{r^2}.$$

L'unité d'angle solide est le stéradian (sr).

Soit $dA(r, \theta, \varphi)$ définie comme une surface élémentaire sur la sphère de rayon r, alors $dA = r^2 \sin(\theta) d\theta d\varphi$, ainsi : $d\Omega = \sin(\theta) d\theta d\varphi$. D'où en faisant varier θ et φ, l'angle solide

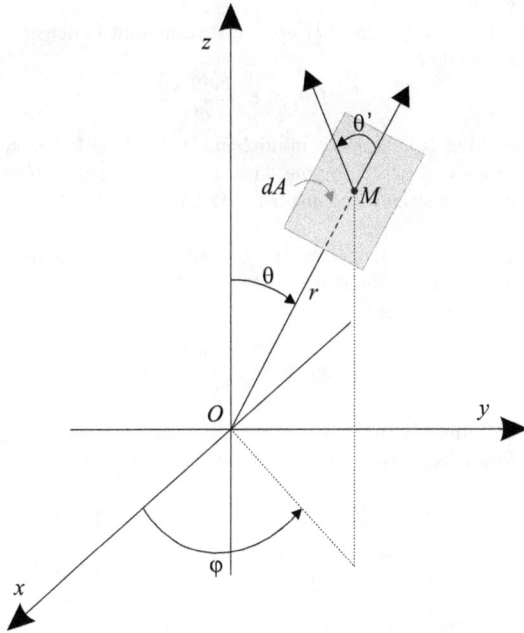

FIGURE 1.2 – Angle solide relatif à la surface dA. dA est centrée en $M(r, \theta, \varphi)$. L'angle que fait la perpendiculaire à dA par rapport à $\overrightarrow{OM}$ est θ'.

sur tout l'espace (intégré sur la sphère) :

$$\Omega = \int_0^{2\pi} \int_0^{\pi} \sin(\theta) d\theta d\varphi = 4\pi.$$

En terme d'émission de flux, deux types de sources peuvent être distinguées : les sources ponctuelles et les sources étendues.

Pour une source ponctuelle, on distingue deux grandeurs énergétiques :

– Le flux énergétique (Φ, unité W) : représentant la puissance diffusée par la source dans toute l'espace.

– L'intensité énergétique (I, unité $W.sr^{-1}$) : représentant la densité de puissance diffusée par angle solide :

$$I(\theta, \varphi) = \frac{d\Phi(\theta, \varphi)}{d\Omega}.$$

Pour une source étendue (une surface infinitésimale dS dans la direction de l'axe des z), outre le flux énergétique défini comme dans le cas ponctuel (sauf que l'énergie n'est diffusée que pour des z positifs : l'hémisphère vérifiant $\theta \in [0, \pi/2]$), on distingue deux autres termes :

– La luminance (L, unité $W.m^{-2}.sr^{-1}$) : qui est l'extension dans le cas continu de l'intensité, représentant la densité d'énergie par angle solide et surface projetée dans la direction d'observation :

$$L(\theta, \varphi) = \frac{d^2\Phi(\theta, \varphi)}{d\Omega dS \cos(\theta)}. \tag{1.1}$$

– L'émittance (M, unité $W.m^{-2}$) : qui remplace, pour des sources supposées infiniment étendues, le flux énergétique. Elle est définie comme la densité d'énergie par unité de surface :

$$\begin{aligned} M &= \frac{d\Phi(\theta, \varphi)}{dS}, \\ &= \int_0^{2\pi} \int_0^{\pi/2} L(\theta, \varphi) \cos(\theta) \sin(\theta) d\theta d\varphi. \end{aligned} \tag{1.2}$$

Pour des sources étendues, on appelle surface Lambertienne une surface qui rayonne de la même façon dans toutes les directions, c'est-à-dire ayant une luminance constante (L_0) quelques soient θ et φ. Dans cette thèse, on considère que le sol et les feuilles sont des surfaces Lambertiennes. Dans ce cas, nous avons :

$$M = \pi L_0.$$

Du côté du récepteur, pour un flux reçu Φ, on définit l'éclairement comme étant la densité du flux reçu par unité de surface :

$$E = \frac{d\Phi}{dS}.$$

D'après la loi de Bouguer, l'émetteur et le récepteur peuvent inverser leur rôle. La Figure 1.3 montre une configuration émetteur/récepteur de surfaces infinitésimales. On

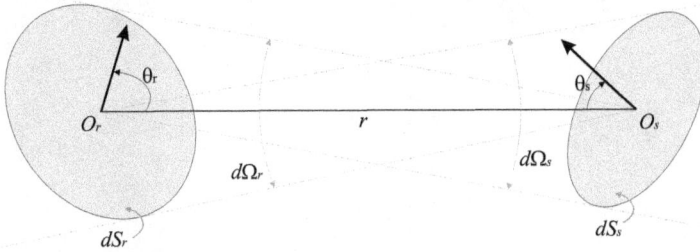

FIGURE 1.3 – Configuration géométrique de la Loi de Bouguer (d'après [Cuiziat and Lagouarde, 1996]). La distance émetteur/récepteur est r. La surface de l'émetteur (resp. le récepteur) est dS_s (resp. dS_r). L'émetteur observe le récepteur (resp. le récepteur observe l'émetteur) dans un angle solide $d\Omega_r$ (resp. $d\Omega_r$). L'angle que fait l'émetteur (resp. le récepteur) avec la droite $(O_s O_r)$ est θ_s (resp. θ_r).

suppose ici que l'émetteur est caractérisé par une luminance L_s. Le flux infinitésimal $(d^2\Phi(dS_s \rightarrow dS_r))$ reçu par dS_r, s'écrit comme suit :

$$
\begin{aligned}
d^2\Phi(dS_s \rightarrow dS_r) &= L_s d\Omega_r dS_s \cos(\theta_s), \\
&= L_s \frac{dS_r dS_s}{r^2} \cos(\theta_r)\cos(\theta_s).
\end{aligned}
$$

On voit bien que l'émetteur et le récepteur jouent un rôle symétrique. Notons que l'éclairement reçu par dS_r, est donnée par :

$$
\begin{aligned}
dE &= \frac{d^2\Phi(dS_s \rightarrow dS_r)}{dS_r}, \\
&= L_s \cos(\theta_r)d\Omega_s.
\end{aligned}
\tag{1.3}
$$

1.1.2 Réflectance d'une surface

Recevant un flux depuis une direction donnée, si une surface réfléchit le signal dans la direction spéculaire, elle est dite surface réfléchissante. Physiquement, ceci se produit quand la surface est supposée lisse par rapport à la longueur d'onde. Inversement, quand la surface est supposée très rugueuse par rapport à la longueur d'onde, la réflexion spéculaire pourra être négligée. Dans ce cas, on parle de diffusion (on parle souvent de la diffusion volumique ou de la diffusion multiple) qui se fait dans toutes les directions de l'hémisphère. Cette configuration est expliquée dans la Figure 1.4. Le flux élémentaire reçu depuis un angle solide élémentaire $d\Omega_i$ de direction $\Omega_i = (\theta_i, \varphi_i)$, émet dans toutes directions

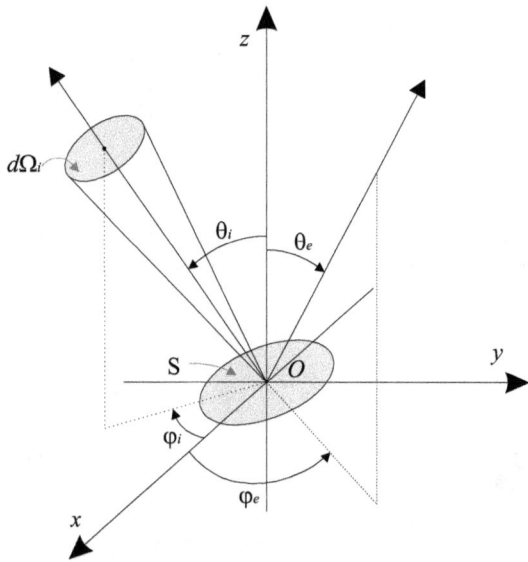

FIGURE 1.4 – Réflectance d'une surface S recevant un éclairement dans un angle solide $d\Omega_i$ et émettant dans la direction $\Omega_e = (\theta_e, \varphi_e)$.

$\Omega_e = (\theta_e, \varphi_e)$ une luminance. Le rapport diffusé/reçu définit la FDRB de la surface :

$$\begin{aligned}
r(\Omega_i \to \Omega_e) &= \frac{dL_e(\Omega_i, \Omega_e)}{dE_i(\Omega_i)}, \\
&\stackrel{*}{=} \frac{dL_e(\Omega_i, \Omega_e)}{L_i(\Omega_i)\cos(\theta_i)d\Omega_i},
\end{aligned} \tag{1.4}$$

avec dE_i l'éclairement élémentaire reçu, L_i et L_e sont respectivement les luminances reçue et diffusée par la surface S. Précisons ici que les indices 'i' et 'e' veulent dire respectivement en entrée et en sortie et qu'ils ne changent pas en fonction des angles. $dL_e(\Omega_i, \Omega_e)$ est la luminance élémentaire dans la direction Ω_e créée à partir du flux élémentaire $dE_i(\Omega_i)$. De la même façon, on définit la réflectance directionnelle-hémisphérique :

$$\begin{aligned}
r(\Omega_i \to \Pi) &= \frac{dM_e(\Omega_i)}{dE_i(\Omega_i)}, \\
&= \frac{\int_0^{2\pi} \int_0^{\pi/2} dL_e(\Omega_i, \Omega_e)\cos(\theta_e)\sin(\theta_e)d\theta_e d\varphi_e}{L_i(\Omega_i)\cos(\theta_i)d\Omega_i}, \\
&= \int_0^{2\pi} \int_0^{\pi/2} r(\Omega_i \to \Omega_e)\cos(\theta_e)\sin(\theta_e)d\theta_e d\varphi_e,
\end{aligned}$$

avec $dM_e(\Omega_i)$ l'émittance de S correspondant au flux reçu $dE(\Omega_i)$.

Dans le cas où le flux reçu est isotrope (L_i est constant), on a :
- L'éclairement total reçu, donné par :

$$\begin{aligned}
E_i &= \int_0^{2\pi} \int_0^{\pi/2} L_i\cos(\theta_i)\sin(\theta_i)d\theta_i d\varphi_i, \\
&= \pi L_i.
\end{aligned}$$

- La luminance directionnelle crée par le flux reçu total

$$\begin{aligned}
L_e(\Omega_e) &= \int_0^{2\pi} \int_0^{\pi/2} r(\Omega_i \to \Omega_e)L_i\cos(\theta_i)\sin(\theta_i)d\theta_i d\varphi_i, \\
&= L_i \int_0^{2\pi} \int_0^{\pi/2} r(\Omega_i \to \Omega_e)\cos(\theta_i)\sin(\theta_i)d\theta_i d\varphi_i.
\end{aligned}$$

Deux autres réflectances peuvent ainsi être définies :
- La réflectance hémisphérique-directionnelle :

$$\begin{aligned}
r(\Pi \to \Omega_e) &= \frac{L_e(\Omega_e)}{E_i}, \\
&= \frac{1}{\pi} \int_0^{2\pi} \int_0^{\pi/2} r(\Omega_i \to \Omega_e)\cos(\theta_i)\sin(\theta_i)d\theta_i d\varphi_i.
\end{aligned}$$

∗. utiliser (1.3)

– La réflectance hémisphérique-hémisphérique :

$$
\begin{aligned}
r(\Pi \to \Pi) &= \frac{M_e}{E_i}, \\
&= \frac{\displaystyle\int_0^{2\pi} \int_0^{\pi/2} L_e(\Omega_e)\cos(\theta_e)\sin(\theta_e)d\theta_e d\varphi_e}{E_i}, \\
&= \int_0^{2\pi} \int_0^{\pi/2} r(\Pi \to \Omega_e)\cos(\theta_e)\sin(\theta_e)d\theta_e d\varphi_e, \\
&= \frac{1}{\pi} \int_0^{2\pi} \int_0^{\pi/2} \int_0^{2\pi} \int_0^{\pi/2} r(\Omega_i \to \Omega_e)\cos(\theta_i)\sin(\theta_i)\cos(\theta_e) \\
&\qquad\qquad \sin(\theta_e)d\theta_i d\varphi_i d\theta_e d\varphi_e.
\end{aligned}
$$

1.1.3 Équation du transfert radiatif

On considère ici un milieu turbide composé de particules diffusantes de taille très faible. Une onde dans une direction donnée pourra traverser le milieu en passant entre les particules. Elle interagit alors avec des particules situées à des profondeurs différentes. Les particules à leur tour diffusent le flux dans des directions différentes. Ainsi, si le milieu est assez dense ou assez profond ces flux diffus auront une puissance non négligeable créant par la suite d'autres flux diffus, et ainsi de suite. Ce phénomène est appelé la diffusion volumique ou diffusion multiple. On verra par la suite comment modéliser un tel phénomène.

La disposition des particules dans le milieu permet de définir la probabilité qu'un flux d'une direction donnée $(\Omega(\theta, \varphi))$ entre en contact les particules. Cette probabilité est appelée facteur d'extinction $(k(\Omega))$.

Les particules sont caractérisées par leur coefficient de diffusion (w, pour une feuille, il pourra représenter sa réflectance ou sa transmittance) et la fonction de phase $P(\Omega_i \to \Omega_e)$, avec Ω_i et Ω_e représentant respectivement la direction du flux reçu et du flux diffusé. Sachant qu'un flux reçu par une particule dans la direction Ω_i n'est pas absorbé, la fonction de phase exprime la probabilité qu'il soit diffus dans la direction Ω_e. La fonction de phase doit ainsi vérifier :

$$
\frac{1}{4\pi} \int_0^{2\pi} \int_0^{\pi} P(\Omega_i \to \Omega_e)\sin(\theta_e)d\theta_e d\varphi_e = 1, \forall \Omega_i \in [0, \pi] \times [0, 2\pi].
$$

La Figure 1.5 montre qu'en traversant le milieu turbide, deux phénomènes se superposent :

– diminution de la puissance par extinction :

$$
L(z - dz, \Omega) = L(z, \Omega) - L(z, \Omega)k(\Omega)dz,
$$

et donc

$$
\frac{\partial L(z, \Omega)}{\partial z} = L(z, \Omega)k(\Omega). \tag{1.5}
$$

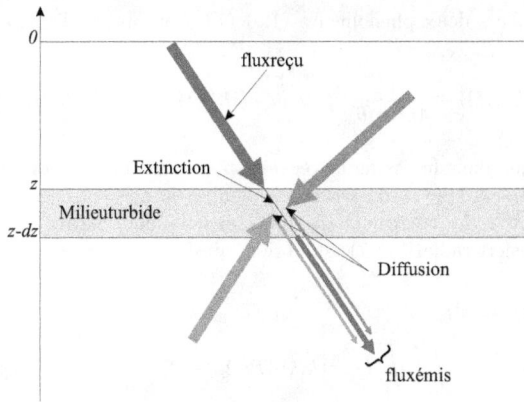

FIGURE 1.5 – Suivi de la variation du flux en rouge en traversant une couche infinitésimale à l'altitude $z < 0$. Le flux est atténué par extinction et augmenté par diffusion de tous les flux (présents dans la couche, en gris et bleu) diffusés dans sa direction.

– augmentation de la puissance : provenant dans un angle solide $d\Omega_i$ une éclairement élémentaire $dE(\Omega_i)$ de direction Ω_i contribue dans la couche élémentaire dz à la création dans la direction $d\Omega$ de $\delta^3 M(z, dz, \Omega_i, \Omega)$ par diffusion :

$$\delta^3 M(z, dz, \Omega_i, \Omega) = \frac{P(\Omega_i \to \Omega)d\Omega}{4\pi} w \overbrace{dE(\Omega_i)k(\Omega_i)dz}^{\text{énergie piégée}},$$
$$= L(\Omega_i)\cos(\theta_i)d\Omega_i \frac{1}{4\pi} P(\Omega_i \to \Omega)d\Omega w k(\Omega_i)dz.$$

Par intégration sur l'éclairement provenant de tout l'espace, on obtient :

$$\delta^2 M(z, dz, \Omega) = \frac{1}{4\pi} d\Omega w dz \int_0^{2\pi} \int_0^\pi k(\Omega_i)P(\Omega_i \to \Omega)L(\Omega_i)\cos(\theta_i)\sin(\theta_i)d\theta_i d\varphi_i.$$

D'après (3.18) et (1.2), $\delta^2 M(z, dz, \Omega)$ est liée à l'augmentation de la luminance $dL(z, \Omega)$ de la façon suivante :

$$\delta^2 M(z, dz, \Omega) = dL(z, \Omega)\cos(\theta)d\Omega.$$

Comme $dL(z, \Omega) = L(z - dz, \Omega) - L(z, \Omega)$, alors :

$$L(z-dz, \Omega) = L(z, \Omega) + \frac{w dz}{4\pi cos(\theta)} \int_0^{2\pi} \int_0^\pi k(\Omega_i)P(\Omega_i \to \Omega)L(\Omega_i)\cos(\theta_i)\sin(\theta_i)d\theta_i d\varphi_i,$$

et donc

$$\frac{\partial L(z, \Omega)}{\partial z} = -\frac{w}{4\pi cos(\theta)} \int_0^{2\pi} \int_0^\pi k(\Omega_i)P(\Omega_i \to \Omega)L(\Omega_i)\cos(\theta_i)\sin(\theta_i)d\theta_i d\varphi_i. \quad (1.6)$$

Ainsi en sommant ces deux phénomènes (1.5) (1.6), on obtient l'équation du transfert radiatif :

$$\frac{\partial L(z,\Omega)}{\partial z} = k(\Omega)L(z,\Omega) - \frac{w}{4\pi cos(\theta)}\int_0^{2\pi}\int_0^{\pi} k(\Omega_i)P(\Omega_i \to \Omega)L(\Omega_i)\cos(\theta_i)\sin(\theta_i)d\theta_i d\varphi_i.$$

(1.7)

Il faut noter que dans le cas de la végétation, w n'est pas constante dans toutes les directions : notamment si le rayon traverse la feuille, on doit considérer la transmittance τ, et la réflectance ρ. Le coefficient de diffusion doit alors 'entrer' dans l'intégrale de l'équation du transfert radiatif (1.7), on obtient ainsi :

$$\frac{\partial L(z,\Omega)}{\partial z} = k(\Omega)L(z,\Omega)$$
$$- \frac{1}{4\pi cos(\theta)}\int_0^{2\pi}\int_0^{\pi} \{\rho,\tau\}k(\Omega_i)P(\Omega_i \to \Omega)L(\Omega_i)\cos(\theta_i)\sin(\theta_i)d\theta_i d\varphi_i. \quad (1.8)$$

On remarque que l'équation du transfert radiatif contient à la fois une différentielle et une intégrale, ce qui empêche sa résolution exacte.

Afin de surmonter cette complexité plusieurs modèles ont été proposés. Dans cette thèse, on s'intéresse aux modèles SAIL et Adding dont le couplage, que nous allons le voir dans le chapitre 2, permet une approximation acceptable de la solution exacte de (1.8).

1.2 Le modèle SAIL

La modélisation du transfert radiatif dans un milieu turbide a été proposée la première fois par Kubelka and Munk (1931). Elle a été développée pour l'étude des films de peintures et montré de bons résultats dans le cas de toutes sortes d'applications. Kubelka and Munk considèrent une couche illuminée par un flux diffus. Atteignant le milieu, le flux pourra se décomposer en deux flux : vers le haut et vers le bas. Dans le cadre de l'étude de la végétation, Allen *et al.* (1970) proposent l'amélioration du modèle de Kubelka and Munk en tenant compte du flux direct. Suits (1972) propose une méthode pour estimer la réflectance bidirectionnelle du couvert végétal en utilisant le modèle de Allen *et al.*. En plus des termes de ce dernier, Suits propose un nouveau terme qui est la luminance du couvert en direction du capteur. Ce terme est intégré sur toute la hauteur de la végétation et le sol. Dans ce modèle, tous les flux sont estimés en supposant que les feuilles sont disposées uniquement selon deux directions : horizontale et verticale. Finalement, Verhoef (1984) propose une amélioration du modèle de Suits en considérant dans l'estimation des paramètres une distribution d'orientation des feuilles en fonction des angles zénithal et azimuthal.

Dans la section suivante nous présentons les bases du modèle SAIL et le calcul du bilan radiatif d'une couche de végétation.

1.2.1 Paramètres du modèle SAIL

Dans cette section, nous présentons le modèle SAIL ainsi qu'une description de la réflectance du couvert végétal dans le cas d'une seule couche de végétation couvrant le sol.

20

La végétation est supposée avoir un profil 1-D avec des éléments distribués aléatoirement.

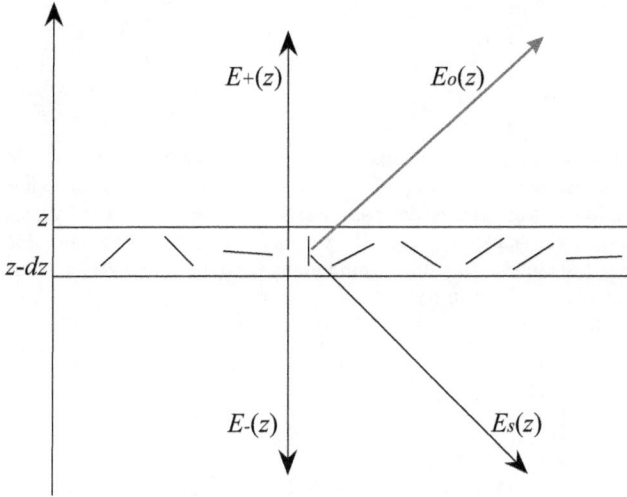

FIGURE 1.6 – Interaction des flux de SAIL avec une couche élémentaire de végétation d'épaisseur dz.

La végétation est divisée en un ensemble infini de sous-couches élémentaires d'épaisseur dz. Les feuilles sont supposées des surfaces Lambertiennes aussi bien en réflectance qu'en transmittance. Atteignant une feuille, le flux pourra ainsi être absorbé, réfléchi ou transmis. Le modèle SAIL suppose l'existence de trois sortes de flux d'éclairement, le flux en provenance de la source qui est un flux directe (E_s), le flux diffus vers le bas (E_-) et le flux diffus vers le haut (E_+). Chaque flux pourra être atténué en traversant le long de l'épaisseur dz. Atteignant des éléments de la végétation, le flux pourra être absorbé ou diffusé, la partie de la diffusion vers le haut est ajoutée à E_+ et celle vers le bas est ajoutée à E_-.

Dans la sous-couche, chaque éclairement crée une luminance en direction du capteur, la somme est appelé L_0. L_0 est intégrée sur z, formant ainsi la luminance totale observée par le capteur. Comme les autres types de flux, L_0 est partiellement atténuée en traversant la sous-couche le long de l'épaisseur dz. Par analogie avec l'existence d'une surface Lambertienne, on introduit le terme, $E_0 = \pi L_0$. La Figure 1.6 montre ces différents flux.

Les équations de la diffusion sont les suivantes :

$$\begin{cases} \dfrac{dE_s}{dz} = kE_s, \\[2mm] \dfrac{dE_-}{dz} = -sE_s + (\kappa - \sigma')E_- - \sigma E_+, \\[2mm] \dfrac{dE_+}{dz} = s'E_s + \sigma E_- - (\kappa - \sigma')E_+, \\[2mm] \dfrac{dE_o}{dz} = wE_s + vE_- + v'E_+ - K_o, \end{cases} \qquad (1.9)$$

k, κ et K sont les paramètres d'atténuation estimés par projection des surfaces des feuilles en direction du flux reçu et s, s', σ, σ', w, v et v' sont les termes de diffusion estimés en tenant compte de la géométrie et des paramètres radiatifs de la feuille [Verhoef, 1984].

Considérons maintenant la couche de végétation toute entière. On suppose qu'elle est située entre l'altitude -1 et 0. En appliquant la solution analytique obtenue pour la couche de végétation totale, on obtient les équations suivantes reliant les flux diffusé par la couche (les interfaces avec le reste de l'espace en -1 et 0) à ceux reçus :

$$\begin{bmatrix} E_s(-1) \\ E_-(-1) \\ E_+(0) \\ E_o(0) \end{bmatrix} = \begin{bmatrix} \tau_{ss} & 0 & 0 & 0 \\ \tau_{sd} & \tau_{dd} & \rho_{dd} & 0 \\ \rho_{sd} & \rho_{dd} & \tau_{dd} & 0 \\ \rho_{so} & \rho_{do} & \tau_{do} & \tau_{oo} \end{bmatrix} \begin{bmatrix} E_s(0) \\ E_-(0) \\ E_+(-1) \\ E_o(-1) \end{bmatrix}, \qquad (1.10)$$

Les expressions analytiques des termes de la matrice en fonction de k, K, κ, s, s', σ, σ', w, v et v' sont données dans [Verhoef, 1985]. $E_s(0)$, $E_-(0)$, $E_+(0)$ et $E_o(0)$ étant respectivement le flux direct, le flux diffus vers le bas, le flux diffus vers le haut et la luminance au-dessus de la couche, $E_s(-1)$, $E_-(-1)$, $E_+(-1)$ et $E_o(-1)$ sont ces mêmes flux en bas de la couche.

Pour une couverture végétale (avec une limite supérieure à $z = 0$) Verhoef (1985) définit la matrice de réflectance R comme suit :

$$\begin{bmatrix} E_+(0) \\ E_o(0) \end{bmatrix} = \underbrace{\begin{bmatrix} R_{sd} & R_{dd} \\ R_{so} & R_{do} \end{bmatrix}}_{R} \begin{bmatrix} E_s(0) \\ E_-(0) \end{bmatrix}, \qquad (1.11)$$

avec R_{so}, R_{do}, R_{sd} et R_{dd} les réflectances bidirectionnelle, hémisphérique-directionnelle, directionnelle-hémisphérique et hémisphérique définies comme dans la Section 1.1.2. Les seules différences concernent la réflectance bidirectionnelle et hémisphérique-directionnelle, comme $E_o = \pi L_o$, nous avons $R_{so}(\Omega_s \to \Omega_o) = \pi r(\Omega_s \to \Omega_o)$ et $R_{do}(\Pi \to \Omega_o) = \pi r(\Pi \to \Omega_o)$. Notons aussi que pour un couvert Lambertien, les termes de la matrice sont égaux.

Pour un sol quelconque (non nécessairement Lambertien), la FDRB pourra être estimée en utilisant le model de Hapke (1963), qui a été amélioré à plusieurs reprises [Hapke, 1963; 1981; Hapke and Wells, 1981; Hapke, 1984; 1986; Pinty and Verstraete, 1991; Jacquemoud et al., 1992]. En utilisant les définitions des réflectances en section 1.1.2, on pourra définir la matrice de réflectance R_s :

$$R_s = \begin{bmatrix} r_{sd} & r_{dd} \\ r_{so} & r_{do} \end{bmatrix}, \qquad (1.12)$$

la signification des termes de R_s est la même que celle du couvert.

Pour un couvert végétal composé d'une seule couche de végétation au dessus du sol, le calcul de la FDRB (R_{so}) nécessite la connaissance de la réflectance du sol (la matrice R_s, (1.12)) ainsi que les relations flux rentrant/sortant de la couche de végétation (1.10). A l'interface sol/végétation, les flux sortant de la végétation (respectivement du sol) sont ceux reçus par le sol (respectivement par la végétation). On obtient [Verhoef, 1985] :

$$R_{so} = \rho_{so} + \tau_{ss}r_{so}\tau_{oo} + \frac{(\tau_{ss}r_{sd} + \tau_{sd}r_{dd})\tau_{do} + (t_{sd} + \tau_{ss}r_{sd}\rho_{dd})r_{do}\tau_{oo}}{1 - r_{dd}\rho_{dd}}. \qquad (1.13)$$

Notons qu'en combinant (1.12) et (1.10) on pourra obtenir les autres termes de la matrice de réflectance R du couvert. Ainsi, si une ou plusieurs couches sont ajoutées, on peut itérer le processus en utilisant la matrice R (1.11) (au lieu de la matrice R_s du sol (1.12)) des couches déjà concaténées et en la combinant avec la relation (1.10) de la couche rajoutée, on retrouve ainsi la nouvelle matrice R est ainsi de suite [Verhoef, 1985].

Le modèle SAIL permet ainsi le calcul de la FDRB du couvert végétal en prenant en compte son architecture et l'interaction onde/feuilles (atténuation et diffusion multiple) décrite en terme de transfert radiatif et ceci en supposant que le milieu est turbide. Cependant, le modèle SAIL suppose que les flux diffus sont isotropes (en terme de distribution sur l'hémisphère), ce qui n'est qu'une approximation. L'impact de cette approximation augmente avec l'augmentation relative de la participation des flux diffus dans la création de la luminance. Ainsi, plus une couche est épaisse, moins l'estimation est bonne.

1.2.2 Bilan énergétique du modèle SAIL

Comme déjà souligné, les paramètres du modèle SAIL sont estimés au niveau d'une sous-couche élémentaire. Les résultats sont obtenus par résolution du système d'équations différentielles (1.9). On obtient par la suite les équations aux limites reliant les flux diffusés aux flux reçus (1.10). Afin d'estimer les relations reliant les flux incidents aux flux sortants, il faut résoudre les équations aux limites de SAIL pour les différentes conditions aux limites considérées. Nous proposons ainsi dans cette section d'étudier le bilan énergétique d'une couche de végétation à l'aide des flux de SAIL.

Nous considérons uniquement un couvert constitué d'une couche de végétation (entre l'altitude -1 et 0) couvrant le sol, et nous étudions les paramètres de diffusion dans les deux cas suivants :

– On considère uniquement le flux direct :

$$E_s(0) \neq 0 \text{ et } E_-(0) = 0. \qquad (1.14)$$

– On considère uniquement le flux diffus :

$$E_s(0) = 0 \text{ et } E_-(0) \neq 0. \qquad (1.15)$$

Notons que généralement, le rayonnement reçu par la végétation est la somme des flux obtenus dans ces deux cas : le flux direct en provenance du soleil et le flux diffus par une autre couche de végétation située au-dessus ou par l'atmosphère.

Un couvert végétal recevant un flux incident pourra le réfléchir, l'absorber ou le transmettre vers le bas (le sol). Reçu par le sol, il pourra être transmis vers le haut (en direction du capteur en particulier) ou 'réfléchi' (vers le bas) par la végétation vers le sol. On peut modéliser ces différentes interactions dans la végétation par quatre paramètres de diffusions : T_d, T_u, R_t et R_b qui sont respectivement la transmittance vers le bas et vers le haut, la réflectance du haut et du bas de la couche. Par la suite, nous ajoutons à ces termes un exposant 1 ou 2, référant au cas étudié (1.14) ou (1.15). Notons que ces termes de diffusion ne sont pas des opérateurs mathématiques comme dans le cas de la méthode Adding (exposée plus tard). Pour estimer ces paramètres pour une couche de végétation, on doit :

– annuler les effets des autres couches. Dans notre cas, cela revient à ne pas tenir compte de la contribution du sol. Cette absence de contribution pourra se traduire par le fait que le sol absorbe tout le flux reçu, c'est-à-dire $R_s = 0$ et donc $E_+(-1) = 0$.

– Faire la différence entre les paramètres dépendant du flux en provenance du haut (T_d et R_t), et ceux dépendant du flux en provenance du bas (T_u et R_b). Dans le premier cas, on suppose que la couche de végétation est illuminée d'en haut ($E_s(0) \neq 0$ ou $E_-(0) \neq 0$, outre $E_+(-1) = 0$) ; dans le deuxième cas, elle est supposée illuminée d'en bas ($E_s(0) = 0$, $E_-(0) = 0$ et $E_+(-1) = 0$).

– Faire la différence entre deux sortes de transmittances : celle qui est due à l'atténuation du flux direct dans la végétation et celle qui est due à la diffusion du flux direct par les composantes de la végétation. On les appelle respectivement $T_{.,s}$ et $T_{.,d}$, avec '.' égale à d ou u.

Les résultats de nos calculs sont donnés dans le Tableau 3.2. Notons que le flux $E_-(0)$ est isotrope et lorsqu'il passe à travers la végétation et arrive au sol il reste toujours isotrope ($E_-(-1)$), aucune direction n'est privilégiée et donc sans modifier le bilan énergétique final, on a supposé que la transmittance par atténuation $T_{d,s}^2$ est nulle. Dans le cas contraire, on pourra dire que $T_{d,s}^2 + T_{d,d}^2 = \tau_{dd}$.

A partir d'équations différentielles liant les différents flux et la luminance au niveau d'une couche fine, le modèle SAIL permet, par intégration, de relier les flux entrant et sortant d'une couche de végétation. En particulier, il permet de calculer la réflectance bidirectionnelle d'une ou plusieurs couches de végétation. De la même façon, nous montrerons dans le chapitre 2 qu'on peut estimer la transmittance bidirectionnelle d'une couche de végétation, en considérant la même description physique. Cependant le modèle SAIL considère des flux diffus isotrope (E_- et E_+). Cette hypothèse n'est qu'une approximation, comme ces deux flux rentrent dans le calcul de la réflectance (ou la transmittance voir chapitre 2), le résultat obtenu n'est pas précis. Nous montrons dans le chapitre suivant que le couplage avec la méthode Adding (cf. la section 1.3) va permettre de surmonter cet inconvénient.

1.3   Présentation de la méthode Adding

La méthode Adding est fondée sur le fait qu'une couche de végétation recevant un flux d'en dessus ou d'au-dessous l'absorbe partiellement et le diffuse vers le bas et vers le

TABLE 1.1 – Paramètres de diffusion d'une couche de végétation, estimés en utilisant le modèle SAIL.

Coeff[a]	Définition	condition(s)	Cas 1	Cas 2
$T_{d,s}$	flux au [b]BOC partiellement atténué / flux incident au [c]TOC	contribution nulle de [d]L2	τ_{ss}	0
$T_{d,d}$	flux au BOC diffusé par [e]L1 / flux incident au TOC	contribution nulle de L2	τ_{sd}	τ_{dd}
R_t	lum[f] de la végétation au TOC dans la [g]DO / flux incident au TOC	contribution nulle du L2	ρ_{so}	ρ_{do}
R_b	flux diffusé par en dessous de L1 / flux incident au BOC	flux incident au TOC=0	ρ_{dd}	ρ_{dd}
$T_{u,s}$	lum au TOC dans la DO fournie par L2 attenuée par L1 / luminance incidente au BOC dans la DO	flux incident au TOC=0	τ_{oo}	τ_{oo}
$T_{u,d}$	lum au TOC dans la DO fournie par L2 diffusée par L2 / flux incident au BOC	flux incident au TOC=0	τ_{ds}	τ_{ds}

a. Coeff est l'abréviation de Coefficient
b. sous la végétation (Bottom Of Canopy)
c. au-dessus de la végétation (Top Of Canopy)
d. couche 1 (Layer 1) : sol
e. couche 2 (Layer 2) : végétation
f. lum est l'abréviation de luminance
g. Direction d'Observation

haut, et ceci indépendamment des autres couches [van de Hulst, 1981; Cooper et al., 1982; Lenoble, 1985; Prahl et al., 1993; Prahl, 1995]. Aussi les relations entre les flux sont-celles données à l'aide d'opérateurs permettant d'estimer la distribution de la densité du flux en sortie de la couche en fonction de la distribution de densité en entrée.

Dans cette section, nous commençons par présenter un nouveau formalisme mathématique des opérateurs de diffusion pour un milieu quelconque. Ensuite, nous présentons les principes de base de la méthode adding.

1.3.1   Reformulation des opérateurs de la méthode adding

Dans cette section, nous présentons une généralisation des opérateurs de Adding proposés par Cooper et al. (1982) dans le cas continu (variation continue d'angle solide) et ceci en utilisant la distribution hémisphérique de la luminance. Ensuite, dans le cas discret (discrétisation des hémisphères : angles zénithal et azimuthal), nous proposons une nouvelle formulation matricielle reliant les distributions d'éclairement en entrée et en sortie de la couche.

La Figure 1.7 montre la création de luminances au-dessus et au-dessous du milieu et ceci à partir d'un éclairement élémentaire $dE_i(\Omega_i)$. Comme, nous l'avons déjà vu (1.4), la

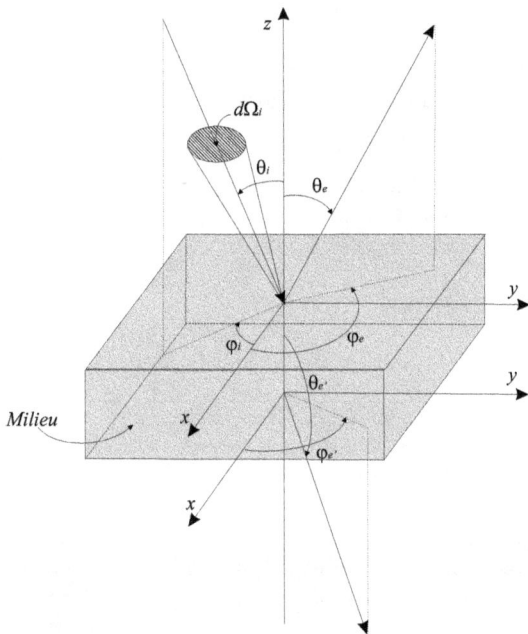

FIGURE 1.7 – Atteignant le milieu, le flux en provenance de la source $dE_i(\Omega_i)$ depuis la direction (θ_i, φ_i) et l'angle solide $d\Omega_i$ produit une luminance au-dessus et au-dessous du milieu respectivement dans les directions (θ_e, φ_e) et $(\theta_{e'}, \varphi_{e'})$.

réflectance bidirectionnelle est donnée par :

$$
\begin{aligned}
r(\Omega_i \to \Omega_e) &= \frac{dL_e(\Omega_i, \Omega_e)}{dE_i(\Omega_e)}, \\
&= \frac{dL_e(\Omega_i, \Omega_e)}{L_i(\Omega_i)\cos(\theta_i)d\Omega_i},
\end{aligned}
$$

avec L_i la luminance associée à l'éclairement E_i.

Ainsi, pour le flux qui traverse la végétation en direction $\Omega_{e'}$, on pourra définir par analogie avec la réflectance bidirectionnelle, la transmittance bidirectionnelle donnée par :

$$
t(\Omega_i \to \Omega_{e'}) = \frac{dL_e(\Omega_i, \Omega_{e'})}{dE_i(\Omega_i)}.
$$

Or, L_e correspond à l'intégration sur toute l'hémisphère de la distribution du flux en provenance de la source :

$$
L_e(\Omega_e) = \underbrace{\int_{\Pi}}_{\text{sur l'hémisphère}} \{t,r\}(\Omega_i \to \Omega_e) L_i(\Omega_i)\cos(\theta_i)d\Omega_i.
$$

Nous venons ainsi de définir les opérateurs de diffusion $\mathcal{R}$ et $\mathcal{T}$ qui donnent le flux en sortie L_i, à partir de l'éclairement incident défini sur tout l'hémisphère L_e, comme suit :

$$
\mathcal{R}[L_i](.) = \int_{\Pi} r(\Omega_i \to .) L_i(\Omega_i)\cos(\theta_i)d\Omega_i, \tag{1.16}
$$

$$
\mathcal{T}[L_i](.) = \int_{\Pi} t(\Omega_i \to .) L_i(\Omega_i)\cos(\theta_i)d\Omega_i. \tag{1.17}
$$

Nous montrons maintenant une représentation de ces opérateurs dans le cas discret. Dans le cas général, r, t, L_i et L_e dépendent des angles zénithal et azimuthal. Nous proposons ainsi d'échantillonner l'angle zénithal θ_i et l'angle azimuthal φ_i respectivement en N et M intervalles $\Delta\theta_{i,n}$ et $\Delta\varphi_{i,m}$ centrés respectivement en $\theta_{i,n}$ et $\varphi_{i,m}$ avec $n \in \{1, \dots, N\}$ et $m \in \{1, \dots, M\}$. L'angle solide correspondant est appelé $\Omega_{n,m}$. Comme $d\Omega = \sin(\theta)d\theta d\varphi$, alors $\Delta\Omega_{n,m} = \sin(\theta_n)\Delta\theta_n\Delta\varphi_m$. Par ailleurs, puisque $dE(\Omega) = L(\Omega)\cos(\theta)d\Omega$, alors

$$
\begin{aligned}
\Delta E(\Omega_{n,m}) &= L(\Omega_{n,m})\cos(\theta_n)\Delta\Omega_{n,m}, \\
&= L(\Omega_{n,m})\cos(\theta_n)\sin(\theta_n)\Delta\theta_n\Delta\varphi_m.
\end{aligned} \tag{1.18}
$$

$$
\begin{aligned}
\mathcal{R}[L_i](\Omega_e) &= \int_0^{2\pi} \int_0^{\pi/2} r(\Omega_i \to \Omega_e) L_i(\Omega_i)\cos(\theta_i)\sin(\theta_i)d\theta_i d\varphi_i, \\
&\approx \sum_{l_\varphi=1}^{M} \sum_{l_\theta=1}^{N} r(\Omega_{i,l_\theta,l_\varphi} \to \Omega_e) L_i(\theta_{i,l_\theta})\cos(\theta_{i,l_\theta})\sin(\theta_{i,l_\theta})\Delta\theta_{i,l_\theta}\Delta\varphi_{i,l_\varphi}, \\
&\approx^* \sum_{l_\varphi=1}^{M} \sum_{l_\theta=1}^{N} r(\Omega_{i,l_\theta,l_\varphi} \to \Omega_e) E_i(\Delta\Omega_{i,l_\theta,l_\varphi}).
\end{aligned}
$$

---

*. utiliser (1.18)

où $\Delta\Omega_{i,l_\theta,l_\varphi}$ est l'angle solide 'autour' de la direction $(\theta_{i,l_\theta}, \varphi_{i,l_\varphi})$.

De la même façon, les angles zénithal (θ_e) et azimuthal (φ_e) du flux sortant sont échantillonnés respectivement en N et M intervalles $\Delta\theta_{e,n}$ et $\Delta\varphi_{e,m}$ centrés respectivement en $\theta_{e,n}$ et $\varphi_{e,m}$ avec $n \in \{1,\dots,N\}$ et $m \in \{1,\dots,M\}$. Ainsi la relation suivante entre $E_i(\Delta\Omega_{i,l_\theta,l_\varphi})$ et $E_e(\Delta\Omega_{e,k_\theta,k_\varphi})$ est obtenue :

$$E_e(\Delta\Omega_{e,k_\theta,k_\varphi}) = \cos(\theta_{e,k_\theta}) \underbrace{\sin(\theta_{e,k_\theta})\Delta\theta_{e,k_\theta}\Delta\varphi_{e,k_\varphi}}_{\Delta\Omega_{e,k_\theta,k_\varphi}} \sum_{l_\varphi=1}^{M}\sum_{l_\theta=1}^{N} r(\Omega_{i,l_\theta,l_\varphi} \to \Omega_{e,k_\theta,k_\varphi})E_i(\Delta\Omega_{i,l_\theta,l_\varphi}).$$

(1.19)

En introduisant les indices $l = N(l_\varphi - 1) + l_\theta$ et $k = N(k_\varphi - 1) + k_\theta$, (1.19) devient :

$$E_e(\Delta\Omega_{e,k_\theta,k_\varphi}) = \cos(\theta_{e,k})\Delta\Omega_{e,k} \sum_{l=1}^{M.N} r(\Omega_{i,l} \to \Omega_{e,k})E_i(\Delta\Omega_{i,l}).$$

(1.20)

Ainsi, une écriture matricielle de l'opérateur de réflectance est obtenue dans le cas discret :

$$\mathrm{R}(l,k) = r(\Omega_{i,l} \to \Omega_{e,k})\cos(\theta_{e,k})\Delta\Omega_{e,k},$$

(1.21)

R est une matrice $N.M \times N.M$. De la même façon, on peut retrouver l'écriture matricielle de l'opérateur de transmittance dans le cas discret :

$$\mathrm{T}(l,k) = t(\Omega_{i,l} \to \Omega_{e,k})\cos(\theta_{e,k})\Delta\Omega_{e,k}.$$

(1.22)

Finalement, pour une densité discrète d'éclairement en entrée E_i (vecteur d'échantillons) la densité en sortie d'éclairement E_e est donnée par :

$$E_e = \mathrm{O}E_i,$$

(1.23)

avec O égale à R dans le cas d'une réflectance et à T dans le cas d'une transmittance.

Dans cette étude, nous avons opté pour une discrétisation régulière de l'angle azimuthal parce que pour une végétation supposé mileu plan homogène et pour une tel schéma :

$$r(\Omega_{i,l_\theta,l_\varphi+q} \to \Omega_{e,k_\theta,k_\varphi+q}) = r(\Omega_{i,l_\theta,l_\varphi} \to \Omega_{e,k_\theta,k_\varphi}), \forall l_\theta, k_\theta \in \{1,\dots,N\},\ l_\varphi, k_\varphi, q \in \{1,\dots,M\}.$$

Ainsi, nous avons à calculer uniquement $M \times N^2$ termes. Notons que dans la méthode Discrete-Ordinates [Chandrasekhar, 1960], en l'absence de calcul matricielle d'opérateurs, plusieurs quatratures bien optimisées en terme de répartition sur l'hémisphère peuvent être utilisées [Kokhanovsky, 2007].

Par discrétisation, la FDRB est calculée uniquement sur un nombre fini d'échantillons. Pour les valeurs intermédiaires, une interpolation des résultats est nécessaire.

Soit R une matrice de réflectance, $E_s(0)$ un éclairement direct arrivant au-dessus d'un milieu, $E_o(0)$ la luminance associée sortante au-dessus du milieu dans la direction du capteur, $\Omega_s(\theta_s,0)$ et $\Omega_o(\theta_o,\varphi_o)$ sont les angles solides respectivement dans la direction de la source et celle du capteur, $l_\theta, k_\theta \in \{1,\dots,N\}$ et $k_\varphi \in \{1,\dots,M\}$ tels que :

$$\theta_{i,l_\theta} \le \theta_s < \theta_{i,l_\theta+1},\ \theta_{e,k_\theta} \le \theta_o < \theta_{e,k_\theta+1} \text{ and } \varphi_{e,k_\varphi} = \underset{m\in 1,\dots,M}{\mathrm{argmin}} |\varphi_o - \varphi_{e,m}|.$$

On définit ainsi les pondérations suivantes :

$$\alpha_s = \frac{\theta_s - \theta_{i,l_\theta}}{\theta_{i,l_\theta+1} - \theta_{i,l_\theta}} \text{ and } \alpha_o = \frac{\theta_o - \theta_{e,k_\theta}}{\theta_{e,k_\theta+1} - \theta_{e,k_\theta}}.$$

On applique par la suite la pondération pour déterminer le vecteur discret E_i correspondant à $E_s(0)$

$$E_i = E_s(0){}^t[0, \dots \underbrace{1 - \alpha_s}_{l_\theta \text{ position}}, \alpha_s, \dots, 0],$$

avec ${}^t[.]$ le transposé du vecteur $[.]$.

L'éclairement discret en sortie (E_e) est donnée par $E_e = RE_i$. Ainsi, $E_o(0)$ qui est égal à $\pi L_o(0)$ pourra être approximé comme suit :

$$E_o(0) = \pi\Big((1 - \alpha_0)\frac{E_e(k)}{\cos(\theta_{e,k_\theta})\Delta\Omega_{e,k}} + \alpha_o\frac{E_e(k+1)}{\cos(\theta_{e,k_\theta+1})\Delta\Omega_{e,k+1}}\Big),$$

avec $k = N(k_\varphi - 1) + k_\theta$.

Pour l'angle azimuthal nous n'avons pris que le plus proche voisin au lieu d'une pondération, comme c'est le cas pour l'angle zénithal. En effet pour la végétation, la réflectance ne varie pas beaucoup en fonction de l'angle azimuthal.

1.3.2 Principes de la méthode adding

Supposant qu'une végétation est représentée par une couche horizontale couvrant le sol, les relations entre les flux reçus et diffusés par la végétation et le sol peuvent alors s'exprimer en utilisant les opérateurs de diffusion.

La Figure 1.8 illustre les quatre termes : $\mathcal{R}_t$, $\mathcal{R}_b$, $\mathcal{T}_u$ et $\mathcal{T}_d$ qui représentent respectivement les opérateurs de réflectance d'en dessus et d'au-dessous et les opérateurs de transmittance vers le haut et vers le bas.

Définissons l'interface entre la végétation et le sol, Figure 1.8 montre les interactions entre deux couches de végétation : à l'interface, le rayonnement incident de la couche de végétation 2 vers la couche 1 est soit absorbé soit transmis vers le bas soit diffusé vers le haut en direction de la couche 2, et arrivant dans la couche 2, le flux est soit transmis vers le haut soit 'réfléchi' encore une fois vers la couche 1, et ainsi de suite.

Dans ce qui suit, la distribution hémisphérique de luminance incidente au sommet de la couche 2 est appelée $L_s(0)$.

En terme de distribution de luminance en sortie du système comportant uniquement ces deux couches, nous avons les termes suivants :

– La luminance $L_{o,2}$ diffusée par la couche 2 :

$$L_{o,2} = \mathcal{R}_{t,2}[L_s(0)], \qquad (1.24)$$

où $\mathcal{R}_{t,2}$ est la réflectance de la couche 2.

– la luminance diffusée par le sol $L_{o,1}$ est égale à la somme infinie des flux associés respectivement à un nombre donné de 'réflectances' entre les deux couches :

29

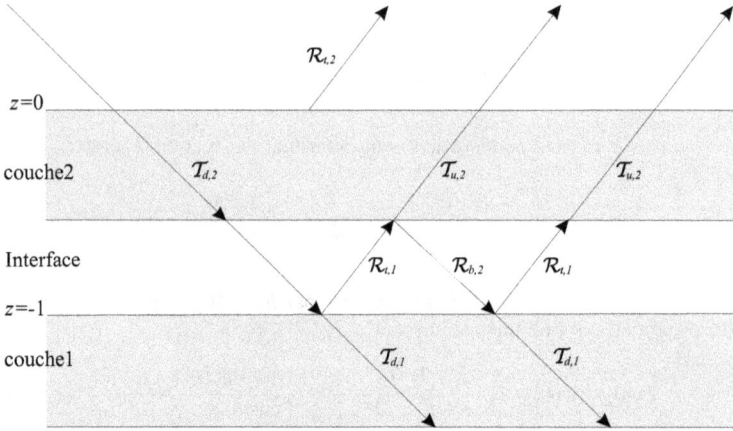

FIGURE 1.8 – Principe Adding : multi-interactions entre deux couches successives. Les opérateurs de diffusion sont : $\mathcal{R}_t$ la réflectance au sommet de la couche, $\mathcal{R}_b$ la réflectance du bas de la couche, $\mathcal{T}_u$ la transmittance vers le haut et $\mathcal{T}_d$ la transmittance. Le second indice indique le numéro de la couche de provenance du flux.

$$
\begin{aligned}
L_{o,1} &= \mathcal{T}_{u,2} \circ (\mathcal{R}_{t,1} + \mathcal{R}_{t,1} \circ \mathcal{R}_{b,2} \circ \mathcal{R}_{t,1} + \ldots) \circ \mathcal{T}_{d,2}[L_s(0)], \\
&= \mathcal{T}_{u,2} \circ (I - \mathcal{R}_{t,1} \circ \mathcal{R}_{b,2})^{-1} \circ \mathcal{R}_{t,1} \circ \mathcal{T}_{d,2}[L_s(0)],
\end{aligned}
\tag{1.25}
$$

où $\mathcal{T}_{u,2}$, $\mathcal{T}_{d,2}$ sont respectivement les transmittances de la couche 2 vers le haut et vers le bas, $\mathcal{R}_{t,1}$, $\mathcal{R}_{b,1}$ sont respectivement les réflectances au-dessus et en-dessous de la couche 2, $\mathcal{R}_{t,1}$ est la réflectance de la couche 1, et I est l'opérateur identité. En additionnant ces deux termes (1.24)(1.25), on obtient :

$$
\begin{aligned}
L_o &= L_{o,1} + L_{o,2}, \\
&= (\mathcal{R}_{t,2} + \mathcal{T}_{u,2} \circ (I - \mathcal{R}_{t,1} \circ \mathcal{R}_{b,2})^{-1} \circ \mathcal{R}_{t,1} \circ \mathcal{T}_{d,2})[L_s(0)].
\end{aligned}
\tag{1.26}
$$

Ainsi, l'opérateur de réflectance du couvert végétal est donné par :

$$
\mathcal{R}_t = \mathcal{R}_{t,2} + \mathcal{T}_{u,2} \circ (I - \mathcal{R}_{t,1} \circ \mathcal{R}_{b,2})^{-1} \circ \mathcal{R}_{t,1} \circ \mathcal{T}_{d,2}.
\tag{1.27}
$$

En utilisant une écriture matricielle des opérateurs, (1.27) devient :

$$
R_t = R_{t,2} + T_{u,2}(I - R_{t,1}R_{b,2})^{-1}R_{t,1}T_{d,2},
\tag{1.28}
$$

où la signification des indices dans les expressions des matrices R et T sont les mêmes que ceux de $\mathcal{R}$ et $\mathcal{T}$.

Pour deux couches de végétation (de façon générale deux milieux turbides) et en utilisant le même principe, on pourra retrouver de même les autres opérateurs équivalents

30

des deux couches :

$$\mathcal{R}_b = \mathcal{R}_{b,1} + \mathcal{T}_{d,1} \circ (I - \mathcal{R}_{b,2} \circ \mathcal{R}_{t,1})^{-1} \circ \mathcal{R}_{b,2} \circ \mathcal{T}_{u,1},$$
$$\mathcal{T}_d = \mathcal{T}_{d,1} \circ (I - \mathcal{R}_{b,2} \circ \mathcal{R}_{t,1})^{-1} \circ \mathcal{T}_{d,2}, \qquad (1.29)$$
$$\mathcal{T}_u = \mathcal{T}_{u,2} \circ (I - \mathcal{R}_{t,1} \circ \mathcal{R}_{b,2})^{-1} \circ \mathcal{T}_{u,1},$$

Par discrétisation, les différents opérateurs deviennent des matrices, l'opérateur 'o' devient la multiplication matricielle et les distributions d'entrées/sorties deviennent des vecteurs d'éclairement.

Les équations discrètes ont été présentées aussi dans [Verhoef, 1985; 1998]. Cependant dans ce cas une séparation entre le flux direct en provenance de la source, la luminance en direction du capteur et les autres flux diffus est faite.

Notons qu'ici nous avons présenté uniquement le cas simple de deux couches. En général, plusieurs couches peuvent être considérées. En commençant par le sol et en ajoutant chaque fois une couche de végétation en utilisant la relation (1.27), on peut obtenir au final la réflectance du couvert tout entier.

Afin de retrouver les matrices de diffusion pour une couche de végétation Cooper *et al.* (1982) comme [Smith *et al.*, 1981], ont supposé que toutes les feuilles (les éléments) sont situées au milieu de la couche et qu'elles sont des surfaces Lambertiennes. Ainsi, le flux diffus par toute la végétation est la somme des flux diffusé par chaque feuille pondérée par sa surface effective (i.e. surface projetée dans la direction du flux). Cette approximation ne prend pas en compte l'interaction entre les éléments de la végétation (diffusion multiple). Or, pour une végétation dense et dans le domaine Proche Infrarouge pour lequel la somme de la réflectance (ρ) et la transmittance τ hémisphériques d'une feuille peut atteindre 0.99 [Jacquemoud and Baret, 1990], l'interaction entre les éléments doit être prise en compte. Afin d'adapter le modèle Adding à une telle configuration, nous avons besoin d'une estimation plus précise de la diffusion dans la végétation. Nous proposons dans ce qui suit une adaptation de la description de la végétation par SAIL dans le modèle Adding.

Par ailleurs, nous remarquons que les opérateurs de Adding lient les distributions hémisphériques de luminance en entrée et en sortie d'une couche de végétation. Ainsi, ils sont interprétables au niveau de la couche de végétation toute entière. Inversement, les termes de diffusion de SAIL sont donnés au niveau d'une couche fine ce qui rend leurs interprétation au niveau de la couche de végétation complexe. Nous allons voir dans le chapitre 3 que pour approximer la réflectance dans le modèle SAIL, nous devrons l'écrire sous forme d'opérateurs de Adding, ce qui montre encore une fois la complémentarité entre les deux modèles.

1.4 Conclusion

Dans ce chapitre, nous avons rappelé les principales grandeurs utilisées en transfert radiatif : mesures de flux, équation de la réflectance et équation du transfert radiatif. Par la suite, nous avons présenté le modèle SAIL et puis nous avons analysé ses différents paramètres. Nous avons étudié ensuite le modèle Adding, nous avons proposé un nouveau formalisme de ses opérateurs dans les deux cas continu et discret. Un parallèle entre le modèle SAIL et la méthode Adding a été présenté au cours de ce chapitre, en insistant notamment sur la différence d'échelles : SAIL s'interprète au niveau des couches élémentaires alors que Adding s'interprète au niveau d'une couche de végétation toute entière. Nous avons ainsi discuté les avantages et les inconvénients de chacun. Nous proposons dans le chapitre suivant une combinaison des deux approches.

Chapitre 2

Extension de la méthode Adding : Couplage Adding/SAIL

Nous proposons dans ce chapitre de combiner les deux modèles SAIL [Verhoef, 1984; 1985] et Adding [Cooper *et al.*, 1982]. Comme nous l'avons déjà vu dans le premier chapitre, le modèle SAIL permet de retrouver la réflectance du couvert en supposant qu'il est un milieu turbide. Dans le calcul de la réflectance, SAIL considère, en plus de la contribution du flux direct à la luminance en direction de l'observation, deux flux diffus (vers le haut et vers le bas). Ces deux flux diffus sont supposés isotropiquement distribués dans toutes les directions, ce qui n'est qu'une approximation. Ainsi la réflectance estimée n'est qu'une approximation (on verra dans la suite l'effet d'une telle approximation dans le rouge). La méthode Adding, elle, consiste à modéliser les relations entre les distributions des flux en entrée et en sortie d'une couche de végétation sous forme d'opérateurs mathématiques. Dans ce travail, nous présentons une façon d'estimer les opérateurs de Adding en utilisant le formalisme de SAIL. Cette méthode va permettre de surmonter l'hypothèse d'isotropie de SAIL. Dans le cas d'un milieu discret (taille des feuilles non-nulle), un autre phénomène qui s'ajoute à la réflectance est celui du hot spot qui consiste en une augmentation de la réflectance quand la direction de l'observation est proche de celle de la source. Le modèle souvent utilisé pour tenir compte d'un tel phénomène est celui de [Kuusk, 1985; 1991b]. Pour une couche de végétation donnée, ce modèle augmente la réflectance en direction de la source mais sans diminuer en contre partie d'autres paramètres de diffusion de la couche, ce qui entraîne la non conservation de l'énergie. Nous verrons ainsi une méthode d'adaptation du modèle de Kuusk dans le formalisme de Adding permettant la conservation de l'énergie.

Le chapitre est divisé en trois sections. Tout d'abord nous exposons l'estimation des paramètres bidirectionnels du modèle couplé Adding/SAIL proposé successivement dans les deux cas turbide (feuilles de taille nulle) et le cas discret (feuille de taille non-nulle). Ensuite, nous présentons l'implémentation des opérateurs de Adding dans le cas turbide et discret. Enfin, nous présentons la validation en termes de conservation des lois physiques (conservation d'énergie et symétrie), comparaison avec le modèle SAIL, nous montrons notamment que SAIL sous-estime la réflectance, et comparaison avec les modèles 3-D qui nous serviront de référence pour la validation de la base RAMI II.

33

2.1 Estimation des paramètres bidirectionnels

2.1.1 Cas turbide

Pour une couche de végétation donnée, et afin d'estimer les opérateurs de réflectance au sommet et en bas de la couche et de transmittance vers le haut et vers le bas, nous avons besoin de l'estimation de la réflectance bidirectionnelle au-dessus et en-dessous de la couche de végétation et la transmittance bidirectionnelle vers le haut et vers le bas appelés respectivement : r_t, r_b, t_d et t_u.

Le modèle SAIL permet de calculer la réflectance bidirectionnelle d'une couche de végétation (cf. Tableau 3.2) : $r_t = \rho_{so}/\pi$. Nous supposons que la couche de végétation est constituée de feuilles aplaties ayant les mêmes caractéristiques sur les deux faces et que leur distribution azimuthale est uniforme. Pour cette configuration, la végétation présente une symétrie entre le haut et le bas qui peuvent donc jouer les rôles inverses, nous obtenons alors : $r_b = r_t$ et $t_u = t_d$. Ainsi, nous présentons uniquement une méthode d'estimation de t_d.

Suivant les phénomènes physiques qui les produisent, on distingue deux types de transmittance : (i) celle correspondant à l'atténuation du flux direct incident en traversant la couche de végétation, (ii) celle créée par diffusion (simple ou multiple) du flux incident par les éléments de la végétation. On les appelle respectivement $t_{.,s}$ et $t_{.,d}$ avec le '.' égale à d (vers le bas) ou u (vers le haut).

Nous supposons dans la suite que nous disposons d'une couche de végétation située entre l'altitude -1 et 0 et recevant un flux direct $E_s(0)$ d'une direction $\Omega_s = (\theta_s, \varphi_s)$ au-dessus. Par transmittance vers le bas, une luminance $L_d(-1)$ est diffusée en-dessous de la couche dans une direction quelconque $\Omega_d = (\theta_d, \varphi_d)$ (ici on ne tient pas compte des couches d'en dessous de celle considérée). Comme mentionné en haut, L_d est divisée en deux luminances $L_{d,s}(-1)$ et $L_{d,d}(-1)$ créées respectivement par atténuation et diffusion. Ainsi, les transmittances vers le bas sont données par :

$$t_{d,s} = \frac{L_{d,s}(-1)}{E_s(0)}, \tag{2.1}$$

$$t_{d,d} = \frac{L_{d,d}(-1)}{E_s(0)}. \tag{2.2}$$

Afin d'estimer l'expression de $t_{d,s}$, nous présentons tout d'abord la relation mathématique entre le flux direct E_s et la luminance associée L_s. La Figure 2.1 illustre cette configuration pour laquelle l'hypothèse $L_s(\Omega) = L_s(\Omega_s)\delta(\theta = \theta_s)\delta(\varphi = \varphi_s)$ est vérifiée. Le flux $d\Phi$ reçu par la surface ds est égal d'un côté $d\Phi = dsE_s$ et de l'autre côté $d\Phi = ds \int_\Pi L_s(\Omega) \cos(\theta)d\Omega$, donc :

$$L_s(\Omega) = \frac{E_s\delta(\theta = \theta_s)\delta(\varphi = \varphi_s)}{\cos(\theta_s)\sin(\theta_s)}. \tag{2.3}$$

Passant à travers la végétation, l'éclairement E_s est atténué par la végétation, la relation entre $E_s(-1)$ et $E_s(0)$ est donnée par (cf. Tableau 3.2)

$$E_s(-1) = \tau_{ss}E_s(0). \tag{2.4}$$

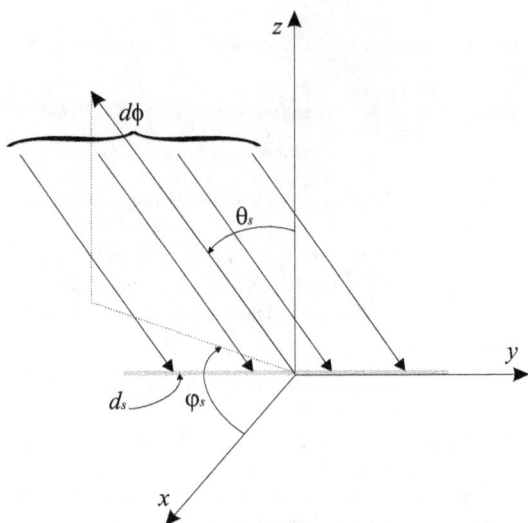

FIGURE 2.1 – Luminance associée à un flux direct. Si la source de radiation est située loin d'une surface horizontale ds, on peut supposer que le flux reçu $d\Phi$ est dans une orientation unique $\Omega_s = (\theta_s, \varphi_s)$, c'est-à-dire $L_s(\Omega) = L_s(\Omega_s)\delta(\theta = \theta_s)\delta(\varphi = \varphi_s)$.

Combinant (2.1), (2.4) et (2.3) :

$$t_{d,s} = \frac{\tau_{ss}\delta(\theta = \theta_s)\delta(\varphi = \varphi_s)}{\cos(\theta_s)\sin(\theta_s)}. \tag{2.5}$$

Maintenant dans le cas discret, (2.5) se traduit comme suit. Il existe k tel que $\theta_s \in [\theta_{e,k} - \frac{\Delta\theta_{e,k}}{2}, \theta_{e,k} + \frac{\Delta\theta_{e,k}}{2}]$ et $\varphi_s \in [\varphi_{e,k} - \frac{\Delta\varphi_{e,k}}{2}, \varphi_{e,k} + \frac{\Delta\varphi_{e,k}}{2}]$. $\delta(\theta = \theta_s)$ et $\delta(\varphi = \varphi_s)$ peuvent être approximées respectivement comme suit,

$$\begin{cases} \frac{1}{\Delta\theta_{e,k}}, & \text{si } l = k, \\ 0, & \text{sinon,} \end{cases} \quad \text{et} \quad \begin{cases} \frac{1}{\Delta\varphi_{e,k}}, & \text{si } l = k, \\ 0, & \text{sinon.} \end{cases}$$

D'où, la transmittance $t_{d,s}$ en discret peut être supposée constante sur l'angle solide $\Delta\Omega_{e,k}$:

$$\begin{cases} t_{d,s}(\Omega_{i,l} \to \Omega_{e,k}) &= \frac{\tau_{ss}(\Omega_{e,k})}{\cos(\theta_{e,k})\Delta\Omega_{e,k}}, & \text{si } l = k, \\ &= 0, & \text{sinon,} \end{cases} \Rightarrow \begin{cases} T_{d,s}(l,k) &= \tau_{ss}(\Omega_{e,k}), & \text{si } l = k, \\ &= 0, & \text{sinon,} \end{cases}$$

où $T_{d,s}$ est l'opérateur discret de transmittance vers le bas correspondant à une matrice diagonale.

Maintenant, nous proposons d'estimer $t_{d,d}$. Comme pour la luminance dans la direction de l'observation E_o calculée par le modèle SAIL (1.9), nous pouvons estimer $L_{d,d}$ en utilisant les flux d'éclairement E_s, E_- et E_+. Dans une sous-couche élémentaire, en altitude z et d'épaisseur dz, nous avons :

$$L_{d,d}(z - dz) = L_{d,d}(z) + dz[w_d E_s(z) + v_d E_-(z) + v'_d E_+(z) - K_d L_{d,d}(z)], \tag{2.6}$$

w_d, v_d et v'_d sont les paramètres de diffusion, K_d est le paramètre d'affaiblissement. Nous présentons dans ce qui suit deux façons de les estimer : soit par résolution complète de l'interaction flux/végétation et en tenant compte des caractéristiques de la végétation soit par déduction directe à partir des paramètres de SAIL.

Afin de modéliser l'interaction onde/végétation, nous avons besoin de définir les caractéristiques de la végétation. Ainsi, on suppose que le LAI (L) est distribué comme suit [Verhoef, 1984; Kuusk, 1985] :

$$d^3 L(\Omega_l) = L' dz f(\theta_l) d\theta_l \frac{d\varphi_l}{2\pi}, \tag{2.7}$$

avec $L' = L/h$, h la hauteur de la végétation ($h = 1$ dans notre cas), Ω_l l'angle solide l'orientation des feuilles et $f(\theta_l)$ la distribution des feuilles en fonction de l'angle zénithal. On suppose par ailleurs que les feuilles sont des diffuseurs Lambertiens de réflectance hémisphérique ρ et de transmittance hémisphérique τ. La Figure 2.2 montre les orientations relatives de la source, la feuille et l'observation, représentées respectivement par les vecteurs d'orientation : $\vec{s}$, $\vec{l}$ et $\vec{d}$.

Pour une sous-couche élémentaire en altitude $z \in [-1, 0]$ et d'épaisseur dz, les feuilles atténuent la luminance en l'interceptant par leur surface effective (projetée perpendiculairement à la direction du flux, (direction de l'observation)). Pour une feuille de taille

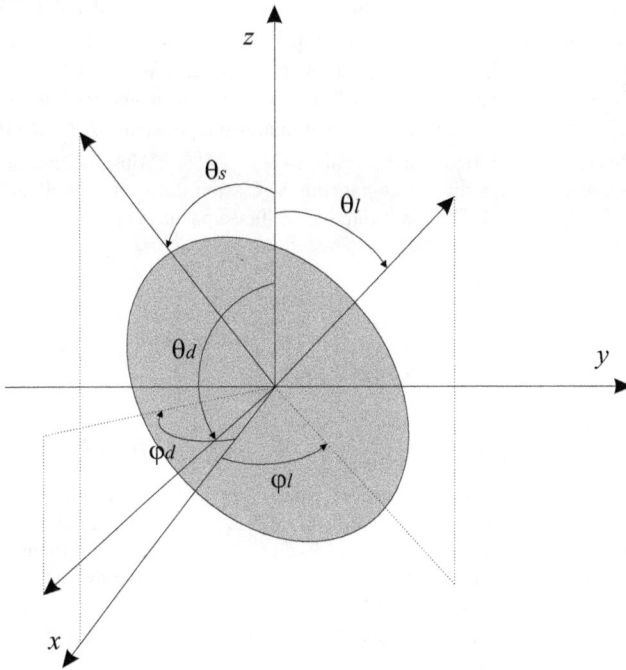

FIGURE 2.2 – La direction de la source est $(\theta_s, \varphi_s = 0)$, celle de la feuille (θ_l, φ_l) et celle de l'observation $(\theta_d > \frac{\pi}{2}, \varphi_d)$. Percutant la feuille, le flux en provenance de la source produit une luminance en direction de l'observation soit par réflectance soit par transmittance.

unitaire et d'orientation Ω_l, la luminance est atténuée par un facteur $|\vec{d}.\vec{l}|$, ainsi la luminance associée à une couche horizontale est atténuée par un facteur $\frac{|\vec{d}.\vec{l}|}{|\cos(\theta_d)|}$ (on a $\theta_d > \frac{\pi}{2}$, alors $|\cos(\theta_d)| = \cos(\pi - \theta_d)$). En tenant compte de la distribution de la végétation en fonction de l'orientation et en intégrant sur toutes les orientations possibles nous obtenons :

$$K_d = \frac{L'}{2\pi} \frac{1}{\cos(\pi - \theta_d)} \int_0^{2\pi} \int_0^{\pi/2} |\vec{d}.\vec{l}| f(\theta_l) d\theta_l d\varphi_l. \tag{2.8}$$

$E_s(z)$ est la luminance reçue par une couche de végétation horizontale, alors l'éclairement $E_s^l(z)$ reçu par une feuille dans une orientation Ω_l est égale à $\frac{|\vec{s}.\vec{l}|}{\cos(\theta_s)} E_s(z)$. La luminance $L_d^l(z)$ diffusée par la feuille dans la direction de l'observation est égale à $\frac{\gamma}{\pi} E_s^l(z)$, avec $\gamma = r$ si la réception et la réémission du flux se font par la même face de la feuille (i.e. $(\vec{s}.\vec{l})(\vec{d}.\vec{l}) > 0$) et τ dans le cas contraire. La luminance équivalente $L_d(z, \Omega_l)$ diffusée par une couche de végétation horizontale est égale à $\frac{|\vec{d}.\vec{l}|}{\cos(\pi - \theta_d)} L_d^l(z)$. Ainsi, la luminance diffusée par une sous-couche élémentaire dz et par une végétation dans un cône d'angle solide Ω_l est égale à $L_d(z, \Omega_l) d^3 L(\Omega_l)$. D'où la luminance diffusée par la sous-couche en considérant toutes les orientations possibles de la végétation donnée par :

$$
\begin{aligned}
dL_{d,d}(z) &= \int_0^{2\pi} \int_0^{\pi/2} L_d(z, \Omega_l) L' dz f(\theta_l) d\theta_l \frac{d\varphi_l}{2\pi}, \\
&= dz \frac{L'}{2\pi} \frac{1}{\cos(\pi - \theta_d)\cos(\theta_s)} \int_0^{2\pi} \int_0^{\pi/2} |\vec{d}.\vec{l}| \frac{\gamma}{\pi} |\vec{s}.\vec{l}| f(\theta_l) d\theta_l d\varphi_l E_s(z),
\end{aligned}
$$

d'où

$$w_d = \frac{L'}{2\pi} \frac{1}{\cos(\pi - \theta_d)\cos(\theta_s)} \int_0^{2\pi} \int_0^{\pi/2} |\vec{d}.\vec{l}| \frac{\gamma}{\pi} |\vec{s}.\vec{l}| f(\theta_l) d\theta_l d\varphi_l. \tag{2.9}$$

Rappelons que $E_-(z)$ est l'éclairement diffus vers le bas reçue par une couche de végétation horizontale. Comme la distribution de $E_-(z)$ est isotrope, alors l'éclairement reçu par une feuille d'orientation Ω_l est égal à celui reçu par $E_-(z)$. La Figure 2.3 montre que les deux faces de la feuille reçoivent le flux, la face qui est plus exposée à la radiation reçoit $E_-^{d,1} = \frac{1+\cos(\theta_l)}{2} E_-(z)$ et l'autre face reçoit $E_-^{d,2} = \frac{1-\cos(\theta_l)}{2} E_-(z)$. Les deux faces émettent une luminance en direction de l'observation : $L_{d,d}^{l,1} = \frac{\gamma_1}{\pi} E_-^{d,1}$ et $L_{d,d}^{l,2} = \frac{\gamma_2}{\pi} E_-^{d,2}$, avec $\gamma_1 = \rho$ et $\gamma_2 = \tau$ si $|\vec{d}.\vec{l}| > 0$ sinon $\gamma_1 = \tau$ et $\gamma_2 = \rho$. Soit $L_{d,d}(z, \Omega_l)$ la luminance équivalente diffusée par une couche de végétation horizontale, il est égal à $\frac{|\vec{d}.\vec{l}|}{\cos(\pi - \theta_d)}(L_d^{l,1}(z) + L_d^{l,2}(z))$. Comme dans le cas précédent, la luminance diffusée par la sous-couche d'épaisseur dz en intégrant toutes les orientations possibles des feuilles est donnée par :

$$
\begin{aligned}
dL_{d,d}(z) &= \int_0^{2\pi} \int_0^{\pi/2} L_d(z, \Omega_l) L' dz f(\theta_l) d\theta_l \frac{d\varphi_l}{2\pi}, \\
&= dz \frac{L'}{2\pi} \frac{1}{\cos(\pi - \theta_d)} \frac{1}{\pi} \\
&\quad \times \int_0^{2\pi} \int_0^{\pi/2} |\vec{d}.\vec{l}| (\gamma_1 \frac{1+\cos(\theta_l)}{2} + \gamma_2 \frac{1-\cos(\theta_l)}{2}) f(\theta_l) d\theta_l d\varphi_l E_-(z),
\end{aligned}
$$

d'où

$$v_d = \frac{L'}{2\pi} \frac{1}{\cos(\pi - \theta_d)} \frac{1}{\pi} \int_0^{2\pi} \int_0^{\pi/2} |\vec{d}.\vec{l}| (\gamma_1 \frac{1+\cos(\theta_l)}{2} + \gamma_2 \frac{1-\cos(\theta_l)}{2}) f(\theta_l) d\theta_l d\varphi_l. \tag{2.10}$$

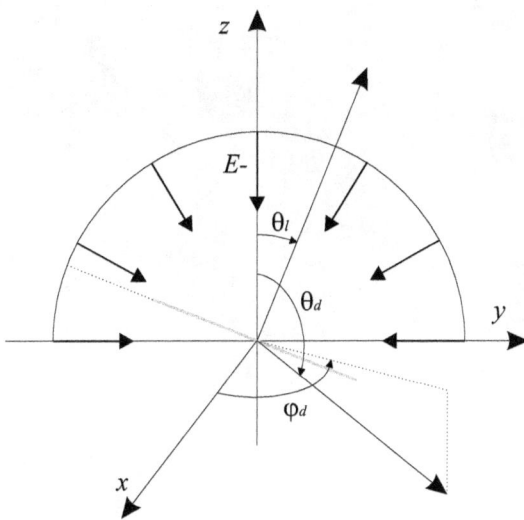

FIGURE 2.3 – Illumination d'une feuille par E_-. Les deux faces de la feuille sont illuminées. La luminance en direction de l'observation est produite aussi bien par réflectance que par transmittance.

Par symétrie entre le flux diffus vers le haut et vers le bas, on pourra déduire que :

$$v'_d = \frac{L'}{2\pi} \frac{1}{\cos(\pi - \theta_d)} \frac{1}{\pi} \int_0^{2\pi} \int_0^{\pi/2} |\vec{d}.\vec{l}|(\gamma_2 \frac{1 + \cos(\theta_l)}{2} + \gamma_1 \frac{1 - \cos(\theta_l)}{2}) f(\theta_l) d\theta_l d\varphi_l. \quad (2.11)$$

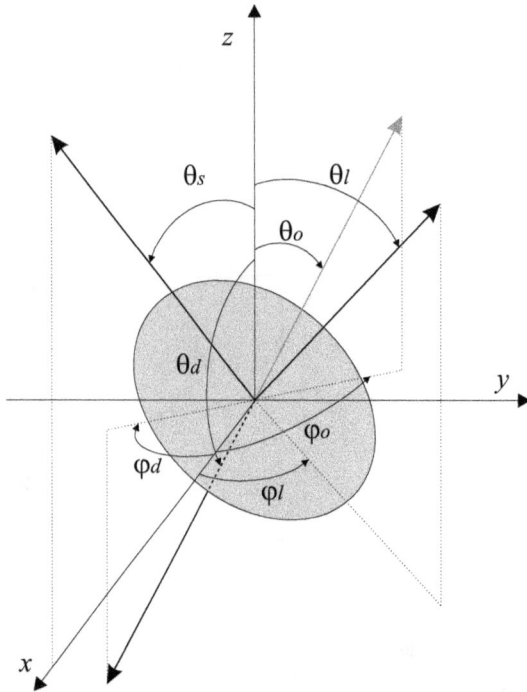

FIGURE 2.4 – Analogie entre la luminance vers le haut et vers le bas. La direction de la source est $(\theta_s, \varphi_s = 0)$, celle de la feuille est (θ_l, φ_l), celle de l'observation vers le bas est $(\theta_d > \frac{\pi}{2}, \varphi_d)$ et celle de l'observation vers le haut qui est symétrique par rapport à celui du bas, est égale à $(\theta_o = \pi - \theta_d, \varphi_o = \pi + \varphi_d)$. Percutant la feuille, le flux direct produit une luminance en direction des deux 'observations' soit par réflectance soit par transmittance.

Maintenant, nous exposons la façon de déduire ces paramètres à l'aide des paramètres de SAIL. La Figure 2.4 montre les orientations relatives de la source, la feuille les observations vers le bas et vers le haut. Par rapport à la feuille, les directions des deux 'observations' sont symétriques. La contribution d'un flux diffusé de façon Lambertienne par la face de dessus de la feuille à la luminance dans la direction de l'observation par dessus est égale à la contribution d'un flux Lambertien de même puissance diffusé par la face du dessous de la feuille dans la direction de l'observation par dessous. Ainsi, il suffit

40

d'inter-changer les paramètres de diffusion de la feuille ρ et τ pour déduire la contribution du flux incident dans la luminance vers le bas de la contribution dans la luminance vers le haut. D'où, chaque paramètre de diffusion ($p_d \in \{w_d, v_d, v'_d\}$) est déduit du paramètre correspondant du modèle SAIL ($p \in \{w, v, v'\}$) (1.9) comme suit :

$$p_d(\theta_d, \varphi_d, \rho, \tau) = \frac{1}{\pi} p(\pi - \theta_d, \pi + \varphi_d, \tau, \rho).$$

Notons que la division par π est introduite parce que les termes du modèle SAIL sont multipliés par π ($E_o = \pi L_o$). De la même façon, et sans tenir compte des caractéristiques radiatives des feuilles, K_b pourra aussi être lié à K :

$$K_d(\theta_d, \varphi_d) = K(\pi - \theta_d, \pi + \varphi_d).$$

Afin de résoudre (2.6), on propose de l'exprimer de la façon suivante :

$$\frac{dL_{d,d}(z)}{dz} = g(z) + K L_{d,d}(z), \qquad (2.12)$$

avec $g(z) = -[w_d E_s(z) + v_d E_-(z) + v'_d E_+(z)]$. La solution générale de (2.12) est $L_{d,d}(z) = c(z) \exp(Kz)$, avec $c'(z) = g(z) \exp(-Kz)$. En utilisant la condition à la limite : $L_{d,d}(0) = 0$, on obtient l'expression suivante :

$$L_{d,d}(-1) = \exp(-K) \int_0^{-1} g(z) \exp(-Kz) dz. \qquad (2.13)$$

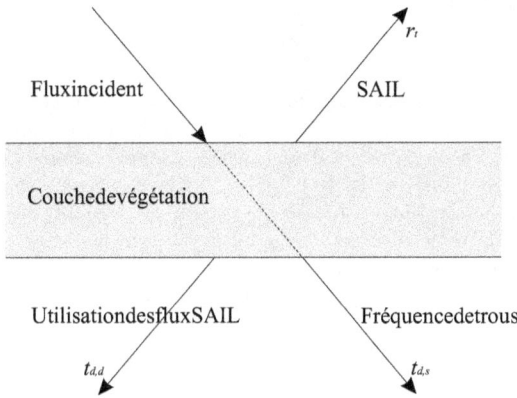

FIGURE 2.5 – Termes de diffusion d'une couche de végétation : r_t est estimée en utilisant le modèle SAIL, $t_{d,s}$ est estimée en utilisant la fraction de trous, et $t_{d,d}$ est inspirée du formalisme de SAIL.

Dans la Figure 2.5, nous résumons la façon dontnous avons estimé les paramètres de diffusion d'une couche de végétation présentés dans cette section, à savoir r_t, $t_{d,s}$ et $t_{d,d}$.

Les autres paramètres de diffusion r_b, $t_{u,s}$ et $t_{u,d}$ sont respectivement égaux à r_t, $t_{d,s}$ et $t_{d,d}$. Ces termes vont nous permettre par la suite de définir les opérateurs de Adding (1.17). En utilisant une telle modélisation, l'estimation des opérateurs n'est pas précise puisque les paramètres de diffusion dépendent des flux E_+ et E_- qui sont supposés distribués de façon isotrope sur les hémisphères. Dans la section 2.2.1, nous exposons une méthode permettant de surmonter ce problème.

2.1.2 Cas discret

Dans le cas discret, la taille de la feuille n'est pas considérée nulle, ce qui induit une corrélation non-négligeable entre le trajet du flux incident et le trajet du flux diffus. Ce phénomène est bien connu sous le nom d'effet de hot spot [Suits, 1972; Kuusk, 1985; 1991b]. Jusqu'à maintenant, ce phénomène est pris en compte dans les modèles de transfert radiatif 1-D uniquement pour les flux diffus et une seule fois par un élément (diffusion de première ordre) que ce soit par le sol ou la végétation, ce qui induit l'augmentation de ces flux [Kuusk, 1985; 1991b]. Comme cette augmentation n'induit pas une diminution des flux diffusés 'plusieurs fois' (diffusion d'ordre supérieur), une telle modélisation provoque nécessairement la violation du principe de la conservation de l'énergie [Verhoef, 1998]. Par ailleurs, le phénomène du hot spot ne se produit pas uniquement pour le flux direct mais aussi entre les flux diffus dont la contribution augmente avec l'augmentation de la densité de végétation. Dans ce qui suit, le phénomène de hot spot appliqué aux flux direct et diffus que nous avons introduit est appelé l'effet 'multi hot spot'.

Dans cette section, nous rappelons en premier lieu le modèle de Kuusk, (1985; 1991b). Ensuite, nous exposons notre approche.

Le modèle de Kuusk

La Figure 2.6 montre une configuration d'une couche de végétation constituée par des feuilles de tailles finies. D'une manière générale, un flux pénétrant la végétation et percutant M doit être nécessairement dans l'angle solide en jaune (ce qui est le cas pour le flux en bleu). Ainsi diffusé par la feuille M, le flux en direction d'en haut a toutes les chances de sortir si sa direction est proche de celle du flux entrant, dans la mesure où il reste toujours dans la partie en jaune (ce qui est le cas pour le flux en rouge).

Le modèle de Kuusk consiste à augmenter la réflectance simple ($\rho_{HS}^{(1)}$, la luminance correspondante est appelée $L_{o,HS}^{(1)}$) en fonction de l'angle d'entrée et de sortie du flux. On pose dans cette section Ω_s et Ω_o les angles solides correspondant à la source et l'observation. D'après (Verhoef (1998), pp 150-159), $\rho_{HS}^{(1)}$ pourra être exprimée comme suit :

$$\rho_{HS}^{(1)}(z) = P_{so}(\Omega_s, \Omega_o, z)\frac{w}{\pi}, \qquad (2.14)$$

avec $P_{so}(\Omega_s, \Omega_o, z)$ la probabilité jointe que le flux incident atteigne la feuille M sans interaction avec les autres éléments, et après diffusion par M, qu'il atteigne aussi le haut de la couche sans aucune collision avec la végétation. Dans le cas turbide, ces deux probabilités sont indépendantes (dans la Figure 2.6 cela correspond à un angle solide jaune infiniment étroit),

$$P_{so}(\Omega_s, \Omega_o, z) = P_s(\Omega_s, z)P_o(\Omega_o, z),$$

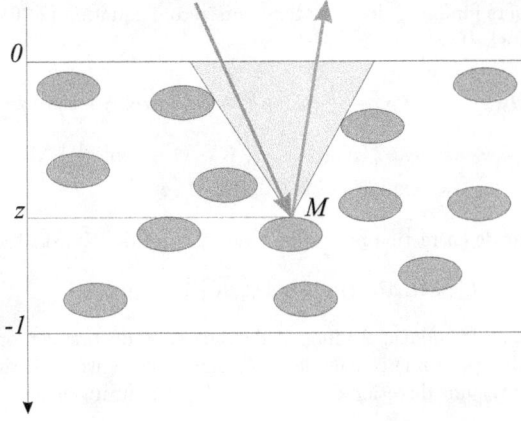

FIGURE 2.6 – Corrélation entre flux pour une diffusion simple. La partie jaune représente l'angle solide sous lequel on peut observer la feuille M d'en haut sans obstacle. Les flux en bleu et en rouge représentent respectivement le flux entrant et le flux sortant.

avec $P_s(\Omega_s, z) = \exp(kz)$ et $P_s(\Omega_o, z) = \exp(Kz)$. Cependant, dans le cas de feuilles discrètes, ces deux probabilités ne sont pas indépendantes [Suits, 1972; Kuusk, 1985; 1991b; Verhoef, 1998]. Divisant la partie de la végétation entre $[0, z]$ en n_{sub} sous-couches fines d'épaisseur $\Delta z = \frac{|z|}{n_{sub}}$. La probabilité conjointe que les deux flux n'entrent pas en collision avec la végétation dans une sous-couche i est appelée $P_{so,i}(\Omega_s, \Omega_o, z, \Delta z)$, et elle est donnée par [Kuusk, 1985; 1991b; Verhoef, 1998] :

$$P_{so,i}(\Omega_s, \Omega_o, z, \Delta z) = \exp\left[-\{K + k - \sqrt{Kk}\exp[(1 - \frac{i}{n_{sub}})bz]\}\Delta z\right],$$

avec $b = \frac{\Delta(\Omega_s, \Omega_o)}{s_l}$, $\Delta(\Omega_s, \Omega_o)$ la distance normalisée entre deux points situés à l'intersection du plan $z' = z + 1$ et respectivement la ligne droite joignant la source et la feuille M et la ligne droite joignant l'observation à M, et

$$s_l = \frac{\pi d_l K}{4\int_0^{2\pi}\int_0^{\pi/2}\frac{f(\theta_l)\sin(\theta_l)d\theta_l\frac{d\varphi_l}{2\pi}}{\sqrt{1+\tan^2(\theta_l)\sin^2(\varphi_l)}}}, \tag{2.15}$$

avec d_l le rapport entre la moyenne des rayons des feuilles et la hauteur de la végétation. d_l est le paramètre hot spot [Pinty et al., 2004].

Supposant maintenant que $\forall i \neq j \in \{1, \ldots, n_{sub}\}$, les probabilités $P_{so}(\Omega_s, \Omega_o, i, \Delta z)$ et $P_{so}(\Omega_s, \Omega_o, j, \Delta z)$ sont indépendantes alors :

$$P_{so}(\Omega_s, \Omega_o, z) = \prod_{i \in \{1, \ldots, n_{sub}\}} P_{so,i}(\Omega_s, \Omega_o, z, \Delta z). \tag{2.16}$$

43

Quand n_{sub} tend vers l'infini et donc Δz tend vers zéro, l'équation (2.16) devient [Kuusk, 1985; 1991b; Verhoef, 1998] :

$$
\begin{aligned}
P_{so}(\Omega_s, \Omega_o, z) &= \exp\Big[- \int_z^0 \{K + k - \sqrt{Kk}\exp[(z-x)b]\}dx\Big], \\
&= \exp\Big\{(K+k)z + \sqrt{Kk}\frac{1}{b}(1 - \exp[bz])\Big\}, \\
&= \exp[(K+k)z]C_{HS}(\Omega_s, \Omega_o, z),
\end{aligned}
\tag{2.17}
$$

avec C_{HS} le facteur de correction par rapport au cas turbide [Kuusk, 1985; 1991b] :

$$
C_{HS}(\Omega_s, \Omega_o, z) = \exp\Big\{\sqrt{kK}\frac{1}{b}[1 - \exp(bz)]\Big\}.
\tag{2.18}
$$

Maintenant, dans le modèle Adding, l'effet hot spot de premier ordre est tenu en compte comme suit : pour une couche de végétation située entre l'altitude -1 et 0, une direction de source Ω_s, une direction d'observation Ω_o et pour un élément situé en altitude $z \in [-1, 0]$,

$$
\rho_{HS}^{(1)}(z) = \rho^{(1)}(z)C_{HS}(\Omega_s, \Omega_o, z),
\tag{2.19}
$$

avec $\rho^{(1)}$ la réflectance du premier ordre dans le cas d'une couche turbide.

Considérant uniquement le hot spot de premier ordre, on pourra calculer la FDRB du couvert végétal comme dans le cas turbide, et ensuite ajouter la différence entre $\rho_{HS}^{(1)}$ et $\rho^{(1)}$. Cependant, dans ce cas, la loi de conservation de l'énergie n'est plus satisfaite.

Dans la section suivante, nous présentons la façon dont nous proposons de calculer l'effet hot spot aussi entre les flux diffus, et nous montrons que, de cette façon, l'énergie est conservée.

Le modèle 'multi hot spot'

Premièrement, rappelons que la conservation de l'énergie est assurée par le modèle Adding pour n'importe quel paramètre de végétation LAI. Dans cette section, nous montrons alors que modifier $\rho^{(1)}$ (le remplacer par $\rho_{HS}^{(1)}$) correspond à l'utilisation d'un LAI fictif équivalent, appelée LAI_{HS}. Alors, utiliser LAI_{HS} pour le calcul de $\rho^{(1)}$ et $LAI_{réel}$ pour les réflectances et des transmittances d'ordre supérieur, appelées respectivement $\rho^{(n)}$ et $\tau^{(n)}$, $n > 1$ (avec n le nombre de collisions du flux) ne permet pas la conservation de l'énergie.

La section est organisée comme suit : tout d'abord nous définissons la probabilité $P_o(\Omega_o|\Omega_s, z_0, z)$ qui va permettre par la suite la détermination du LAI_{HS}. Ensuite, nous présentons l'estimation de $\rho^{(n)}$ et $\tau^{(n)}$, $n > 1$ et les opérateurs de Adding en utilisant LAI_{HS}. Finalement, nous montrons que les flux diffus peuvent être considérés comme le flux direct, (en effet la méthode adding fournit en sortie des sous-couches des flux directs équivalents), ce qui permet de prendre en compte le hot spot pour les flux diffus.

La Figure 2.7 montre une configuration d'une couche de végétation composée de deux sous-couches 1 et 2. Le flux direct (continu en noir) est diffusé uniquement par la feuille M, alors que le flux en gris (respectivement pointillé en noir) est aussi diffus par des feuilles dans la couche 2 au moins avant (respectivement uniquement après) diffusion par la feuille M. Le modèle de Kuusk prend en compte la corrélation entre les flux directs

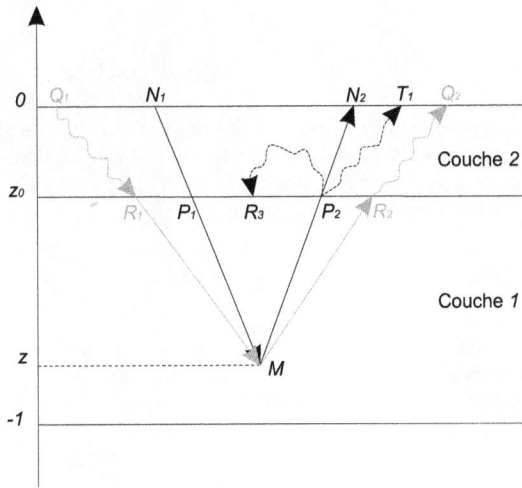

FIGURE 2.7 – Différents cas de hot spot étudiés dans une végétation constituée de deux couches de végétation 1 et 2 telles que la couche 2 est fine et les feuilles sont de tailles finies. L'épaisseur totale des deux couches est de 1. Deux flux incidents atteignent la couche 2 d'en haut et qui sont par la suite diffusés par la feuille M. La différence entre les deux flux est que celui tracé en gris est aussi diffusé dans la couche 2 avant d'atteindre la feuille M. Le flux en trait interrompu entre en collision avec la végétation dans la couche 2 après diffusion par la feuille M.

$(N_1 \to M \to N_2)$ par augmentation de l'amplitude du flux sortant de la végétation (à partir de N_2). Cependant cette augmentation n'est pas suivie par une diminution des flux diffus (la diminution est due à la non interaction entre le flux direct et les composantes de la végétation (Exemple : diminution des flux atteignant T_1 et R_3). En plus, ce modèle ne tient pas compte de la corrélation entre les flux diffus (Exemple : $R_1 \to M \to R_2$).

Dans ce qui suit, nous traitons les différents cas de la Figure 2.7. On verra que le fait de considérer une couche 2 fine permet d'approximer LAI$_{HS}$.

Rappelons que la probabilité conditionnelle de A sachant B est donnée par $\frac{P(A,B)}{P(B)}$. Ainsi, pour une sous-couche donnée i :

$$P_{o,i}(\Omega_o|\Omega_s, z, \Delta z) = \frac{P_{so,i}(\Omega_s, \Omega_o, z, \Delta z)}{P_{s,i}(\Omega_s, z, \Delta z)}, \tag{2.20}$$

avec $P_{s,i}(\Omega_s, z, \Delta z)$ la probabilité a priori de trous dans la direction de Ω_s et $P_{o,i}(\Omega_o|\Omega_s, z, \Delta z)$ représente la probabilité conditionnelle que le flux en direction Ω_o n'entre pas en collision avec les feuilles sachant la même propriété pour le flux incident. Comme $P_{s,i}(\Omega_s, z, \Delta z) = \exp[-k\Delta z]$, alors suivant (2.20) :

$$P_{o,i}(\Omega_o|\Omega_s, z, \Delta z) = \exp\Big[- \{K - \sqrt{Kk}\exp[(1 - \frac{i}{n_{sub}})bz]\}\Delta z\Big],$$

On définit maintenant $P_{so}(\Omega_s, \Omega_o, z_0, z)$ comme étant la probabilité conjointe que les deux flux reçus et émis n'entrent pas en collision avec les feuilles pour $z' \in [z_0, 0]$ (uniquement dans la couche 2). Son expression est obtenue à partir de (2.17) par changement des bornes de l'intégration $[z, 0]$ par $[z_0, 0]$:

$$
\begin{aligned}
P_{so}(\Omega_s, \Omega_o, z_0, z) &= \exp\big\{(K + k)z_0 + \sqrt{Kk}\frac{1}{b}(\exp[b(z - z_0)] - \exp[bz])\big\}, \\
&= \exp[(K + k)z_0]\mathcal{C}_{HS}(\Omega_s, \Omega_o, z_0, z),
\end{aligned}
$$

avec $\mathcal{C}_{HS}$ le facteur de correction généralisé :

$$\mathcal{C}_{HS}(\Omega_s, \Omega_o, z_0, z) = \exp\big\{\sqrt{kK}\frac{1}{b}(\exp[b(z - z_0)] - \exp[bz])\big\}. \tag{2.21}$$

Notons que $C_{HS}(\Omega_s, \Omega_o, z) = \mathcal{C}_{HS}(\Omega_s, \Omega_o, z, z)$ et :

$$C_{HS}(\Omega_s, \Omega_o, z) = C_{HS}(\Omega_s, \Omega_o, z - z_0)\mathcal{C}_{HS}(\Omega_s, \Omega_o, z_0, z). \tag{2.22}$$

La probabilité a posteriori du flux dans la direction de l'observation sachant le flux incident est alors donnée par

$$P_o(\Omega_o|\Omega_s, z_0, z) = \exp[Kz_0]C_{HS}(\Omega_s, \Omega_o, z_0, z).$$

Dans le cas du flux direct, la contribution du premier ordre de la feuille M dans la réflectance totale (trajet en noir et en trait continu dans la Figure 2.7) est donnée par :

$$
\begin{aligned}
\rho_{HS}^{(1)}(z) &= \frac{w}{\pi}\exp[(k+K)z]\mathcal{C}_{HS}(\Omega_s,\Omega_o,z), \\
&\overset{*}{=} \frac{w}{\pi}\exp[(k+K)(z-z_0)]\mathcal{C}_{HS}(\Omega_s,\Omega_o,z-z_0) \\
&\quad \exp[kz_0]\exp[Kz_0]\mathcal{C}_{HS}(\Omega_s,\Omega_o,z_0,z), \\
&= \underbrace{\exp[kz_0]}_{P_s(\Omega_s,z_0)}\underbrace{\rho_{HS}^{(1)}(z-z_0)}_{P_1\to M\to P_2}\underbrace{\exp\overbrace{\left\{Kz_0+\log[\mathcal{C}_{HS}(\Omega_s,\Omega_o,z_0,z)]\right\}}^{K_{HS}(\Omega_o|\Omega_s,z_0,z)z_0}}_{P_o(\Omega_o|\Omega_s,z_0,z)}.
\end{aligned}
\tag{2.23}
$$

A partir de la dernière égalité de (2.23), $\rho_{HS}^{(1)}(z)$ pourra être interprétée comme suit : atteignant la végétation par le haut, le flux direct est partiellement atténué dans la couche 2 par le facteur $P_s(\Omega_s,z_0)$ (de N_1 jusqu'a P_1). Ensuite, atteignant l'interface entre les deux couches en P_1, son amplitude est déterminée suivant $\rho_{HS}^{(1)}(z-z_0)$ qui dépend uniquement des caractéristiques de la couche 1 (de P_1 à P_2, en passant par M). Finalement, $K_{HS}(\Omega_o|\Omega_s,z_0,z)$ pourra être vue comme l'atténuation 'effective' liée à la probabilité conditionnelle de trous $P_o(\Omega_o|\Omega_s,z_0,z)$ de la couche 2 (de P_2 à N_2). En effet, $K_{HS} < K$ signifie que la probabilité de collision de $L_{o,HS}^{(1)}$ avec les feuilles est diminuée par un facteur $\gamma = \frac{K_{HS}}{K}$. Comme la probabilité de collision dépend linéairement du LAI, on pourra supposer que le LAI est localement diminué par le facteur γ :

$$
\text{LAI}_{HS}(\Omega_o|\Omega_s,z_0,z) = \frac{K_{HS}(\Omega_o|\Omega_s,z_0,z)}{K}\text{LAI}.
\tag{2.24}
$$

L'interprétation physique du LAI_{HS} est comme suit. Supposons que la fréquence de trous (d'un flux donné) est augmentée dans la couche 2. Ceci signifie que pour ce flux, la densité de végétation 'effective' rencontrée en traversant la couche est diminuée. Il est claire que la première collision entre ce flux et la végétation est diminuée et devient dépendant de la densité 'effective'. Or la couche 2 est fine, alors la réflectance et la transmittance diffuse sa correspondantes dépendent surtout de la première collision. Ainsi, une approximation de la diffusion multiple est suffisante pour estimer la diffusion par la couche 2 avec une bonne précision. Pour cela, l'estimation de tous les flux diffus peut être faite en utilisant la densité 'effective' de végétation (LAI_{HS} dans notre cas). Par ailleurs, pour une telle modélisation, les interactions entre le flux considéré et les composantes de la couche 2 (transmittance par extinction, réflectance et transmittance diffuse) sont estimés en utilisant exactement la même valeur de LAI (LAI_{HS}), ce qui est constant physiquement et donc conduit à la conservation de l'énergie du flux considéré. En outre, en faisant le même traitement, pour tous les flux sortant de la couche 1 dans la direction de la couche 2, l'énergie de tous les flux est conservée et donc l'énergie est conservé pour l'ensemble (couches 1+2).

En conséquence de cette analyse, nous proposons de calculer la réflectance et la transmittance diffuse du flux $L_{o,HS}^{(1)}$ dans la couche 2 on utilisant la densité de végétation 'effective' LAI_{HS}. Ces deux termes sont appelés respectivement $r_{b,2,HS}(\Omega_s,z,\Omega_o\to .)$ (de P_2 à R_3) and $t_{d,2,HS}(\Omega_s,z,\Omega_o\to .)$ (de P_2 à T_1). En résumé, nous avons montré que le hot spot du premier ordre pourra être vu comme une diminution locale du LAI dans la couche

---

*. utiliser (2.22) pour séparer $\mathcal{C}_{HS}$

2 conduisant à la redistribution de l'énergie (augmentation du flux direct et diminution des flux diffus dans la couche 2).

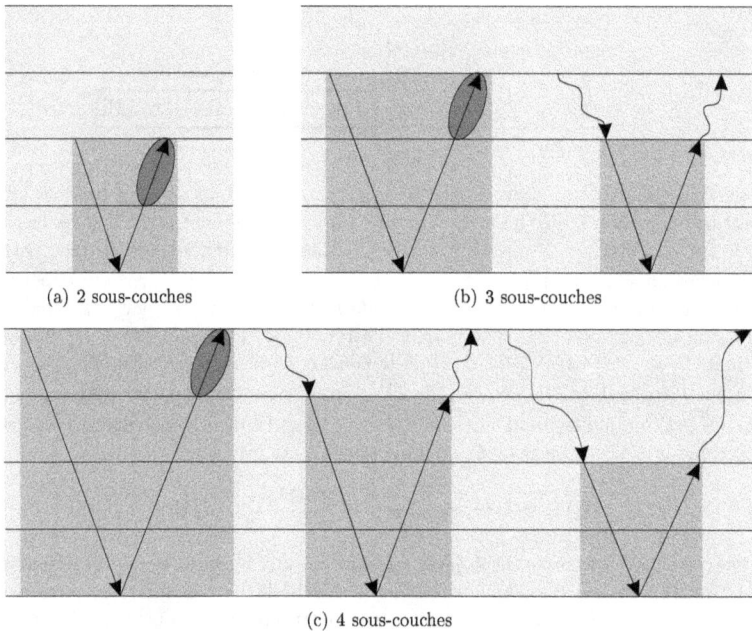

(a) 2 sous-couches

(b) 3 sous-couches

(c) 4 sous-couches

FIGURE 2.8 – Construction de l'effet de multi hot spot pour une couche de végétation composée par 4 sous-couches. Les rectangles en gris foncé représentent l'effet de hot spot de premier ordre et les ellipses en gris foncé représentent la réduction locale du LAI (densité 'effective', LAI_{HS}). Pour 2 sous-couches, nous considérons uniquement le hot spot de premier ordre, alors que pour les sous-couches 3 et 4, le hot spot pour les flux diffus est pris en compte.

La Figure 2.8 montre la construction itérative de l'effet de multi hot spot pour une couche de végétation donnée. La couche considérée est divisée en 4 sous-couches fines. La construction de l'effet de multi hot spot commence à partir de deux sous-couches. En effet, pour uniquement une seule sous-couche fine, les feuilles ne se superposent pas et donc on n'a pas d'effet de hot spot. Maintenant, pour deux sous-couches, l'effet de hot spot de premier ordre est calculé (correspondant à une réduction locale du LAI, l'ellipse en gris foncé). En plus du hot spot du premier ordre, quand une troisième sous-couche est ajoutée, l'effet hot spot est calculé dans les sous-couches 1+2 pour un flux diffus par la sous-couche 3 (cf. Figure 2.8b deuxième cas). Dans le cas de quatre sous-couches (Fig. 2.8c), l'effet de hot spot pour des flux diffus par la couche 4 et par les couches 3+4 est calculé respectivement dans les sous-couches 1+2+3 (cf. la Figure 2.8c deuxième cas) et les sous-couches 1+2 (cf. la Figure 2.8c troisième cas). En utilisant une telle modélisation, nous tenons compte de l'effet de hot spot pour tous les flux diffus dans une sous-couche de végétation dans toutes les sous-couches au dessous. D'où le nom d'effet de multi hot spot.

Notons que dans ce qui suit, le LAI d'une sous-couche sera appelé L_{HS}. L_{HS} est supérieur à la densité d'une sous-couche élémentaire L_{min}.

L'estimation des opérateurs de Adding correspondants, suivie de la présentation de l'algorithme associé, est présentée dans la sous-section 2.2.2.

2.2 Mise en œuvre

Dans cette section, nous présentons la mise en œuvre du modèle couplé Adding/SAIL dans le cas turbide et le cas discret. Dans le cas turbide, la méthode proposée est fondée sur le principe Adding : concaténation de plusieurs couches. Par ailleurs, ce principe a été adapté au cas discret, en faisant la distinction entre les flux diffusés une seule fois et les autres. Comme nous l'avons déjà expliqué, cette approche permet de tenir compte du multi hot spot.

Dans cette section, nous présentons tout d'abord le cas turbide, ensuite le cas discret.

2.2.1 Cas turbide

Avec la méthode proposée pour estimer les opérateurs de Adding pour une couche de végétation donnée, nous avons besoin d'estimer les paramètres bidirectionnels de la couche, à savoir la réflectance et la transmittance qui à leur tour dépendent des distributions de radiance en sortie de la couche considérée (en-dessus et au-dessous). En s'appuyant sur le formalisme de SAIL, ces derniers sont estimés en utilisant le flux direct et les flux diffus supposés avoir une distribution isotrope. Cette méthode donne des résultats peu précis pour une végétation très dense : en effet en bas de la couche, le flux direct devient négligeable devant le flux diffus. Ainsi, nous proposons de diviser chaque couche de végétation en sous-couches d'épaisseur très fine (faibles LAI), de calculer les différents opérateurs avec la méthode proposée ci-dessous. Ensuite en utilisant le principe adding de concaténation de plusieurs couches (1.27) et (1.29) nous calculons les opérateurs de la couche totale. En effet, pour une couche de végétation d'épaisseur faible, les flux diffus produits par interactions multiples du flux incident avec les différents éléments de la végétation sont négligeables devant le flux direct. Ainsi, dans de telles configurations, les flux en sortie de la couche peuvent être calculés de façon précise. Les résultats expérimentaux ont montré que le modèle atteint la stabilité quand la proportion de la radiance diffuse ne dépasse pas 5% de l'énergie totale. En général, une sous-couche de densité $L_{min} = 10^{-2}$ est suffisante pour atteindre la stabilité.

Ainsi, les différents opérateurs sont estimés pour cette sous-couche (on verra dans ce qui suit qu'une telle épaisseur est suffisante pour conserver l'énergie). Par la suite, et en utilisant le principe adding (1.27) et (1.29), les opérateurs sont déduits pour $2L_{min}$ et pour $4L_{min}$ (notons que $4L_{min} = 2(2L_{min})$), et ainsi de suite. Ayant estimé les opérateurs pour chaque sous-couche d'épaisseur $2^i L_{min}$, les opérateurs de la couche de végétation d'épaisseur L sont obtenus en décomposant L de la façon suivante : $\sum_{i=0}^{n} a_i 2^i L_{min}$, avec $a_i \in \{0,1\}$ (la précision de l'estimation est de l'ordre de L_{min}). Les opérateurs de la couche sont alors estimés en considérant les sous-couches $2^i L_{min}$ avec $a_i = 1$.

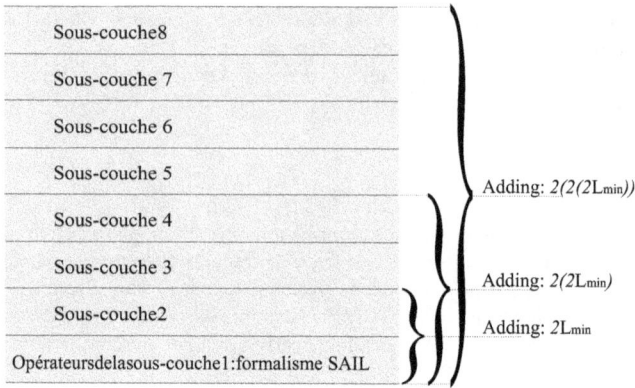

FIGURE 2.9 – Couplage Adding/SAIL pour l'estimation des opérateurs d'une couche de végétation : la couche est divisée en 8 sous-couches fines pour lesquelles les opérateurs de Adding sont estimés en utilisant le formalisme de SAIL. Ensuite, les opérateurs pour 2, 4 et 8 sous-couches sont estimés en utilisant le principe Adding.

La Figure 2.9 montre un exemple d'estimation des opérateurs d'une couche de végétation. La couche est décomposée en 8 sous-couches fines. En utilisant la décomposition en puissance de $2(8 = 1 \times 2^3 + 0 \times 2^2 + 0 \times 2^1 + 0 \times 2^0)$, nous avons uniquement $a_3 = 1$. Ainsi, il suffit d'appliquer la méthode Adding 3 fois : $2L_{min}$, $2^2 L_{min}$ et $2^3 L_{min}$.

Ainsi, nous avons une expression analytique de tous les paramètres de la méthode adding pour une couche de végétation. Par la suite, nous pouvons estimer tous les opérateurs du couvert (format matriciel) (1.21)(1.22) en combinant les opérateurs de la couche avec l'opérateur de réflectance du sol (en supposant qu'il est lambertien ou en utilisant le modèle de Hapke (1981)).

Notons aussi que pour surmonter l'hypothèse de flux diffus semi-isotropes, Verhoef, (1985; 1998) propose de discrétiser les flux diffus en 72 sous-flux, transformant (1.9) en une équation vecteur/matrice.

Par ailleurs, la Méthode Discrete-Ordinates (Discrete-Ordinates Method, DOM) ne considère aucune hypothèse sur les flux diffus [Chandrasekhar, 1960]. Elle divise le flux en sous-flux et en utilisant les polynomes orthogonaux de Legendre vise à résoudre l'équation du transfert radiatif sur un maillage 2D où chaque maille est composée par le couple (altitude, angle solide discret).

La différence entre la DOM et la méthode Adding est que DOM utilise des opérateurs différentiels en chaque maille, alors que la méthode Adding considère les relations entre les flux en entrée et en sortie d'une couche élémentaire. Ensuite, en utilisant le principe

50

Adding les relations entre les flux en entrée et sortie d'une couche épaisse sont déterminées.

2.2.2 Cas discret

Estimation des opérateurs

Dans ce qui suit, nous proposons de déterminer les réflectances et les transmittances globales des deux couches. Pour cela, nous proposons de faire varier $M(z)$ et "d'intégrer" les différents paramètres LAI_{HS}, $r_{b,2,HS}$ et $t_{d,2,HS}$. En suivant une telle démarche, la combinaison des opérateurs des deux couches n'est plus séparable et nous ne pouvons ainsi que calculer des opérateurs équivalents de l'ensemble.

Dans ce qui suit, et comme expliqué dans la section 2.1.1, nous ne faisons pas de distinction entre transmittances vers le haut et vers le bas ($\mathcal{T}_d = \mathcal{T}_u = \mathcal{T}$). Toutefois, nous faisons la différence entre les différents types de transmittance, soit par extinction ($\mathcal{T}_s$) soit par diffusion ($\mathcal{T}_d$). En particulier, pour la couche 2, on a :

$$\mathcal{T}_{d,2} = \mathcal{T}_{u,2} = \mathcal{T}_2 = \mathcal{T}_{s,2} + \mathcal{T}_{d,2}. \tag{2.25}$$

Comme expliqué dans les Figures 2.7&2.8, quand une nouvelle couche fine est ajoutée (couche 2 dans la Figure 2.7), l'effet de hot spot (premier ordre ou ordre supérieur) qui doit être estimé correspond aux flux diffusés uniquement une fois dans les couches déjà concaténées (Fig. 2.7, uniquement la feuille M dans la couche 1). D'où une différenciation entre les flux diffusés une seule fois et ceux diffusés plusieurs fois doit avoir lieu. Ainsi, on définit l'opérateur de réflectance obtenu par diffusion simple et celui obtenu par diffusion multiple. Ils sont appelés respectivement $\mathcal{R}^{(1)}$ (la FDRB associée est appelée $r^{(1)}$) et $\mathcal{R}^{(mul)}$. En particulier, pour la couche 1, on a :

$$\mathcal{R}_{t,1} = \mathcal{R}_{t,1}^{(1)} + \mathcal{R}_{t,1}^{(mul)}. \tag{2.26}$$

Par ailleurs, et suivant la Figure 2.7, la nouvelle couche (couche 2) traite différemment le flux obtenu par une réflectance simple par la couche 1, uniquement s'il est transmis vers le bas par extinction (sans collision avec les composants de la couche 2, $N_1 \rightarrow P_1$). Plus précisément, considérons le flux direct reçu par la couche 2 d'au-dessus, s'il suit le trajet $N_1 \rightarrow P_1 \rightarrow M \rightarrow P_2$ (l'opérateur correspondant est $\mathcal{R}_{t,1}^{(1)} \circ \mathcal{T}_{s,2}$), il sera traité différemment par la couche 2 (ellipse en gris foncé sur la Figure 2.8). Trois types de traitement peuvent avoir lieu :

– la transmittance par extinction (hot spot de premier ordre, $N_1 \rightarrow P_1 \rightarrow M \rightarrow P_2 \rightarrow N_2$), l'opérateur correspondant, appelé $\mathcal{R}_{t,1}\mathcal{T}_{ss,2}$, est donné dans le cas turbide par :

$$\mathcal{R}_{t,1}\mathcal{T}_{ss,2} = \mathcal{T}_{s,2} \circ \mathcal{R}_{t,1}^{(1)} \circ \mathcal{T}_{s,2};$$

– la transmittance diffuse ($N_1 \rightarrow P_1 \rightarrow M \rightarrow P_2 \rightarrow T_1$), l'opérateur correspondant, appelé $\mathcal{R}_{t,1}\mathcal{T}_{sd,2}$, est donné dans le cas turbide par :

$$\mathcal{R}_{t,1}\mathcal{T}_{sd,2} = \mathcal{T}_{d,2} \circ \mathcal{R}_{t,1}^{(1)} \circ \mathcal{T}_{s,2};$$

– la réflectance $(N_1 \rightarrow P_1 \rightarrow M \rightarrow P_2 \rightarrow R_3)$, l'opérateur correspondant, appelé $\mathcal{R}_{1,2}\mathcal{T}_{s,2}$, est donné dans le cas turbide par :

$$\mathcal{R}_{1,2}\mathcal{T}_{s,2} = \mathcal{R}_{b,2} \circ \mathcal{R}_{t,1}^{(1)} \circ \mathcal{T}_{s,2}.$$

Afin de séparer la diffusion de premier ordre de la diffusion d'ordre supérieur, nous écrivons :

$$
\begin{aligned}
(I - \mathcal{R}_{t,1} \circ \mathcal{R}_{b,2})^{-1} &= (I - \mathcal{R}_{t,1} \circ \mathcal{R}_{b,2})^{-1} \circ (I - \mathcal{R}_{t,1} \circ \mathcal{R}_{b,2} + \mathcal{R}_{t,1} \circ \mathcal{R}_{b,2}), \\
&= I + (I - \mathcal{R}_{t,1} \circ \mathcal{R}_{b,2})^{-1} \circ \mathcal{R}_{t,1} \circ \mathcal{R}_{b,2}.
\end{aligned}
$$

Nous appliquons par la suite cette égalité dans (1.27) avec les modifications suivantes : l'ordre des couches est 1 en bas et 2 en haut, le terme $\mathcal{R}_{t,1}$ est remplacé par $cR_{t,1}^{(1)} + cR_{t,1}^{(mul)}$ et les termes $\mathcal{T}_{u,2}$ et $\mathcal{T}_{d,2}$ sont remplacés par $\mathcal{T}_{s,2} + \mathcal{T}_{d,2}$.

$$
\begin{aligned}
\mathcal{R}_t^{1,2} &= \mathcal{R}_{t,2} + (\mathcal{T}_{s,2} + \mathcal{T}_{d,2}) \circ (I + (I - \mathcal{R}_{t,1} \circ \mathcal{R}_{b,2})^{-1} \circ \mathcal{R}_{t,1} \circ \mathcal{R}_{b,2}) \\
&\quad \circ (\mathcal{R}_{t,1}^{(1)} + \mathcal{R}_{t,1}^{(mul)}) \circ (\mathcal{T}_{s,2} + \mathcal{T}_{d,2}), \\
&= \mathcal{T}_{d,2} \circ (I - \mathcal{R}_{t,1} \circ \mathcal{R}_{b,2})^{-1} \circ \mathcal{R}_{t,1} \circ \underbrace{\mathcal{R}_{b,2} \circ \mathcal{R}_{t,1}^{(1)} \circ \mathcal{T}_{s,2}}_{\mathcal{R}_{1,2}\mathcal{T}_{s,2}} + \underbrace{\mathcal{T}_{s,2} \circ \mathcal{R}_{t,1}^{(1)} \circ \mathcal{T}_{s,2}}_{\mathcal{R}_{t,1}\mathcal{T}_{ss,2}} \\
&\quad + \underbrace{\mathcal{T}_{d,2} \circ \mathcal{R}_{t,1}^{(1)} \circ \mathcal{T}_{s,2}}_{\mathcal{R}_{t,1}\mathcal{T}_{sd,2}} + \mathcal{R}_{t,r}^{1,2},
\end{aligned}
$$

avec $\mathcal{R}_{t,r}^{1,2}$ la somme des termes ne dépendant pas de $\mathcal{R}_{t,1}^{(1)} \circ \mathcal{T}_{s,2}$. De la même façon :

$$\mathcal{T}_d^{1,2} = \mathcal{T}_{d,1} \circ (I - \mathcal{R}_{b,2} \circ \mathcal{R}_{t,1})^{-1} \circ \underbrace{\mathcal{R}_{b,2} \circ \mathcal{R}_{t,1}^{(1)} \circ \mathcal{T}_{s,2}}_{\mathcal{R}_{1,2}\mathcal{T}_{s,2}} + \mathcal{T}_{t,r}^{1,2},$$

avec $\mathcal{T}_{t,r}^{1,2}$ la somme des termes ne dépendant pas de $\mathcal{R}_{t,1}^{(1)} \circ \mathcal{T}_{s,2}$.

Sans tenir compte de l'effet de hot spot, les termes $\mathcal{R}_{t,1}\mathcal{T}_{ss,2}$, $\mathcal{R}_{t,1}\mathcal{T}_{sd,2}$ et $\mathcal{R}_{1,2}\mathcal{T}_{s,2}$ sont séparables.

Afin de mettre en évidence la dépendance en z, nous écrivons l'expression de $\mathcal{R}_{t,1}\mathcal{T}_{ss,2}$ comme suit :

$$
\begin{aligned}
\mathcal{R}_{t,1}\mathcal{T}_{ss,2}[L_i](\Omega_e) &= \int_\Pi \int_\Pi \int_\Pi \underbrace{L_i(\Omega_i)}_{\text{entrée}} \underbrace{t_{s,2}(\Omega_i \rightarrow \Omega_1)}_{N_1 \rightarrow P_1} \underbrace{r_{t,1}^{(1)}(\Omega_1 \rightarrow \Omega_2)}_{P_1 \rightarrow M \rightarrow P_2} \\
&\quad \underbrace{t_{s,2}(\Omega_2 \rightarrow \Omega_e)}_{P_2 \rightarrow N_2} \cos(\theta_i) \cos(\theta_1) \cos(\theta_2) d\Omega_i d\Omega_1 d\Omega_2, \\
&= \int_\Pi \int_\Pi \int_\Pi L_i(\Omega_i) \frac{\tau_{ss,2}(\Omega_i)\delta(\theta_1 = \theta_i)\delta(\varphi_1 = \varphi_i)}{\cos(\theta_i)\sin(\theta_i)} r_{t,1}^{(1)}(\Omega_1 \rightarrow \Omega_2) \\
&\quad \underbrace{\frac{\tau_{oo,2}(\Omega_e)\delta(\theta_2 = \theta_e)\delta(\varphi_2 = \varphi_e)}{\cos(\theta_e)\sin(\theta_e)}}_{} \cos(\theta_i)\cos(\theta_1)\cos(\theta_2)d\Omega_i d\Omega_1 d\Omega_2, \\
&= \int_\Pi L_i(\Omega_i)\tau_{ss,2}(\Omega_i)r_{t,1}^{(1)}(\Omega_i \rightarrow \Omega_e)\tau_{oo,2}(\Omega_e)\cos(\theta_i)d\Omega_i, \\
&= \int_{-1}^{z_0} \int_\Pi L_i(\Omega_i) \exp[k(\Omega_i)z] \frac{w(\Omega_i, \Omega_e)}{\pi} \exp[K(\Omega_e)z] \cos(\theta_i)d\Omega_i dz.
\end{aligned}
$$

Ainsi, pour des feuilles discrètes :

$$\mathcal{R}_{t,1}\mathcal{T}_{ss,2}[L_i](\Omega_e) = \int_{-1}^{z_0}\int_{\Pi} L_i(\Omega_i)\frac{w(\Omega_i,\Omega_e)}{\pi}\exp[(k(\Omega_i)+K(\Omega_e))z]$$
$$C_{HS}(\Omega_i,\Omega_e,z)\cos(\theta_i)d\Omega_i dz.$$

D'une façon similaire, et en suivant le trajet du flux (Figure 2.7), nous obtenons dans le cas turbide :

$$\mathcal{R}_{t,1}\mathcal{T}_{sd,2}[L_i](\Omega_e) = \int_{-1}^{z_0}\int_{\Pi}\int_{\Pi} \underbrace{L_i(\Omega_i)}_{\text{entrée}}\underbrace{\exp[k(\Omega_i)z]}_{N_1\to M}\underbrace{\frac{w(\Omega_i,\Omega_o)}{\pi}}_{M}\underbrace{\exp[K(\Omega_o)(z-z_0)]}_{M\to P_2}$$
$$\underbrace{t_{d,2}(\Omega_o\to\Omega_e)}_{P_2\to T_1}\cos(\theta_i)\cos(\theta_o)d\Omega_i d\Omega_o dz.$$

(2.27)

Dans le cas discret, (2.27) devient :

$$\mathcal{R}_{t,1}\mathcal{T}_{sd,2}[L_i](\Omega_e) = \int_{-1}^{z_0}\int_{\Pi}\int_{\Pi} L_i(\Omega_i)\exp[k(\Omega_i)z]\frac{w(\Omega_i,\Omega_o)}{\pi}$$
$$\underbrace{\exp[K(\Omega_o)(z-z_0)]C_{HS}(\Omega_i,\Omega_o,z-z_0)}_{M\to P_2}$$
$$\underbrace{t_{d,2,HS}(\Omega_i,z,\Omega_o\to\Omega_e)}_{P_2\to T_1}\cos(\theta_i)\cos(\theta_o)d\Omega_i d\Omega_o dz,$$

(2.28)

De la même façon, on obtient :

$$\mathcal{R}_{1,2}\mathcal{T}_{s,2}[L_i](\Omega_e) = \int_{-1}^{z_0}\int_{\Pi}\int_{\Pi} L_i(\Omega_i)\exp[k(\Omega_i)z]\frac{w(\Omega_i,\Omega_o)}{\pi}\exp[K(\Omega_o)(z-z_0)]$$
$$C_{HS}(\Omega_i,\Omega_o,z-z_0)\underbrace{r_{b,2,HS}(\Omega_i,z,\Omega_o\to\Omega_e)}_{P_2\to R_3}\cos(\theta_i)\cos(\theta_o)d\Omega_i d\Omega_o dz.$$

(2.29)

Algorithme

Comme on peut le constater, la mise en œuvre dans le cas discret est un peu plus délicate que celle dans le cas turbide et nécessite l'explication de plusieurs détails de discrétisation.

Tout d'abord, rappelons le calcul du hot spot de premier ordre. Dans le code SAILH, Verhoef présente une méthode d'approximation de la réflectance de premier ordre ($r^{(1)}(\Omega_i\to\Omega_e)$) quand l'effet de hot spot de premier ordre est pris en compte. On a :

$$r^{(1)}(\Omega_i\to\Omega_e) = \frac{w(\Omega_i,\Omega_e)}{\pi}\int_{-1}^{0}\exp[(k(\Omega_i)+K(\Omega_e))z]C_{HS}(\Omega_i,\Omega_e,z)dz.$$

L'intervalle $[0,1]$ est divisé en $N_I = 20$ sous-intervalles $[a_{j+1},a_j]$, $j\in\{0,\dots,N_I-1\}$, tels que $a_0 = 0 > a_2 > \dots > a_{N_I} = -1$. $r^{(1)}$ est écrite ainsi comme suit :

$$r^{(1)}(\Omega_i\to\Omega_e) = \frac{w(\Omega_i,\Omega_e)}{\pi}\sum_{j=0}^{N_I-1}\underbrace{\int_{a_{j+1}}^{a_j}\exp[(k(\Omega_i)+K(\Omega_e))z]C_{HS}(\Omega_i,\Omega_e,z)dz}_{Hot_j}.$$ (2.30)

Hot_j est alors approximé pour $j \in \{1, \ldots, N_I - 1\}$. Pour plus d'informations sur le choix des bornes des intervalles et l'approximation de l'intégrale, on peut se reporter au code SAILH.

Maintenant, la réflectance bidirectionnelle correspondant à $\mathcal{R}_{t,1}\mathcal{T}_{ss,2}$, appelée $r_{t,1}t_{ss,2}$, est donnée par :

$$r_{t,1}t_{ss,2}(\Omega_i \to \Omega_e) = \frac{w(\Omega_i, \Omega_e)}{\pi} \int_{-1}^{z_0} \exp[(k(\Omega_i) + K(\Omega_e))z]C_{HS}(\Omega_i, \Omega_e, z)dz.$$

Ainsi, afin d'estimer ce terme, nous proposons d'appliquer le même schéma de discrétisation que celui pour $r^{(1)}$ (2.30), de la façon suivante. Soit $k_0 \in \{0, \ldots, N_I - 1\}$, tel que $a_{k_0+1} < z_0 \leq a_{k_0}$. On change alors la valeur de a_{k_0} : $a_{k_0} = z_0$, et on estime l'intégrale sur les points $(a_j)_{j \in \{k_0, \ldots, N_I\}}$.

La réflectance bidirectionnelle correspondant à $\mathcal{R}_{t,1}\mathcal{T}_{sd,2}$, appelée $r_{t,1}t_{sd,2}$, est donnée par :

$$
\begin{aligned}
r_{t,1}t_{sd,2}(\Omega_i \to \Omega_e) &= \int_{-1}^{z_0} \int_{\Pi} \exp[k(\Omega_i)z]\frac{w(\Omega_i, \Omega_o)}{\pi} \exp[K(\Omega_o)(z - z_0)] \\
&\quad C_{HS}(\Omega_i, \Omega_o, z - z_0)t_{d,2,HS}(\Omega_i, z, \Omega_o \to \Omega_e)\cos(\theta_o)d\Omega_o dz.
\end{aligned}
$$

En appliquant la même discrétisation que celle pour $r^{(1)}$ (2.30) (avec $a_0 = z_0$), on obtient :

$$
\begin{aligned}
r_{t,1}t_{sd,2}(\Omega_i \to \Omega_e) &= \sum_{j=k_0}^{N_I-1} \int_{\Pi} \int_{a_{j+1}}^{a_j} \exp[k(\Omega_i)z]\frac{w(\Omega_i, \Omega_o)}{\pi} \exp[K(\Omega_o)(z - z_0)] \\
&\quad C_{HS}(\Omega_i, \Omega_o, z - z_0)t_{d,2,HS}(\Omega_i, z, \Omega_o \to \Omega_e)\cos(\theta_o)dzd\Omega_o.
\end{aligned}
\tag{2.31}
$$

Maintenant, pour chaque intervalle $[a_{j+1}, a_j]$, $t_{d,2,HS}(\Omega_i, z, \Omega_o \to \Omega_e)$ elle est supposée constante, sera appelée $t_{d,2,HS,j}(\Omega_i, \Omega_o \to \Omega_e)$ et approximée par :

$$t_{d,2,HS,j}(\Omega_i, \Omega_o \to \Omega_e) \approx t_{d,2,HS}(\Omega_i, \frac{a_{j+1} + a_j}{2}, \Omega_o \to \Omega_e).$$

Rappelons que $t_{d,2,HS}$ est la transmittance bidirectionnelle diffuse de la couche 2 estimée en utilisant la densité de végétation effective LAI_{HS} au lieu de LAI. L'estimation du LAI_{HS} est faite en utilisant (2.24). (2.31) devient :

$$r_{t,1}t_{sd,2}(\Omega_i \to \Omega_e)$$

$$= \sum_{j=k_0}^{N_I-1} \int_{\Pi} \overbrace{\frac{w(\Omega_i, \Omega_o)}{\pi} \int_{a_{j+1}}^{a_j} \exp[k(\Omega_i)z]\exp[K(\Omega_o)(z - z_0)]C_{HS}(\Omega_i, \Omega_o, z - z_0)dz}^{hot_j(\Omega_i \to \Omega_o)}$$

$$t_{d,2,HS,j}(\Omega_i, \Omega_o \to \Omega_e)\cos(\theta_o)d\Omega_o.$$

$$\tag{2.32}$$

hot_j est alors estimée comme Hot_j, pour $j \in \{k_0, \ldots, N_I - 1\}$. Et (2.32) devient :

$$r_{t,1}t_{sd,2}(\Omega_i \to \Omega_e) = \sum_{j=k_0}^{N_I-1} \underbrace{\int_{\Pi} hot_j(\Omega_i \to \Omega_o)t_{d,2,HS,j}(\Omega_i, \Omega_o \to \Omega_e)\cos(\theta_o)d\Omega_o}_{r_{t,1}t_{sd,2}(j,\Omega_i \to \Omega_e)}.\tag{2.33}$$

Comme pour (1.20), par discrétisation de l'hémisphère en $N \times M$ angles solides, avec N (respectivement M) le nombre d'échantillons d'angle zénithal (respectivement azimuthal), on obtient :

$$r_{t,1}t_{sd,2}(j, \Omega_i \to \Omega_e) = \sum_{l=0}^{N.M} hot_j(\Omega_i \to \Omega_{o,l})t_{d,2,HS,j}(\Omega_i, \Omega_{o,l} \to \Omega_e)\cos(\theta_o)\Delta\Omega_{o,l}. \quad (2.34)$$

Soit $[R_{t,1}T_{sd,2}]_j$ et Hot_j les opérateurs discrets associés aux termes bidirectionnels $r_{t,1}t_{sd,2}(j, \Omega_i \to \Omega_e)$ et hot_j. Soit $T_{d,2,HS,j,k}$ l'opérateur discret associé à $t_{d,2,HS,j}$ pour une valeur de l'angle Ω_i égale $\Omega_{i,k}$. En s'inspirant du cas turbide de combinaison de deux opérateurs discrets (produit matriciel), on peut facilement montrer que :

$$[R_{t,1}T_{sd,2}]_j(k,:) = Hot_j(k,:)T_{d,2,HS,j,k}, \quad (2.35)$$

avec $[R_{t,1}T_{sd,2}]_j(k,:)$ (respectivement $Hot_j(k,:)$) la $k^{ème}$ ligne de la matrice $[R_{t,1}T_{sd,2}]_j$ (respectivement Hot_j). Notons que le fait de fixer k revient à fixer Ω_i.

Soit $R_{t,1}T_{sd,2}$ l'opérateur discret associé au terme bidirectionnel $r_{t,1}t_{sd,2}(\Omega_i \to \Omega_e)$, alors il peut s'écrire sous la forme :

$$R_{t,1}T_{sd,2} = \sum_{j=0}^{N_I-1} [R_{t,1}T_{sd,2}]_j. \quad (2.36)$$

Par analogie avec $T_{d,2,HS,j,k}$ dans la discrétisation de $\mathcal{R}_{t,1}\mathcal{T}_{sd,2}$, on peut définir l'opérateur discret $R_{d,2,HS,j,k}$. L'opérateur discret $R_{1,2}T_{s,2}$ correspondant à $\mathcal{R}_{1,2}\mathcal{T}_{s,2}$ pourra se calculer alors de la même façon que $R_{t,1}T_{sd,2}$ quitte à changer $T_{d,2,HS,j,k}$ par $R_{d,2,HS,j,k}$

Comme on peut le constater avec l'équation (2.35), pour chaque valeur de $\Omega_{i,k}$ avec $k \in \{1, \dots, N.M\}$, on doit estimer les opérateurs $T_{d,2,HS,j,k}$ et $R_{d,2,HS,j,k}$. Rappelons que $T_{d,2,HS,j,k}$ et $R_{d,2,HS,j,k}$ sont respectivement les opérateurs de transmittance et de réflectance de la couche 2 (la vraie valeur de densité de végétation de la couche 2 est égale à L_{HS}), $T_{d,2,HS,j,k}$ et $R_{d,2,HS,j,k}$ correspondent à une valeur effective de LAI (LAI_{HS}) vérifiant $LAI_{HS} \leq L_{HS}$ (2.24). Rappelons aussi que pour estimer ces opérateurs, il faut utiliser le principe Adding de concaténation de couches élémentaires (L_{min}) jusqu'à arriver à la densité LAI_{HS} ce qui est coûteux en terme de temps de calcul. Pour y remédier et puisque $LAI_{HS} \leq L_{HS}$, nous proposons de stocker dans la mémoire les opérateurs correspondant à $\{L_{min}, 2L_{min}, 3L_{min}, \dots, L_{HS}\}$, ce qui évite de faire le calcul chaque fois.

En conclusion, la réflectance d'une couche de végétation discrète est calculée en la divisant en N_{HS} sous-couches fines de valeur de LAI égale à L_{HS}, et d'une façon itérative on ajoute une nouvelle sous-couche aux sous-couches déjà considérées et on calcule les opérateurs associés à l'ensemble (de 1 à N_{HS}).

Finalement, la façon dont la méthode adding permet de tenir en compte de l'effet hot spot d'ordre supérieur est comme suit. Nous considérons l'effet de hot spot de premier ordre entre z_0 et -1 (le flux en gris dans la Figure 2.7, de R_1 à R_2 passant par M) en faisant varier z_0 de bas vers le haut du couvert. En commençant par une couche fine, pour laquelle le fait de négliger l'effet de hot spot apparaît raisonnable, des couches fines sont ajoutées, une par une. Nous construisons ainsi un 'système' qui tient compte de l'effet de hot spot multiple (tout en conservant l'énergie). Plus précisément, supposons que nous disposons d'une première couche conservant l'énergie et tenant en compte de l'effet hot spot, quand une nouvelle sous-couche fine est ajoutée au-dessus (correspond à la couche 2 dans la Figure 2.7). La contribution de la couche 2 à l'effet de multi hot spot est calculée comme suit. Le flux atteignant le haut de la couche 2 (Q_1) (le flux gris dans la Figure 2.7) est diffusé plusieurs fois avant d'atteindre l'interface entre les deux couches (R_1) où il est à nouveau considéré comme un flux direct (rappelant que pour la méthode Adding les flux en entrées et en sorties d'un milieu donné sont des flux directs équivalents). D'où, dans la couche 1, le calcul de l'effet hot spot de premier ordre (cas d'un flux direct) est valide : il est appliqué entre l'interface (Q_1) et l'interface (Q_2) en passant par la feuille considérée (M) (un tel calcul est inclus dans l'opérateur $\mathcal{R}_t^1$). Ajoutant d'une façon itérative des sous-couches fines et la contribution de leurs flux diffus dans le calcul du hot spot multiple, un système tenant compte de l'effet de hot spot entre les flux diffus est construit, d'où le nom 'd'effet de 'multi hot spot'.

2.3 Validation du modèle Adding

Les simulations de la méthode Adding sont données à partir des opérateurs discrets (1.21) et (1.22). Les angles zénithal et azimuthal sont discrétisés avec des pas d'échantillonnage égaux respectivement à $\frac{1}{20}\frac{\pi}{2}$ et $\frac{1}{15}\pi$. Une telle quantification est un compromis entre des considérations de calcul (mémoire et temps de calcul) et la précision de résultats.

La distribution des feuilles est supposée ellipsoïdale [Campbell, 1990]. Une telle distribution est déterminée à partir de l'inclinaison moyenne des feuilles, appelée ALA, qui varie entre 0 et 90°. Les faibles valeurs de ALA correspondent à une végétation planophylle et les valeurs élevées de ALA correspondent à une végétation érectophylle. Le LAI sous-couche élémentaire (L_{min}) est choisi égale à 10^{-3}. Finalement, dans le cas discret, on a choisit $L_{HS} = 2 \times 10^{-2}$.

Dans la suite, nous présentons tout d'abord la conservation des lois physiques, puis une comparaison entre Adding et SAIL est montrée. Enfin, nous proposons de valider notre modèle en utilisant la base de données RAMI II.

2.3.1 Conservation des lois physiques

Les deux lois physiques qui doivent être vérifiées par un modèle de transfert radiatif sont : la symétrie entre la source et l'observation ainsi que la conservation de l'énergie.

La symétrie implique que les positions de la source et de l'observation peuvent être inversées sans changer la réflectance et la transmittance bidirectionnelles. Pour une sous-couche élémentaire, la réflectance et la transmittance bidirectionnelles sont symétriques [Verhoef, 1985; 1998]. Pour deux couches de végétation successives 1 et 2, sans faire de distinction entre la transmittance vers le bas et vers le haut et la réflectance au-dessus et en-dessous, la réflectance totale ($\mathcal{R}^{1,2}$) des deux couches est donnée par :

$$\mathcal{R}^{1,2} = \mathcal{R}_2 + \mathcal{T}_2 \circ (I - \mathcal{R}_1 \circ \mathcal{R}_2)^{-1} \circ \mathcal{R}_1 \circ \mathcal{T}_2,$$

les indices des opérateurs indiquent le numéro de la couche (cf. la Figure 1.8). Comme les opérateurs '+', '-', 'o' et '(.)$^{-1}$' conservent la symétrie, la réflectance de l'ensemble des deux couches est symétrique.

Pour des opérateurs discrets, et par accumulation d'erreurs liées à la représentation informatique des nombres flottants, la symétrie peut ne pas être parfaitement conservée, l'erreur pouvant atteindre 0.4% pour un LAI=3 (même quand le hot spot est ajouté). Afin de maintenir la symétrie, après chaque itération, nous procédons à la symétrisation des matrices de transmittance et de réflectance.

La conservation de l'énergie pour une couche élémentaire est équivalente à la proposition : pour n'importe quelle direction de source, la somme de la réflectance directionnelle-hémisphérique et la transmittance diffuse directionnelle-hémisphérique est égale à la diffusion totale de la feuille ($\rho + \tau$) multipliée par le flux intercepté :

$$\int_\Pi r_t(\Omega_s \to \Omega_o)\cos(\theta_o)d\Omega_o + \int_\Pi t_{d,d}(\Omega_s \to \Omega_o)\cos(\theta_o)d\Omega_o = k(\Omega_s)(\rho + \tau), \forall \Omega_s.$$

Pour une couche élémentaire $r_t(\Omega_s \to \Omega_o) = \frac{1}{\pi}w(\Omega_s,\Omega_o)$ et $t_{d,d}(\Omega_s \to \Omega_o) = w_d(\Omega_s,\Omega_o)$. le terme w est divisé par π parce qu'il correspond à E_o qui est égale à πL_o. Comme il a été démontré [Verhoef, 1998] :

$$\frac{1}{\pi}\int_\Pi w(\Omega_s,\Omega_o)\cos(\theta_o)d\Omega_o + \int_\Pi w_d(\Omega_s,\Omega_o)\cos(\theta_o)d\Omega_o = k(\Omega_s)(\rho + \tau).$$

En terme de bilan radiatif, recevant un flux direct dans un angle solide Ω_s, le bilan radiatif total ($B(\Omega_s)$) d'une couche de végétation est donné par la différence entre le flux incident et la somme de la réflectance directionnelle-hémisphérique et de la transmittance directionnelle-hémisphérique totale :

$$B(\Omega_s) = 1 - \int_\Pi \rho_t(\Omega_s \to \Omega_o)\cos(\theta_o)d\Omega_o + \int_\Pi (t_{d,d} + t_{d,s})(\Omega_s \to \Omega_o)\cos(\theta_o)d\Omega_o,$$

avec

$$\int_\Pi t_{d,s}(\Omega_s \to \Omega_o)\cos(\theta_o)d\Omega_o = \tau_{ss}(\Omega_s) = \exp(-k(\Omega_s)),$$
$$\approx 1 - k(\Omega_s),$$

alors

$$B(\Omega_s) = k(\Omega_s)(1 - \rho - \tau) \geq 0.$$

L'égalité est atteinte quand $\rho + \tau = 1$: les feuilles n'absorbent pas d'énergie (le cas puriste), ce qui est en accord avec la réalité physique. Pour de telles feuilles et pour un système composé d'une concaténation de couches fines, le bilan radiatif est nul. La méthode adding permet de représenter toutes les interactions entre les couches, le bilan radiatif estimé en concaténant les sous-couches en utilisant cette méthode doit être nul. Ainsi, afin de vérifier la conservation d'énergie pour un modèle, on peut considérer le cas puriste et mesurer B (pour différents jeux de données) qui doit rester proche de zéro. Par ailleurs, pour une comparaison visuelle entre les simulations, on peut utiliser la valeur de

$|B|$ (moyennée) intégrée sur toute l'hémisphère $(< |B| >)$ correspondant à tout les angles de la source :

$$< |B| >= \frac{1}{\pi} \int_\Pi |B(\Omega_s)| \cos(\theta_s) d\Omega_s.$$

Dans le cas turbide, le signe de B est constant (positif ou négatif), $\forall \Omega_s$. D'où :

$$< B >=< |B| > \times \text{sign}(B).$$

Alors nous choisissons finalement de représenter la valeur de $< B >$, comme elle peut aussi être vue comme le bilan radiatif d'un flux incident distribué sur l'hémisphère d'une façon isotrope.

La Figure 2.10 montre des tests de conservation d'énergie en faisant varier LAI, ALA et te_s pour différents types de discrétisation : $(20, 10)$, $(20, 10)^*$, $(22, 10)$ and $(20, 12)$. $(20, 10)^*$ est l'unique cas d'un discrétisation non régulière échantillonnant plus les valeurs élevées de l'angle zénithal que les valeurs faibles (en entrée et en sortie). Tout d'abord, nous remarquons que l'erreur est toujours inférieure à 0.6%, ce qui signifie que le modèle conserve l'énergie. A cause de la discrétisation, le phénomène d'accumulation d'erreurs est observé : quand on augmente le LAI l'erreur augmente (cf. Figures 2.10a&c&e). On remarque aussi que $< B >$ croît ou décroît d'une façon quasiment linéaire. Les méthodes de discrétisation régulières donnent des résultats proches. $(20, 10)$ et $(20, 12)$ donnent approximativement les mêmes résultats, ce qui veut dire que la FDRB ne varie pas beaucoup en fonction de l'angle azimuthal. Surtout, pour des faibles valeurs de LAI (inférieure à 2), la discrétisation $(22, 10)$ donne des résultats plus précis que ceux des deux autres méthodes d'échantillonnage régulier, ce qui signifie qu'en augmentant le nombre d'échantillons sur l'angle zénithal, on peut améliorer les résultats. En comparant la discrétisation régulière à la non régulière, nous constatons que les performances diminuent avec ce dernier schéma. On effet, nous avons à intégrer $\{r, t\}(\Omega_i \to \Omega_e) \cos(\theta_e) \sin(\theta_e) d\theta_e d\varphi_e$, comme $\cos(\pi/2) \sin(\pi/2) = 0$, alors le poids associé aux valeurs élevées d'angle zénithal est faible, ainsi on n'a pas besoin d'avoir une grande précision pour de telles valeurs d'angle zénithal. Les Figures 2.10b&d&f confirment cette constatation. En effet, nous remarquons que l'erreur augmente pour des valeurs de θ_s supérieures à 30° à cause de la diminution du nombre d'échantillons pour des valeurs moyennes d'angle zénithal. Pour les autres schémas de discrétisation, nous remarquons que l'erreur est quasi-constante, confirmant encore une fois l'intérêt d'une discrétisation régulière.

Notons que, dans le modèle Discrete-Ordinates, et afin d'améliorer les performances de la discrétisation, Chandrasekhar (1960) propose d'utiliser le polynôme de Gauss-Legendre pour approximer le calcul intégral. Dans notre cas, nous avons essayé d'utiliser ce polynôme afin de discrétiser l'angle zénithal, mais les résultats obtenus étaient assez mauvais (résultats non montrés), et l'erreur de conservation d'énergie pouvant atteindre des valeurs de l'ordre de 30% pour des valeurs du LAI de l'ordre de trois. En effet, dans le calcul de la transmittance d'une couche, le flux direct en provenance de la source est pris en compte, alors la distribution du flux transmis présente un pic (Dirac) dans la direction de la source. Cette distribution n'est alors pas continue. Le polynôme de Gauss-Legendre lisse la distribution, il conduit à l'effacement du pic.

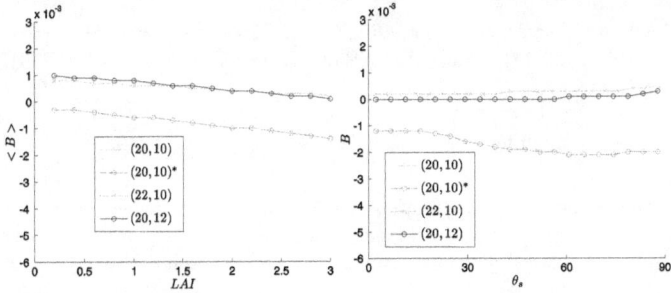

(a) $< B >$ fonction du LAI. $ALA = 27°$. (b) B fonction de θ_s. $ALA = 27°$ & $LAI = 3$

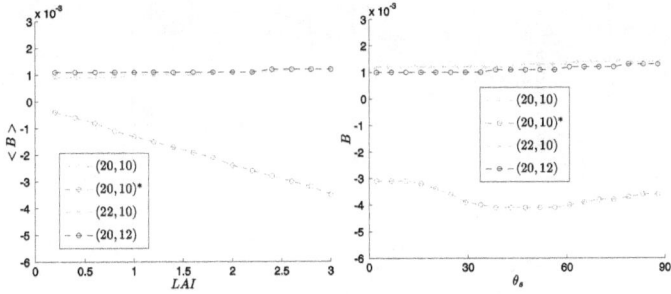

(c) $< B >$ fonction du LAI. $ALA = 45°$ (d) B fonction de θ_s. $ALA = 45°$ & $LAI = 3$

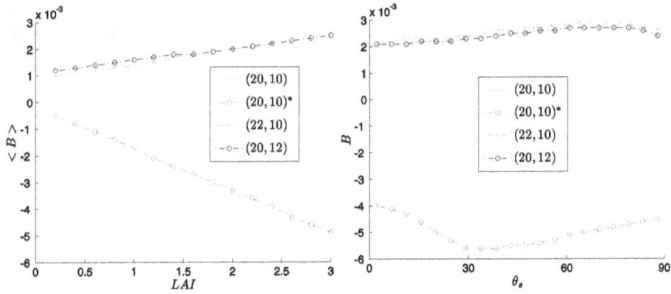

(e) $< B >$ fonction du LAI. $ALA = 63°$ (f) B fonction de θ_s. $ALA = 63°$ & $LAI = 3$

FIGURE 2.10 – Conservation de l'énergie pour une couche de végétation supposée turbide : $\rho = 0.5$ et $\tau = 0.5$. Dans la légende, pour le couple de valeurs (x, y), x (resp. y) signifie le nombre d'échantillons de l'angle zénithal (dans $[0, \pi/2]$) (resp. de l'angle azimuthal dans $[0, \pi]$). $(20, 10)^*$ est le seul cas d'échantillonnage où l'angle zénithal n'est pas échantillonné régulièrement, les échantillons sont : $(5°, 15°, 25°, 35°, 45°, 55°, 64°, 68°, 72°, 75°, 77°, 79°, 81°, 83°, 85°, 86°, 87°, 88°, 88.5°, 89°)$.

59

TABLE 2.1 – Temps de calcul des opérateurs élémentaires (en seconde) : comparaison entre $(20,10)$, $(22,10)$ et $(20,12)$.Code MATLAB et PC PENTIUM 4, DELL OPTIPLEX GX 620, RAM 1 G.

Discretization	$(20,10)$	$(22,10)$	$(20,12)$
Running time (sec)	24.49	32.56	35.49

Afin de valider encore la conservation de l'énergie de notre modèle, nous avons testé la réflectance bidirectionnelle d'un sol 'blanc' (réflectance égale à 1), la réflectance direction-nelle-hémisphérique est estimée alors avec une erreur précision de l'ordre de 10^{-5}%.

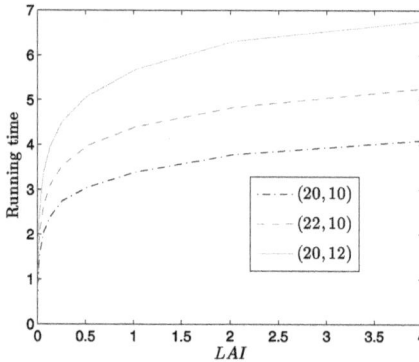

FIGURE 2.11 – Temps de calcul du processus adding (en secondes) : comparaison entre $(20,10)$, $(22,10)$ et $(20,12)$. Code MATLAB et PC PENTIUM 4, DELL OPTIPLEX GX 620, RAM 1 G.

La Table 2.1 montre une comparaison entre les temps de calcul des opérateurs d'une couche élémentaire fine (L_{min}) en utilisant différents types de discrétisation : $(20,10)$, $(22,10)$ and $(20,12)$. Le temps de calcul augmente de 33% (respectivement de 45%) quand on augmente le nombre d'échantillons de l'angle zénithal (respectivement azimuthal) de 2 correspondant à un pourcentage d'augmentation d'échantillonnage de 10% (respective-ment 20%). La Figure 2.11 montre une comparaison entre les temps de calcul du processus Adding (concaténation de couches), en utilisant aussi les mêmes types d'échantillonnage : $(20,10)$, $(22,10)$ and $(20,12)$. Encore une fois, la proportionnalité n'est pas conservée et la différence augmente en fonction de la valeur du LAI. Par exemple pour un LAI=4, le pourcentage d'augmentation du temps de calcul en passant du schéma $(20,10)$ au schéma $(22,10)$ est de l'ordre de 28% et du schéma $(20,10)$ au schéma $(20,12)$ est de 65%. Ainsi, l'augmentation de la précision coûte cher en terme de temps de calcul. Ainsi, pour des valeurs de LAI inférieures à 3, nous considérons la discrétisation régulière $(20,10)$ qui donne des résultats assez performants.

Notons qu'afin de diminuer le temps de calcul, on peut mémoriser les opérateurs correspondant à une couche élémentaire fine pour une configuration de caractéristiques de végétation donnée. Dans ce cas, nous avons uniquement à appliquer le principe Adding pour obtenir les opérateurs correspondant à une valeur donnée de LAI.

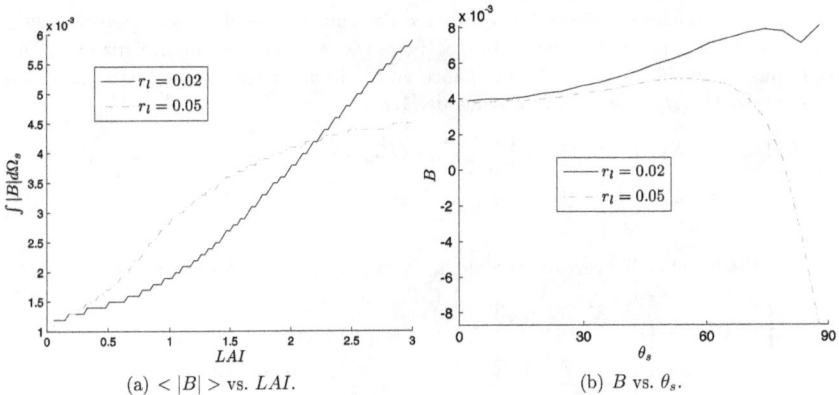

(a) $< |B| >$ vs. LAI.   (b) B vs. θ_s.

FIGURE 2.12 – Conservation d'énergie d'une couche de végétation dans le cas puriste discret : $\rho = 0.5$ and $\tau = 0.5$, pour deux valeurs du paramètre hot spot $r_l = 2\%$ and $r_l = 5\%$. $ALA = 63°$. Le schéma de discrétisation utilisé est (20,10).

La Figure 2.12 montre la variation du bilan énergétique dans le cas puriste en fonction du LAI et de l'angle zénithal de la source (θ_s) pour deux valeurs du paramètre hot spot $r_l = 0.02$ et $r_l = 0.05$. Notons qu'à cause de la complexité du cas discret, en variant Ω_s, B peut changer de signe, alors nous utilisons $< |B| >$ au lieu de $< B >$. Cependant, les simulations montrent que la différence entre les deux mesures est très faible (résultats non présentés). Tout d'abord, nous notons que l'erreur est toujours faible (inférieure à 8%) et donc comme dans le cas turbide, la méthode conserve l'énergie. Aussi comme dans le cas turbide, l'erreur augmente en fonction du LAI. Concernant la variation en fonction de l'angle zénithal, la Figure 2.12b montre que l'erreur n'est pas constante, ce qui peut s'expliquer par la complexité du modèle multi hot spot et le nombre d'approximations utilisées afin de calculer les formules intégrales.

Finalement, l'étude théorique et les simulations de notre modèle ont montré qu'il vérifie aussi bien la symétrie que la conservation de l'énergie. Dans ce qui suit, nous le comparons avec le modèle SAIL et les modèles 3-D de la base RAMI II.

2.3.2 Comparaison Modèle couplé et SAIL

Dans cette section, les termes de diffusions obtenus en utilisant le modèle SAIL pour une couche fine sont supposés exacts (comme le confirme la section précédente). Comme le modèle Adding représente toutes les interactions entre deux couches successives, les résultats de simulations donnés par cette méthode sont supposés 'crédibles'. Les résultats du modèle SAIL sont comparés à ceux du modèle Adding en théorie. Ensuite, des simulations récapitulatives sont montrées pour illustrer les résultats.

Afin de comparer la méthode Adding et le modèle SAIL, nous présentons dans ce qui suit quelques définitions et quelques formulations.

Pour une couche de végétation composée de deux sous-couches successives 1 et 2, couvrant un sol 'noir' (réflectance nulle), et illuminée par dessus par un flux direct ($E_s(0)$) reçu dans un angle solide Ω_s, la luminance en sortie de la couche du dessus dans une direction Ω_o ($L_o(\Omega_o)$) est donnée à l'aide de (1.27) :

$$
\begin{aligned}
L_o(\Omega_o) &= \mathcal{R}_{t,1}[L_s(0)](\Omega_o) + \sum_{i=1}^{\infty} \mathcal{T}_{u,1} \circ (\mathcal{R}_{t,2} \circ \mathcal{R}_{b,1})^{n-1} \circ \mathcal{R}_{t,2} \circ \mathcal{T}_{d,1}[L_s(0)](\Omega_o), \\
&= E_s(0) \sum_{i=0}^{\infty} \gamma^i(\Omega_s \to \Omega_o),
\end{aligned}
$$

avec γ^i la réflectance bidirectionnelle après i 'réflexion (s)' par la seconde couche :

$$
\left\{
\begin{aligned}
\gamma^0(\Omega_s \to \Omega_o) &= \frac{\mathcal{R}_{t,1}[L_s(0)](\Omega_o)}{E_s(0)} = r_{t,1}(\Omega_s \to \Omega_o), \\
\gamma^n(\Omega_s \to \Omega_o) &= \frac{\mathcal{T}_{u,1} \circ (\mathcal{R}_{t,2} \circ \mathcal{R}_{b,1})^{n-1} \circ \mathcal{R}_{t,2} \circ \mathcal{T}_{d,1}[L_s(0)](\Omega_o)}{E_s(0)}, \forall n > 0,
\end{aligned}
\right.
$$

avec $r_{t,1}$ la réflectance bidirectionnelle de la couche 1.

Définissons l'opérateur $\otimes$ entre deux fonctions de réflectance ou transmittance bidirectionnelle (γ_1, γ_2) comme suit :

$$
\gamma_1 \otimes \gamma_2(\Omega_1 \to \Omega_2) = \int_{\Pi} \gamma_1(\Omega_1 \to \Omega)\gamma_2(\Omega \to \Omega_2) \cos(\theta) d\Omega.
$$

Ainsi, $\forall n > 0$, on peut facilement montrer que γ^n est donnée par :

$$
\begin{aligned}
\gamma^n(\Omega_s \to \Omega_o) &= (\gamma_1 + t_{d,s,1}) \otimes \gamma_2 \otimes \ldots \otimes (\gamma_{2n+1} + t_{u,s,1})(\Omega_s \to \Omega_o) \\
&= \bigotimes_{i=1}^{2n+1} \gamma_i(\Omega_s \to \Omega_o) + \tau_{ss}(\Omega_s) \bigotimes_{i=2}^{2n+1} \gamma_i(\Omega_s \to \Omega_o) \\
&\quad + \tau_{oo}(\Omega_o) \bigotimes_{i=1}^{2n} \gamma_i(\Omega_s \to \Omega_o) + \tau_{ss}(\Omega_s)\tau_{oo}(\Omega_o) \bigotimes_{i=2}^{2n} \gamma_i(\Omega_s \to \Omega_o),
\end{aligned}
$$
$$\tag{2.37}$$

avec $\gamma_1 = t_{d,d,1}$, $\gamma_{2n+1} = t_{u,d,1}$, pour $i \in \{1, \ldots, n\}$, $\gamma_{2i} = r_{t,2}$, pour $i \in \{1, \ldots, n-1\}$, $\gamma_{2i+1} = r_{b,1}$, $r_{.,..}$ la réflectance bidirectionnelle, le premier indice indique la position en vertical (en haut t, en bas b) et le second indice indique le numéro de la couche et $t_{.,..}$ la transmittance bidirectionnelle, le premier indice indique la direction (d vers le bas, u vers le haut), le deuxième indice indique la nature de la transmittance (s par atténuation, d par diffusion) et le troisième indice indique le numéro de la couche.

Maintenant, pour une couche située entre l'altitude -1 et 0, recevant un flux direct de direction Ω_s, le modèle SAIL suppose que le flux transmis par diffusion est isotrope (cf. le Tableau 3.2) :

$$
E_-(-1) = \tau_{sd}E_s(0),
$$

Atteignant le bas de la couche, le flux isotrope $E_+(-1)$ est diffusé vers le bas en produisant une flux isotrope $E_-(-1)$ (cf. le Tableau 3.2) :

$$
E_-(-1) = \rho_{dd}E_+(-1).
$$

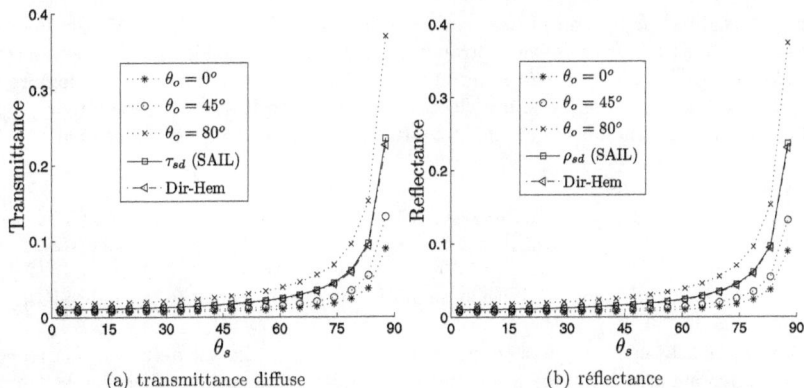

(a) transmittance diffuse   (b) réflectance

FIGURE 2.13 – (a) transmittance diffuse, (b) réflectance, en fonction de l'angle zénithal de la source pour un angle azimuthal de la source égale à 0°. Les paramètres de la couche sont : LAI=0.05, ALA= 63°, $\tau = 0.49$ et $\rho = 0.47$.

La Figure 2.13 montre la transmittance diffuse bidirectionnelle et la réflectance bidirectionnelle en fonction de l'angle zénithal de la source. La Figure 2.13 montre que ces termes varient en fonction de la direction d'observation (i.e. les flux associés ne sont pas isotropes). Ces variations sont négligées par le modèle SAIL. A partir de la Figure 2.13, on voit aussi que la transmittance et la réflectance directionnelles-hémisphériques coïncident respectivement avec la transmittance (τ_{sd}) et la réflectance (ρ_{sd}) du modèle SAIL. Donc, dans le cas considéré d'un LAI faible, les hypothèses de SAIL semblent correctes et les paramètres de Adding intégrés peuvent être reliés à ceux de SAIL (1.10) :

$$\begin{aligned} r(\Pi \rightarrow \Omega_o) &= \frac{1}{\pi} \int_{\Pi} r(\Omega_s \rightarrow \Omega_o) \cos(\theta_s) d\Omega_s \approx \frac{1}{\pi}\rho_{do}, \\ r(\Omega_s \rightarrow \Pi) &= \int_{\Pi} r(\Omega_s \rightarrow \Omega_o) \cos(\theta_o) d\Omega_o \approx \rho_{sd}, \\ r(\Pi \rightarrow \Pi) &= \frac{1}{\pi} \int_{\Pi} \int_{\Pi} r(\Omega_s \rightarrow \Omega_o) \cos(\theta_s) \cos(\theta_o) d\Omega_s d\Omega_o \approx \rho_{dd}. \end{aligned} \qquad (2.38)$$

Les mêmes résultats peuvent aussi être transposés aux transmittances juste en interchangeant ρ et τ :

$$\begin{aligned} t(\Pi \rightarrow \Omega_o) &= \frac{1}{\pi} \int_{\Pi} t(\Omega_s \rightarrow \Omega_o) \cos(\theta_s) d\Omega_s \approx \frac{1}{\pi}\tau_{do}, \\ t(\Omega_s \rightarrow \Pi) &= \int_{\Pi} t(\Omega_s \rightarrow \Omega_o) \cos(\theta_o) d\Omega_o \approx \tau_{sd}, \\ t(\Pi \rightarrow \Pi) &= \frac{1}{\pi} \int_{\Pi} \int_{\Pi} t(\Omega_s \rightarrow \Omega_o) \cos(\theta_s) \cos(\theta_o) d\Omega_s d\Omega_o \approx \tau_{dd}. \end{aligned} \qquad (2.39)$$

Nous proposons maintenant de comparer les réflectances bidirectionnelles de SAIL et Adding pour une couche de végétation composée de deux sous-couches, éclairées du dessus par un flux direct $E_s(0)$. En utilisant la définition des réflectances γ^n (2.37), en faisant l'hypothèse que les flux diffus sont isotropes, et en utilisant la signification des paramètres de SAIL (2.38) et (2.39) on peut montrer facilement que pour n'importe quel nombre n de 'réflexion(s)' par la couche 2, la réflectance bidirectionnelle du modèle SAIL (r_{so}^n, qui est une approximation dans le cas de flux diffuses isotropes de γ^n) est donnée par :

$$\begin{cases} r_{so}^0 = \frac{1}{\pi}\rho_{so,1} \text{ if } n = 0, \\ r_{so}^1 = \frac{1}{\pi}(\tau_{do,1}\rho_{dd,2}\tau_{sd,1} + \tau_{oo,1}\rho_{do,2}\tau_{sd,1} + \tau_{do,1}\rho_{sd,2}\tau_{ss,1} + \tau_{oo,1}\rho_{so,2}\tau_{ss,1}) \text{ if } n = 1, \\ r_{so}^n = \frac{1}{\pi}(\tau_{do,1}\rho_{dd,2} + \tau_{oo,1}\rho_{do,2})\rho_{dd,1}(\rho_{dd,2}\rho_{dd,1})^{n-2}(\rho_{sd,2}\tau_{ss,1} + \rho_{dd,2}\tau_{sd,1}) \text{ otherwise,} \end{cases}$$

(2.40)

où $\tau_{..}$ et $\rho_{..}$ sont les termes de diffusion de SAIL (1.10), le deuxième indice indice indique le numéro de la couche.

La Figure 2.13 montre que la transmittance bidirectionnelle par diffusion et la réflectance bidirectionnelle de la végétation sont des fonctions croissantes en fonction de l'angle zénithal de la source et de l'observation. Aussi, avec une dépendance moindre, elles varient dans le même sens en fonction de l'angle azimuthal source-observation (résultat non montré). D'où pour γ_1, γ_2 deux transmittances bidirectionnelles par diffusion ou réflectances bidirectionnelles, et pour deux angles solides Ω_1 et Ω_2 quelconques, les fonctions $\gamma_1(\Omega_1 \to .)$ et $\gamma_2(. \to \Omega_1)$ sont comonotones en fonction des deux variables (angles zénithal et azimuthal) (cf. Annexe A). D'où, en utilisant (A.3), avec $\varphi(\theta,\varphi) = \cos(\theta)\sin(\theta)$ et $\int\int \varphi = \pi$, on trouve :

$$\int_\Pi \gamma_1(\Omega_1 \to \Omega)\gamma_2(\Omega \to \Omega_2)\cos(\theta)d\Omega \geq \frac{1}{\pi}\underbrace{\int_\Pi \gamma_2(\Omega \to \Omega_2)\cos(\theta)d\Omega}_{\gamma_2(\Pi \to \Omega_2)}\underbrace{\int_\Pi \gamma_1(\Omega_1 \to \Omega)\cos(\theta)d\Omega}_{\gamma_1(\Omega_1 \to \Pi)}.$$

(2.41)

L'inégalité devient égalité quand γ_1 et γ_2 sont constantes (flux diffus isotropes). Pour deux sous-couches fines successives et suivant (2.38), si γ_1 (respectivement γ_2) est une réflectance bidirectionnelle alors $\gamma_1(\Omega_1 \to \Pi) = \rho_{sd}$ (respectivement $\gamma_2(\Pi \to \Omega_2) = \frac{1}{\pi}\rho_{do}$). De la même façon, pour deux sous-couches fines successives et suivant (2.39), si γ_1 (respectivement γ_2) est une transmittance bidirectionnelle diffuse alors $\gamma_1(\Omega_1 \to \Pi) = \tau_{sd}$ (respectivement $\gamma_1(\Pi \to \Omega_2) = \frac{1}{\pi}\tau_{do}$). D'où, par applications successives de (2.41), on peut prouver facilement pour $n > 0$ l'inégalité suivante :

$$\gamma^n(\Omega_s \to \Omega_o) \geq r_{so}^n.$$

(2.42)

SAIL et Adding sont équivalents uniquement pour $n = 0$; sinon, le modèle SAIL sous-estime la réflectance bidirectionnelle du couvert. Nous présentons dans ce qui suit des simulations qui illustrent ce résultat important.

Pour mieux comprendre la différence entre SAIL et Adding, considérons l'exemple simple suivant. Soit des couches de végétation 1 et 2 identiques. A l'interface entre les deux couches (cf. Figure 1.8), on suppose l'existence d'une source ponctuelle diffusant vers le bas un flux isotrope sur tout l'hémisphère. Nous proposons d'estimer en utilisant la méthode Adding (respectivement le model SAIL) la réflectance hémisphérique-hémisphérique à l'interface entre les deux couches après n 'réflexion(s)' par les deux couches, appelée

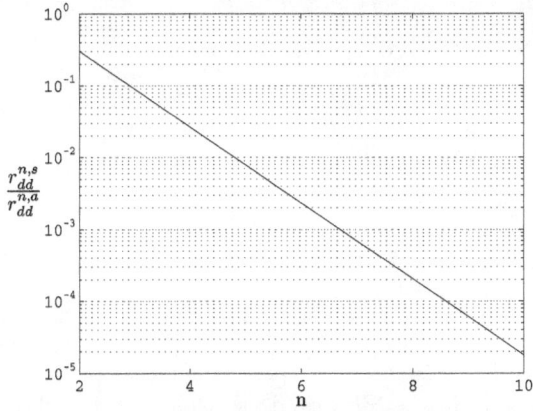

FIGURE 2.14 – Évolution du rapport entre la réflectance hémisphérique-hémisphérique estimée en utilisant SAIL et Adding en fonction du nombre de 'réflexions' (n). Les caractéristiques de la couche sont : LAI=10^{-2}, $ALA = 63^o$, $\rho = 0.5$ et $\tau = 0.5$.

respectivement $r_{dd}^{n,a}$ et $r_{dd}^{n,s}$. Pour deux couches identiques, on obtient :

$$
\begin{aligned}
r_{dd}^{n,a} &= \frac{1}{\pi} \int_\Pi \int_\Pi \Big(\bigotimes_{i=1}^{n} r(\Omega_s \to \Omega_o) \Big) \cos(\theta_s) \cos(\theta_o) d\Omega_s d\Omega_o, \\
r_{dd}^{n,s} &= \rho_{dd}^n,
\end{aligned}
$$

où r est la réflectance bidirectionnelle d'une des deux couches (sans faire de distinction entre les deux couches (1 et 2) et la position dans la couche (haut ou bas) et ρ_{dd} est la réflectance hémisphérique-hémisphérique d'une des deux couches. La Figure 2.14 montre que le rapport $r_{dd}^{n,s}/r_{dd}^{n,a}$ décroît d'une façon exponentielle avec n. Si on suppose que la méthode Adding est 'crédible', on en déduit que le modèle SAIL sous-estime la réflectance, ce qui confirme notre étude théorique. Comme, pour $n = 1$, SAIL et Adding donnent des résultats identiques et que pour $n > 1$ les réflectances sont très faibles par rapport à l'ordre 1, alors ce résultat n'affecte pas beaucoup l'estimation de la FDRF en utilisant le modèle SAIL.

La Figure 2.15 montre des simulations de la FDRB d'un couvert constitué d'une couche de végétation couvrant le sol pour des longueurs d'onde dans le rouge [Jacquemoud and Baret, 1990]. Comme les paramètres de diffusion (ρ, τ) d'une feuille sont faibles, alors les termes de diffusion multiple sont négligeables devant le premier ordre, ce qui explique que SAIL et Adding donnent des résultats similaires. Notons aussi que la FDRB augmente avec la réflectance du sol.

La Figure 2.16 montre différents cas de comparaisons entre les FDRB pour une couche de végétation couvrant le sol dans le domaine du Proche Infrarouge [Jacquemoud and Baret, 1990]. Pour de faibles valeurs de LAI (voir Fig. 2.16.a), on voit que les deux modèles

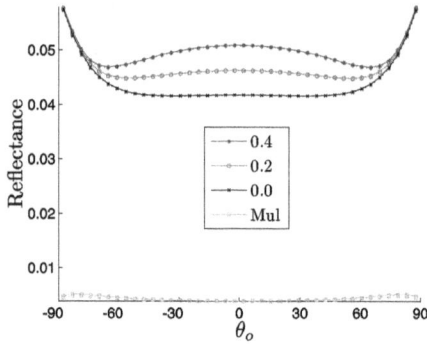

FIGURE 2.15 – Mesure de la FDRB : cas d'une couche turbide et d'un sol Lambertien. LAI=3, ALA= 45°, $\theta_s = 30°$, $\varphi_o = 90°$ et $(\rho, \tau) = (0.1, 0.09)$. Les courbes en continu et en pointillés correspondent respectivement au modèle Adding et à SAIL. Dans la légende, les valeurs numériques indiquent la réflectance du sol utilisée et 'Mul' signifie la contribution de la diffusion multiple dans la réflectance totale de la couche.

donnent des résultats similaires. En effet, dans ce cas, la réflectance dépend essentiellement de la diffusion du premier ordre : les flux diffus sont négligeables devant le flux direct. Pour des valeurs de LAI élevées et pour une végétation variant du type planophylle jusqu'au type érectophylle les résultats sont de plus en plus contrastés (voir Figure 2.16.b,c,d). En effet, l'équivalence entre SAIL et Adding a lieu pour des réflectances constantes de la végétation (2.41), ce qui est le cas pour des feuilles horizontales (végétation Lambertienne). Ensuite, plus les feuilles tendent vers une distribution verticale, moins la végétation est Lambertienne et donc SAIL diffère de plus en plus de Adding. Pour une végétation verticale, la réflectance des feuilles est maximale dans la direction horizontale et minimale dans la direction verticale. Dans ce cas, l'hypothèse de flux diffus isotrope n'est plus vérifiée. Par ailleurs, comme le sol est Lambertien, la propriété de croissance de la FDRB en fonction de l'angle zénithal (Figure 2.13) décroît en fonction de la réflectance du sol qui tend à aplatir la distribution.

La Figure 2.17 montre une comparaison entre SAILH [Verhoef, 1998] et la méthode adding en tenant compte de l'effet de hot spot uniquement au premier ordre (1 Hot) et de l'effet de multi hot spot (Mul Hot). Tout d'abord, on voit que la réflectance du modèle SAILH est inférieure à celle des deux versions du modèle Adding. Bien que l'effet de multi hot spot permette de tenir compte de l'effet de hot spot entre les trajets des flux diffus, comme il permet de conserver l'énergie, il n'est pas surprenant que la courbe associée au Mul Hot soit plus basse que la courbe associée à 1 Hot. En particulier, les réflectances de la couche de végétation en utilisant les deux versions de Adding sont proches. En effet, en prenant comme référence la réflectance associée à 1 Hot, Mul Hot ajoute deux phénomènes à effets opposés. D'une part, l'effet de multi hot spot augmente la réflectance (hot spot entre flux diffus). D'autre part, cette augmentation est suivie d'une diminution qui est

66

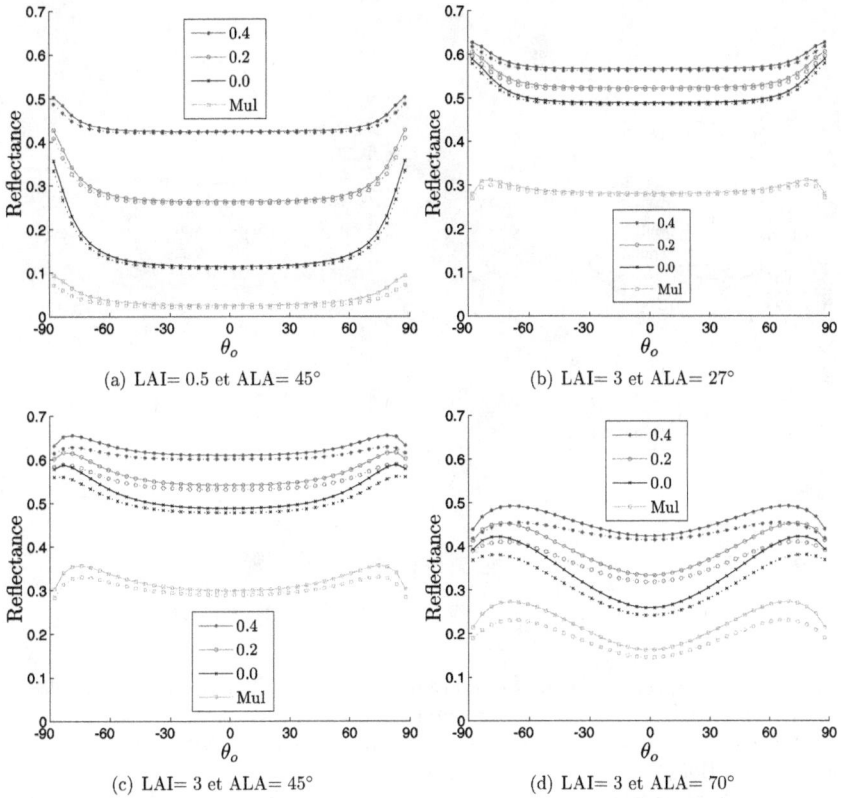

FIGURE 2.16 – Mesure de la FDRB : cas d'une couche turbide et d'un sol Lambertien. $\theta_s = 30°$, $\varphi_o = 90°$ et $(\rho, \tau) = (0.47, 0.49)$. Les courbes en continu et en pointillés correspondent respectivement au modèle Adding et à SAIL. Dans la légende, les valeurs numériques indiquent la réflectance du sol utilisée et 'Mul' signifie la contribution de la diffusion multiple dans la réflectance totale de la couche.

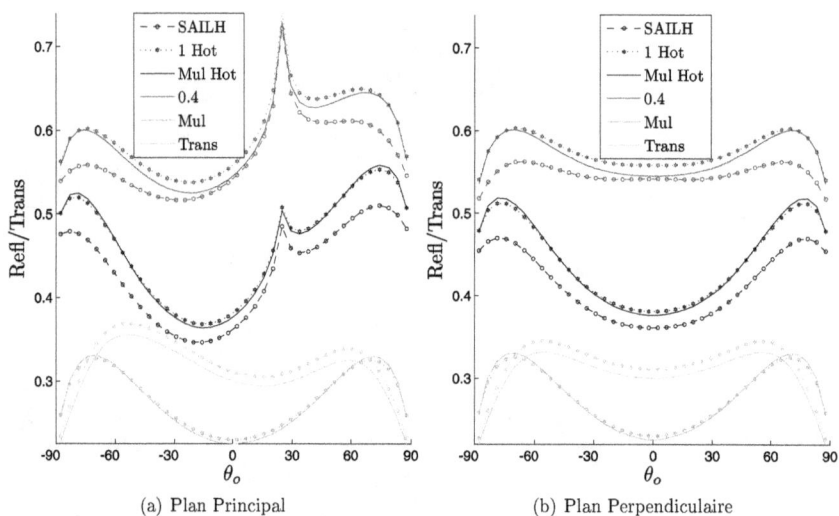

(a) Plan Principal (b) Plan Perpendiculaire

FIGURE 2.17 – Réflectance et transmittance bidirectionnelles d'un couvert végétal discret composé d'une couche de végétation couvrant le sol avec LAI=3, ALA= 63°, $\theta_s = 25°$, $(\rho, \tau) = (0.5, 0.5)$ et $d_l = 0.1$. Les courbes en noir représentent la FDRB du couvert. Dans la légende, '1 Hot', 'Mul Hot' signifiant respectivement hot spot de premier ordre et multi hot spot, '0.4' est la réflectance du sol utilisé pour calculer la FDRB du couvert et 'Mul' fait référence à la contribution de la diffusion multiple à la réflectance de la couche de végétation.

liée à la diminution de la diffusion multiple. Par ailleurs, afin de conserver l'énergie la transmittance diffuse de la couche en utilisant Mul Hot doit nécessairement être plus basse que celle du 1 Hot, ce qui est confirmé par les simulations. Ainsi, puisque l'on tient compte de la transmittance de la couche de végétation dans le calcul de la FDRB d'un couvert constitué d'une couche de végétation couvrant un sol (1.27), donc par considération d'un sol assez brillant, la FDRB devient plus basse en utilisant Mul Hot qu'en utilisant 1 Hot. Notons finalement que la différence entre les deux versions du modèle Adding est d'autant plus large qu'on s'approche du nadir, et que les résultats sont très proches pour des valeurs élevées d'angle zénithal d'observation.

Le développement théorique de cette section a montré que le modèle SAIL sous-estime la réflectance bidirectionnelle d'une couche de végétation. Cependant, par ajout d'un sol brillant, ce résultat n'est plus valide [Verhoef, 2002], ce qui veut dire que SAIL surestime la transmittance diffuse. Par ailleurs, les simulations ont montré que l'effet de multi Hot spot permet de conserver l'énergie par diminution de la transmittance diffuse.

2.3.3 Validation du modèle : Base de données RAMI II

La base de données RAMI 'RAdiation transfer Model Intercomparison' [Pinty et al., 2001; 2004; Widlowski et al., 2006] propose des protocoles pour comparer des modèles de transfert radiatif appliqués à l'estimation de la réflectance de différents types de couverts végétaux. L'objectif de la base RAMI est de comparer les performances des modèles actuels, ce qui permet leur amélioration. Cette base de données est bénéfique pour l'interprétation des données de télédétection. Plus généralements elle est bénéfique pour les communautés s'intéressant au transfert radiatif et les utilisateurs d'une façon générale.

Dans le présent travail, nous nous limitons uniquement au cas d'une végétation homogène dans les deux cas turbide et discret. Ayons essayé la majorité des simulations des réflectances de la base RAMI II, nous présentons uniquement l'étude de la FDRB relative au domaine Proche Infrarouge, dans la mesure où les résultats sont plus contrastés que dans le rouge (cf. les Figures 2.15, 2.16). D'après la seconde phase de RAMI [Pinty et al., 2004], on distingue deux types de modèles de transfert radiatif : les modèles 1-D (4SAIL2 [Verhoef and Bach, 2003; 2007], SAIL++ [Verhoef, 2002], 1/2 Discrete [Gobron et al., 1997]) et les modèles 3-D (Flight [North, 1996], DART [Gastellu-Etchegorry et al., 1996], Sprint-2 [Thompson and Goel, 1998], Raytran [Govaerts and Verstraete, 1998], RGM [Qin and Sig, 2000], Drat [Lewis, 1999]). Ces modèles ont été considérés pour valider notre approche. En absence de vérité terrain, les modèles 3-D ont été considérés comme des références. Selon les résultats des simulations de RAMI deuxième phase, "Flight, Raytran et Sprint-2 sont les modèles les plus crédibles". Notre modèle est appelé 'Adding' (rappelons qu'il fait partie des modèles 1-D).

Dans cette section, nous allons voir que notre modèle, bien qu'il soit 1-D, permet d'avoir une qualité de résultats de même ordre que celle des modèles 3-D et ainsi paraît plus crédible que d'autres modèles 1-D comme 4SAIL2 (dans notre cas, équivalent à SAIL ou SAILH) et le modèle 1/2 Discret. On va voir aussi que le modèle SAIL++ donne des résultats proches de ceux de Adding. Afin d'obtenir des figures assez claires, nous ne présentons que les courbes relatives au modèles 3-D 'les plus crédibles' et pour les modèles 1-D 4SAIL2, SAIL++, 1/2 Discrete et 'Adding'.

Afin d'être conforme aux simulations de la base RAMI II, nous avons utilisé dans nos simulations le modèle de Bunnik (1978) pour représenter la distribution des feuilles :

$$f(\theta_l) = \frac{2}{\pi}(a_l + b_l \cos(2c_l\theta_l)) + d_l \sin(\theta_l).$$

Pour une distribution érectophylle : $a_l = 1$, $b_l = -1$, $c_l = 1$ et $d_l = 0$ et pour une distribution uniforme : $a_l = 0$, $b_l = 0$, $c_l = 0$ et $d_l = 1$.

Les Figures 2.18 et 2.19 montrent des simulations de la FDRB dans le cas d'une végétation turbide. Les Figures 2.18 a&b (respectivement 2.19 a&b) représentent les simulations dans le plan principal (respectivement dans le plan perpendiculaire), les deux simulations diffèrent par l'angle zénithal de la source. Pour toutes les simulations, on voit que la courbe du modèle 'Adding' est située parmi les courbes des modèles 3-D. Comme nous l'avons vu dans la section précédente 2.3.2, le modèle 4SAIL2 sous-estime la réflectance bidirectionnelle. Le modèle SAIL++ ne suppose pas que les flux diffus sont isotropes. On voit ainsi qu'il donne des résultats proches de ceux de 'Adding' bien qu'il soit légèrement au-dessous des modèles 3-D pour des valeurs élevées d'angle zénithal d'observation. On voit aussi que les courbes du modèle 1/2 Discret sont souvent au-dessous des courbes des modèles 3-D. Finalement, pour des observations proches du nadir, on remarque que les courbes associées au modèle Flight sont au-dessous des autres modèles 3-D.

Les Figures 2.20 et 1.2.1 sont équivalentes aux Figures 2.18 et 2.19 dans le cas discret. Comme dans le cas précédent, les simulations de 'Adding' se situent parmi les simulations des modèles 3-D 'les plus crédibles', ce qui n'est pas le cas pour les autres modèles 1-D. Comme dans le cas turbide, le modèle 4SAIL2 sous-estime la réflectance. Par ailleurs, comme la réflectance du sol est faible, les résultats de Adding, en considérant l'effet hot spot multiple, sont proches de ceux en considérant uniquement le premier ordre, ce qui explique que 'Adding' et SAIL++ montrent des résultats proches. Finalement, nous remarquons que les courbes de simulation de Raytran sont toujours au-dessous des autres courbes, en particulier pour des observations proche du nadir.

En conclusion, en se référant aux simulations des modèles 3-D, supposées approximer la 'réalité', notre modèle montre des performances meilleures que celles des autres modèles 1-D.

2.4 Conclusion

Dans ce chapitre, nous avons présenté un nouveau modèle de transfert radiatif fondé sur la méthode Adding. Comme les flux diffus sont supposés négligeables pour une couche fine, nous supposons que le modèle SAIL donne des résultats précis pour des faibles valeurs de LAI. Ainsi les différents opérateurs de Adding sont estimés pour une couche fine à partir du modèle SAIL. Une telle approche permet de surmonter l'hypothèse de flux diffus isotrope supposée par SAIL. Ensuite, pour une couche ayant une valeur de LAI élevée, nous proposons de la décomposer en sous-couches fines sur lesquelles on calcule les différents opérateurs, puis en utilisant le principe Adding, de combiner ces couches pour obtenir les opérateurs de la couche initiale. Dans le cas discret, nous avons proposé une adaptation du modèle de Kuusk à notre modèle. Ainsi nous avons montré que l'effet

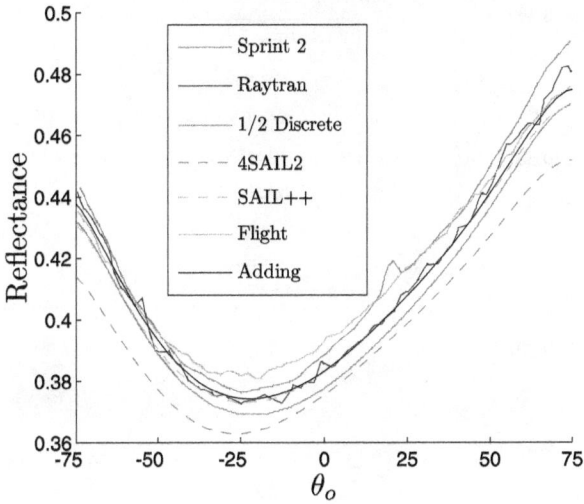

(a) FDRB $\theta_s = 20$.

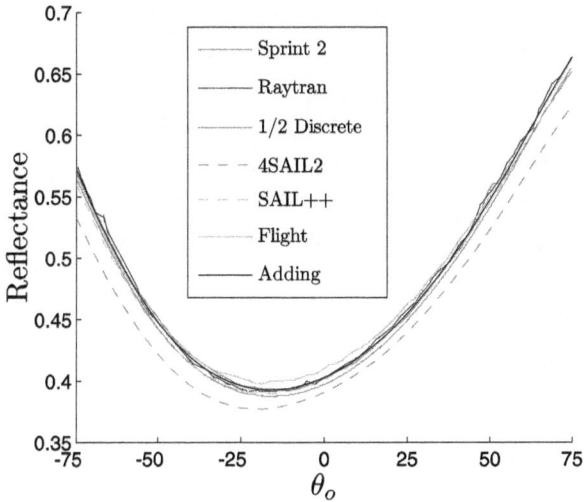

(b) FDRB $\theta_s = 50$.

FIGURE 2.18 – Simulation de la FDRB d'un couvert végétal dans le cas turbide, dans le plan principal. Les caractéristiques de la végétation sont LAI=3, $h = 2$, la distribution des feuilles est uniforme, $\rho = 0.4957$ et $\tau = 0.4409$. Le sol est supposé une surface Lambertienne de réflectance hémisphérique égale à 0.159.

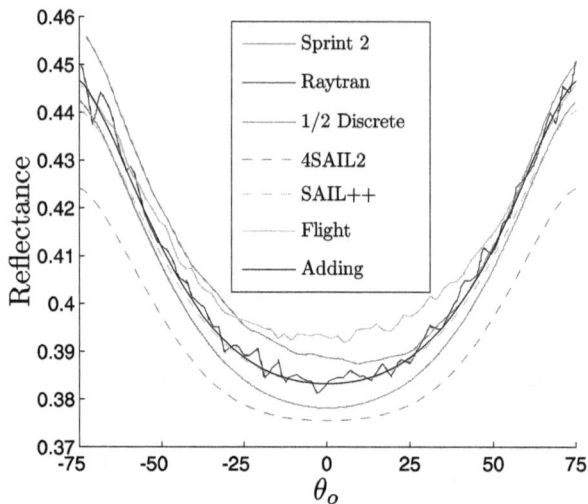

(a) FDRB $\theta_s = 20$.

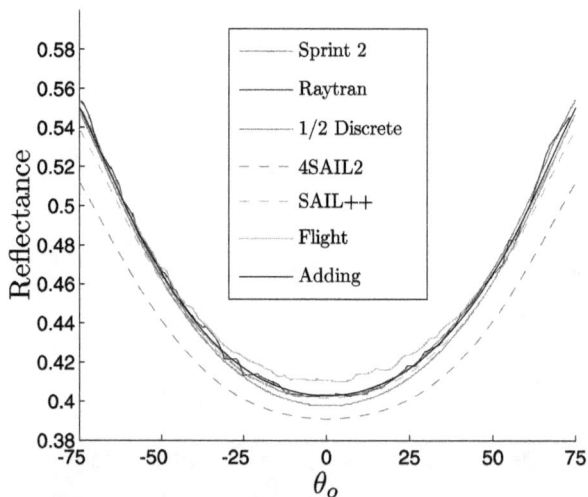

(b) FDRB $\theta_s = 50$.

FIGURE 2.19 – Simulation de la FDRB d'un couvert végétal dans le cas turbide, dans le plan perpendiculaire. Les caractéristiques de la végétation sont LAI=3, $h = 2$, la distribution des feuilles est uniforme, $\rho = 0.4957$ et $\tau = 0.4409$. Le sol est supposé une surface Lambertienne de réflectance hémisphérique égale à 0.159.

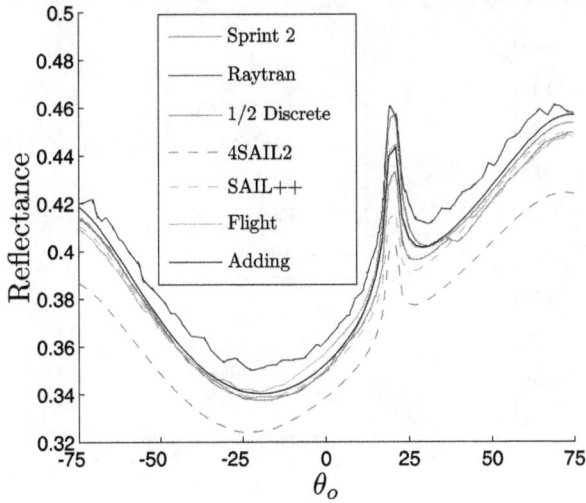

(a) FDRB $\theta_s = 20$.

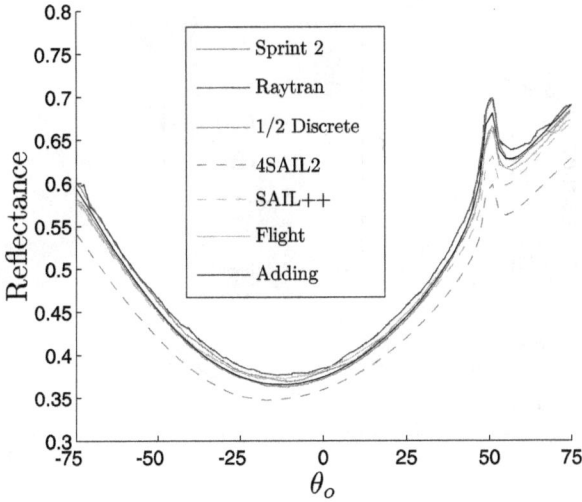

(b) FDRB $\theta_s = 50$.

FIGURE 2.20 – Simulation de la FDRB d'un couvert végétal dans le cas discret, dans le plan principal. Les caractéristiques de la végétation sont LAI=3, $h = 2$, le rayon des feuilles est égal à 0.05, la distribution des feuilles est érectophylle, $\rho = 0.4957$ et $\tau = 0.4409$. Le sol est supposé une surface Lambertienne de réflectance hémisphérique égale à 0.159.

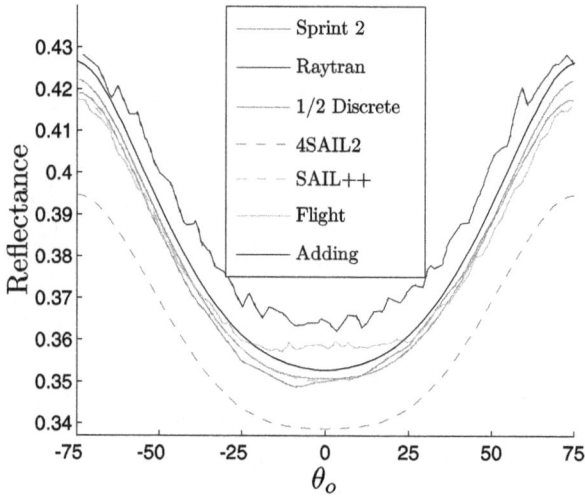

(a) FDRB $\theta_s = 20$.

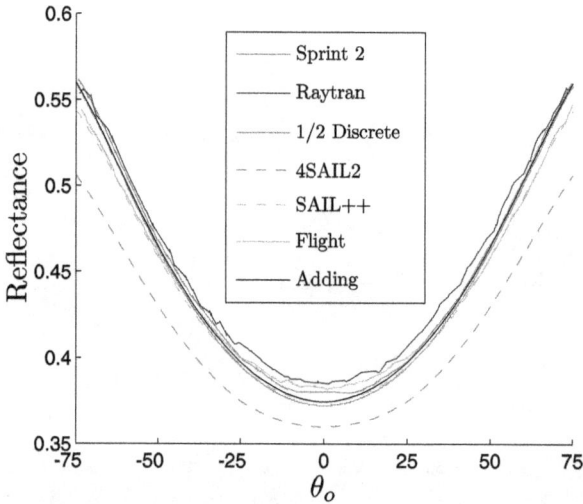

(b) FDRB $\theta_s = 50$.

FIGURE 2.21 – Simulation de la FDRB d'un couvert végétal dans le cas discret, dans le plan perpendiculaire. Les caractéristiques de la végétation sont LAI=3, $h = 2$, le rayon des feuilles est égal à 0.05, la distribution des feuilles est érectophylle, $\rho = 0.4957$ et $\tau = 0.4409$. Le sol est supposé une surface Lambertienne de réflectance hémisphérique égale à 0.159.

de hot spot correspond à une rééducation locale du LAI (correspondant à la densité de végétation réellement interagissant avec le flux radiatif). Tous les termes de diffusion sont estimés en utilisant la valeur modifiée du LAI, ce qui permet la conservation d'énergie dans le cas discret. En outre, l'approche proposée permet de tenir compte du hot spot entre les flux diffus, ce phénomène ayant été appelé effet de 'multi hot spot'.

La mise en œuvre du modèle a été détaillée dans ce chapitre. Nous avons ainsi présenté les algorithmes dans les deux cas turbide et discret. En particulier, la mise en œuvre du multi hot spot est complexe puisque dans ce cas les opérateurs de Adding ne sont plus séparables.

Concernant la validation, en terme de conservation d'énergie, nous avons montré la symétrie du modèle et étudié la conservation d'énergie en fonction des différents paramètres de la végétation et d'angle de visée. Nous avons aussi comparé notre approche à SAIL. Supposant que pour une couche finie, les intégrales sur les hémisphères de la réflectance bidirectionnelle et de la transmittance bidirectionnelle sont données à l'aide des paramètres du modèle SAIL avec une bonne précision, et supposant que les réflectances bidirectionnelles et les transmittances bidirectionnelles sont des fonctions comonotones sur les deux variables : angle zénithal et angle azimuthal, nous démontrons alors que le modèle SAIL sous-estime la réflectance d'une couche de végétation. Cet effet est aussi observable dans les graphes des simulations de la base RAMI. Ces simulations ont également montré que notre modèle donne des résultat comparables à ceux des modèles de transfert radiatif 3-D dits 'les plus crédibles'.

En terme de calcul, nous avons proposé de stocker en mémoire les opérateurs d'une couche fine pour une configuration de végétation donnée afin de ne pas les calculer chaque fois, ce qui permet de réduire considérablement le temps de calcul de la réflectance pour n'importe quelle valeur de LAI. Notons que sans cette astuce, notre modèle a un temps de calcul beaucoup plus élevé que les modèles 4SAIL2 et SAIL++.

Bien qu'avec notre approche nous estimons modéliser les principaux phénomènes physiques d'interaction onde/matière comme la diffusion multiple et l'effet multi hot spot, nous mentionnons que beaucoup d'hypothèses faites sur la végétation ne sont qu'une idéalisation d'un couvert réel, comme le fait de considérer des feuilles Lambertiennes sous forme de disques ayant toutes le même rayon. Par ailleurs, en utilisant des approximations simples de diffusion multiple par le couvert, le modèle SAIL donne de bons résultats dans le domaine Visible, contrairement au cas du Proche Infrarouge.

Ce chapitre a fait l'objet d'un article dans la revue *Remote Sensing of Environment*, [Kallel *et al.*, 2007d].

Chapitre 3

Inversion du taux de couverture

L'estimation des caractéristiques de la végétation à partir de l'espace est un besoin pour les communautés des agronomes, des hydrologues et des météorologistes. Par exemple, la couverture hivernale des régions agricoles durant l'hiver influe sur le processus d'érosion des sols et la qualité des eaux [Dabney *et al.*, 2001]. Ainsi, l'identification et le suivi de la couverture végétale constituent un élément essentiel dans le suivi des ressources en eau. Dans notre étude, le paramètre physique que l'on cherche à estimer est la fraction de couverture végétale (fCover).

L'utilisation des indices de végétation [Rondeaux *et al.*, 1996] afin d'estimer les caractéristiques de la végétation est très populaire. Ce sont des combinaisons empiriques entre les réflectances en Visible (généralement le Rouge, R) et le Proche Infrarouge (NIR) qui ont montré une bonne corrélation avec l'état de croissance des plantes, le taux de couverture végétale et la quantité de biomasse. Outre ces méthodes empiriques, il existe des méthodes théoriques qui consistent à inverser un modèle de transfert radiatif [Verstraete *et al.*, 1990; Kuusk, 1991a; 1995; Baret *et al.*, 1995; Kimes *et al.*, 2000; Combal *et al.*, 2002; Baret and Buis, 2007].

Dans ce chapitre, nous proposons une méthode semi-empirique permettant d'inverser le modèle couplé SAIL/Adding. Notons ici que pour une végétation donnée, la variable définissant la réflectance est l'indice foliaire (LAI) et non pas le fCover. Cependant, des simulations de la réflectance en fonction du LAI montrent qu'elle sature rapidement (à partir d'un LAI de 3) ce qui rend l'inversion instable et peu précise. Par ailleurs, en supposant que la végétation correspond à un milieu turbide homogène, on arrive à relier le fCover au LAI par une relation bijective [Nilson, 1971]. Nous avons donc choisi d'inverser le fCover plutôt que le LAI.

Le chapitre est divisé comme suit. Nous présentons tout d'abord les bases théoriques (modèle physique et propriétés mathématiques) de notre modèle d'inversion semi-empirique : approximation de l'équation du transfert radiatif, modélisation de l'ensemble des isolignes. Ensuite, nous décrivons le modèle proposé : méthode de calibration et d'inversion. Finalement, les résultats d'inversion du modèle sont comparés à des indices de végétation classiques sur des données simulées et sur de données réelles.

3.1 Étude théorique

L'objet de cette section est d'une part de montrer qu'en considérant une approximation au 1er ordre de la réflectance du modèle SAIL et de la méthode Adding, les isolignes de fCover peuvent être approximées par des segments de droites, et d'autre part de proposer une paramétrisation empirique des isolignes en utilisant des simulations de SAIL.

3.1.1 Paramétrisation des isolignes de végétation

Reprenons l'exemple de la Figure 1.8 d'un couvert composé d'une couche de végétation au-dessus du sol. Rappelons que la méthode Adding décompose la réflectance comme la somme de la réflectance de la végétation seule et de la réflectance des interactions multiples entre le sol et la végétation. Ce dernier terme de réflectance s'écrit sous forme d'une série entière en fonction du nombre de réflexion(s) par le sol, appelé dans ce qui suite l'ordre. La réflectance totale est donnée comme suit :

$$\mathcal{R}_t = \underbrace{\mathcal{R}_{t,1}}_{\text{végétation}} + \underbrace{\mathcal{T}_{u,1} \circ \mathcal{R}_{t,2} \circ \mathcal{T}_{d,1}}_{1^{er} \text{ ordre}} + \underbrace{\mathcal{T}_{u,1} \circ (I - \mathcal{R}_{t,2} \circ \mathcal{R}_{b,1})^{-1} \circ \mathcal{R}_{t,2} \circ \mathcal{R}_{b,1} \circ \mathcal{R}_{t,2} \circ \mathcal{T}_{d,1}}_{\text{ordres supérieurs}},$$

$$(3.1)$$

avec $\mathcal{T}_{d,1}$, $\mathcal{T}_{u,1}$ respectivement les transmittances de la végétation vers le bas et le haut, $\mathcal{R}_{t,1}$, $\mathcal{R}_{b,1}$ respectivement les réflectances depuis le haut et depuis le bas de la végétation et $\mathcal{R}_{t,2}$ la réflectance du sol.

Si la contribution de la diffusion multiple entre la végétation et le sol (ordre supérieur) est relativement faible [Yoshioka *et al.*, 2000a; 2000b; 2002; 2003; Yoshioka, 2004] :

$$\mathcal{R}_t \approx \mathcal{R}_{t,1} + \mathcal{T}_{u,1} \circ \mathcal{R}_{t,2} \circ \mathcal{T}_{d,1}. \qquad (3.2)$$

En utilisant la décomposition de la réflectance du modèle SAIL en fonction de l'ordre de la réflectance (2.40), l'approximation (3.2) s'écrit dans le cadre de la modélisation 4-flux de SAIL :

$$R_{so} \approx \rho_{so} + \tau_{ss} r_{so} \tau_{oo} + (\tau_{ss} r_{sd} + \tau_{sd} r_{dd}) \tau_{do} + \tau_{sd} r_{do} \tau_{oo}.$$

Dans le cas de sol Lambertien, $r_{so} = r_{sd} = r_{do} = r_{dd} = R_{soil}$, ainsi :

$$R_{so} = \rho_{so} + (\tau_{ss} + \tau_{sd}) R_{soil} (\tau_{do} + \tau_{oo}). \qquad (3.3)$$

La Figure 3.1 illustre la validité de l'approximation (3.3) dans le domaine NIR qui est le cas le plus défavorable pour le domaine solaire (de part l'absorption minimale par la végétation [Gausman *et al.*, 1970; Jacquemoud and Baret, 1990]). Par ailleurs, dans le domaine visible, la transmittance diffuse est négligeable devant la transmittance par extinction : τ_{sd} et τ_{do} sont négligeables devant τ_{ss} et τ_{oo} [Suits, 1972] :

$$R_{so} \approx \rho_{so} + \tau_{ss} R_{soil} \tau_{oo}. \qquad (3.4)$$

Les expressions (3.3) et (3.4) sont utilisées comme approximations au premier ordre de la réflectance, respectivement dans le domaine NIR et R.

78

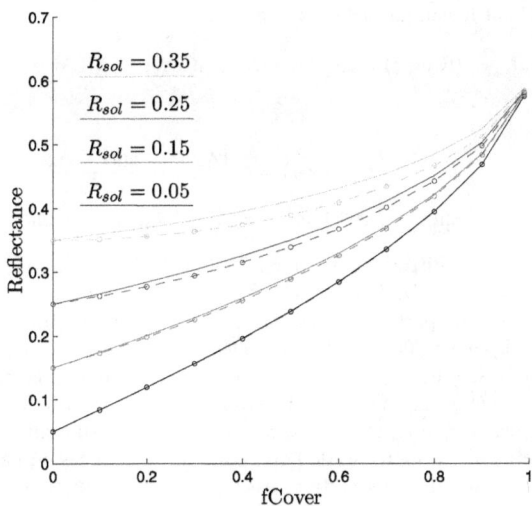

FIGURE 3.1 – Comparaison entre la réflectance bidirectionnelle du couvert végétal estimée par le modèle SAIL (trait continu) et son approximation au premier ordre (trait interrompu) (les paramètres de simulations sont donnés dans la Table 3.1).

Géométriquement, un couple de réflectances mesuré dans les bandes spectrales R et NIR donne un point dans l'espace (R, NIR). L'ensemble de points ayant le même fCover dans l'espace (R, NIR) est appelé isoligne. La relation linéaire empirique entre la réflectance du sol dans le rouge ($R_{soil,\mathrm{R}}$) et dans le proche infrarouge ($R_{soil,\mathrm{NIR}}$) est appelée droite des sols [Huete *et al.*, 1984; Baret *et al.*, 1989; 1993]. Elle est définie à partir de la pente a_0 et l'ordonnée à l'origine b_0 :

$$R_{soil,\mathrm{NIR}} = a_0 R_{soil,\mathrm{R}} + b_0, \qquad (3.5)$$

A partir de (3.3) (3.4) (3.5), pour une couche de végétation homogène et pour une valeur de fCover donnée, les réflectances en rouge ($R_{so,\mathrm{R}}(\mathrm{fCover})$) et proche infrarouge ($R_{so,\mathrm{NIR}}(\mathrm{fCover})$) sont linéairement liées :

$$R_{so,\mathrm{NIR}}(\mathrm{fCover}) = \alpha(\mathrm{fCover})R_{so,\mathrm{R}}(\mathrm{fCover}) + \beta(\mathrm{fCover}), \qquad (3.6)$$

avec :

$$\alpha(\mathrm{fCover}) = a_0 \frac{(\tau_{ss} + \tau_{sd,\mathrm{NIR}})(\tau_{do,\mathrm{NIR}} + \tau_{oo})}{\tau_{ss}\tau_{oo}}, \qquad (3.7)$$

$$\beta(\mathrm{fCover}) = \rho_{so,\mathrm{NIR}} - \alpha(\mathrm{fCover})\rho_{so,\mathrm{R}} + b_0(\tau_{ss} + \tau_{sd,\mathrm{NIR}})(\tau_{do,\mathrm{NIR}} + \tau_{oo}). \qquad (3.8)$$

Quelles que soient les directions de source et d'observation, $R_{so,\mathrm{R}}(0)$, $R_{so,\mathrm{NIR}}(0)$ sont respectivement égales à $R_{soil,\mathrm{R}}$, $R_{soil,\mathrm{NIR}}$, et $\alpha(0) = a_0$, $\beta(0) = b_0$.

Sans les avoir liées aux paramètres physiques de la végétation, [Huete, 1989; Yoshioka *et al.*, 2000a; 2000b; 2002; 2003; Yoshioka, 2004] ont aussi montré que les isolignes de densité de végétation sont des segments de droites dans le cas d'une végétation homogène. Cette propriété a été étendue dans le cas hétérogène dans [Yoshioka *et al.*, 2000b].

Pour finir, rappelons que τ_{ss} et τ_{oo} sont respectivement les transmittances par extinction dans la direction de la source et de l'observation. Dans le cas où l'angle zénithal de la source (respectivement de l'observation) est égal à 0, τ_{ss} (respectivement τ_{oo}) est égal à la fraction de trous observée au nadir (P_{gap}) donnée par l'expression de Nilson (1971) :

$$P_{gap} = \exp[-K_p(\mathrm{ALA}).\mathrm{LAI}], \qquad (3.9)$$

avec K_p l'extinction dans la direction verticale qui dépend uniquement du ALA.

Par ailleurs, comme le milieu est supposé turbide homogène dans notre cas alors fCover $= 1 - P_{gap}$. D'où :

$$\mathrm{fCover} = 1 - \exp[-K_p(\mathrm{ALA}).\mathrm{LAI}]. \qquad (3.10)$$

La relation (3.10) est utilisée par la suite pour lier la réflectance bidirectionnelle du couvert (dépendante du LAI dans le modèle SAIL) au fCover.

Dans ce chapitre, nous utilisons les inputs listés dans la Table 3.1 qui apparaissent réalistes et dont le changement (tout en restant dans le domaine des valeurs possibles) n'affectent pas les résultats [Jacquemoud and Baret, 1990]. Notons aussi que pour les simulations du modèle direct, nous utilisons la version non simplifiée (au premier ordre de réflexion par le sol) du modèle SAIL.

TABLE 3.1 – Paramètres des simulations et les numéros des figures où ils sont utilisés.

Paramètre	Couche de Végétation			Feuille		Sol		Angles	
	ALA	fCover[*]	Pas[†]	$(\rho,\tau)_{\text{NIR}}$	$(\rho,\tau)_{\text{R}}$	(a_0,b_0)	Bornes[‡]	θ_s	(θ_o,φ_o)
Valeur	45°	[0,0.99]	0.1	(0.47,0.49)	(0.1,0.09)	(1.1,0.07)	[0.02,0.32]	30°	(50°,0°)
Numéro de Figure	3.1,3.2 3.5,3.6 3.9	3.2,3.9	3.2 3.9	3.1,3.2,3.3 3.5,3.6,3.9	3.2,3.3 3.5,3.6	3.2 3.6,3.9 3.9	3.2,3.9	3.1,3.2 3.3,3.5 3.6,3.9	3.1,3.2 3.3,3.5 3.6,3.9

a. Intervalle de variation du fCover
b. Pas d'échantillonnage du fCover
c. Limites min/max de la variation de la réfléctance du sol dans le rouge

La paramètrisation des isolignes à l'aide des paramètres du modèle SAIL est complexe et nécessite la connaissance a priori des informations sur la végétation telles que la distribution des feuilles, la réflectance et la transmittance des feuilles qui à leur tour dépendent de la concentration des pigments et le contenu en eau, etc. Comme alternative, nous proposons ici la recherche de relations empiriques entre les paramètres des isolignes qui seront par la suite utilisés comme des connaissances a priori simplifiant ainsi le modèle inverse.

3.1.2 Paramétrisation de la famille des isolignes

Un ensemble d'isolignes est obtenu par échantillonnage du fCover. La Figure 3.2 montre une simulation du modèle SAIL dans l'espace (R, NIR) correspondant à différentes valeurs de fCover variant de 0 (sol nu) à 0.98 (végétation très dense). En utilisant une approximation linéaire des isolignes de fCover, l'erreur quadratique moyenne reste toujours inférieure à 5.10^{-5}. A partir de la Figure 3.2, nous notons aussi que la pente des isolignes de fCover augmente avec la densité de végétation.

Dans l'espace (R, NIR), l'intersection entre une isoligne de fCover (3.6) et la droite des sols (3.5) est notée γ_{fCover} (voir Figure 3.2). γ_{fCover} est fonction de α et β [Yoshioka *et al.*, 2000b] :

$$\gamma_{\text{fCover}} = (-\frac{\beta - b_0}{\alpha - a_0}, \frac{a_0\beta - \alpha b_0}{a_0 - \alpha}). \tag{3.11}$$

Nous proposons par la suite un changement de repère tel que l'axe des abscisses devienne la droite des sols. La pente des isolignes dans ce nouveau repère est appelée α' :

$$\alpha' = \frac{\alpha - a_0}{1 + a_0\alpha}. \tag{3.12}$$

La Figure 3.3 montre différentes simulations de SAIL pour trois valeurs de ALA. La Figure 3.3a montre la variation de α' en fonction du fCover confirmant la propriété de croissance mentionnée auparavant ; la relation entre α' et le fCover apparaît quasi-linéaire. La Figure 3.3b montre la variation de γ_a, l'abscisse de γ, en fonction du fCover : les courbes sont presque linéaires, avec une pente dépendant de la valeur du ALA.

Les observations précédentes de la Figure 3.3 sont formalisées mathématiquement par :

$$\begin{cases} \alpha' = \eta_1(1 - (1 - \text{fCover})^{\eta_2}) + \eta_5, \\ \gamma_a = \eta_3\text{fCover} + \eta_4, \end{cases} \tag{3.13}$$

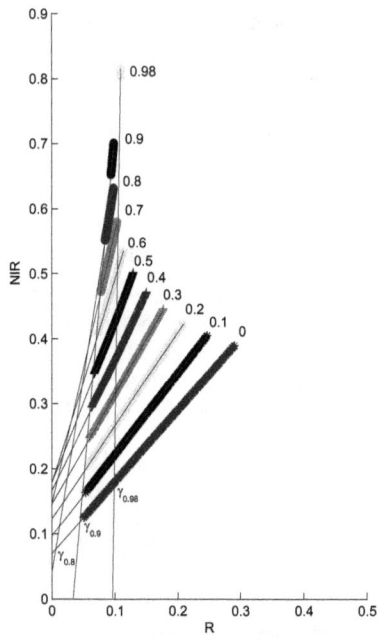

FIGURE 3.2 – Simulation de l'ensemble des isolignes de fCover à l'aide du modèle SAIL (les paramètres de simulation sont donnés dans la Table 3.1).

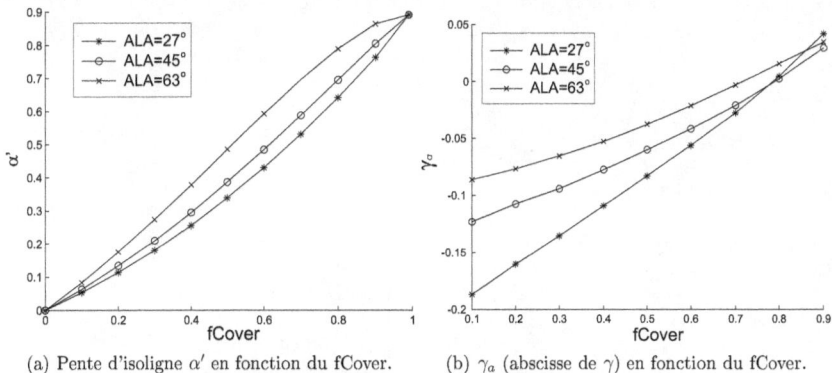

(a) Pente d'isoligne α' en fonction du fCover.   (b) γ_a (abscisse de γ) en fonction du fCover.

FIGURE 3.3 – Simulations de SAIL pour une végétation planophylle, extrémophylle et érectophylle (les paramètres des simulations sont donnés dans la Table 3.1).

avec $\eta_i, i \in \{1, \ldots, 5\}$ les paramètres de l'ensemble des isolignes. En prenant en compte le fait que pour fCover $= 0$, l'isoligne coincide avec la droite des sols, donc $\alpha'(0) = 0$, d'où

$$\eta_5 = 0. \tag{3.14}$$

Notons que pour des faibles valeurs de fCover, $1 - (1 - \text{fCover})^{\eta_2}$ est approximée par $(\eta_2 \text{fCover})$ et donc $\alpha'(\text{fCover})$ est une fonction linéaire. Pour η_2 supérieur à 1, la pente sature pour des valeurs de fCover proches de 1, ce qui est le cas pour une végétation érecto-phylle. Dans la section 3.2, nous proposons une méthode pour estimer $\xi = \{\eta_1, \eta_2, \eta_3, \eta_4\}$ à partir d'une base d'apprentissage. En utilisant (3.13) et (3.14), (α', γ_a) sont alors obtenus. Dans ce qui suit, nous appelons le 'modèle direct' le modèle qui simule les valeurs dans l'espace (R, NIR) sachant ξ. Afin d'inverser ce modèle, la sous section suivante fournit quelques propriétés mathématiques de la famille des isolignes.

3.1.3   Modèle inverse : existence et unicité

Pour un couvert homogène, le modèle inverse consiste à estimer pour chaque point de l'espace (R, NIR) la valeur de fCover correspondante. Nous montrons ici que la solution existe toujours et qu'elle est définie d'une façon unique.

Soit $\mathcal{G}$ la sous partie du plan (R, NIR) formée par l'enveloppe des points correspondants aux valeurs spectrales dans le cas idéal sans bruit et dans le plan (R, NIR) . On note $\mathcal{E}$ la sous-partie de l'espace (R, NIR) localisée entre la droite des sols et une isoligne quelconque. L'isoligne correspondant à une densité de végétation fCover est appelée D_{fCover}. La Figure 3.4 montre, pour une droite des sols donnée, la famille des isolignes et les sous parties $\mathcal{G}$ et $\mathcal{E}$ de (R, NIR).

Soit $M(x_M, y_M)$ un point du plan (R, NIR). Par définition de $\mathcal{E}$, $M \in \mathcal{E}$ si et seulement si $y_M \geq a_0 x_M + b_0$ et $\exists \text{fCover}^s$ tel que $y_M \leq \alpha(\text{fCover}^s) x_M + \beta(\text{fCover}^s)$. Soit g_M une

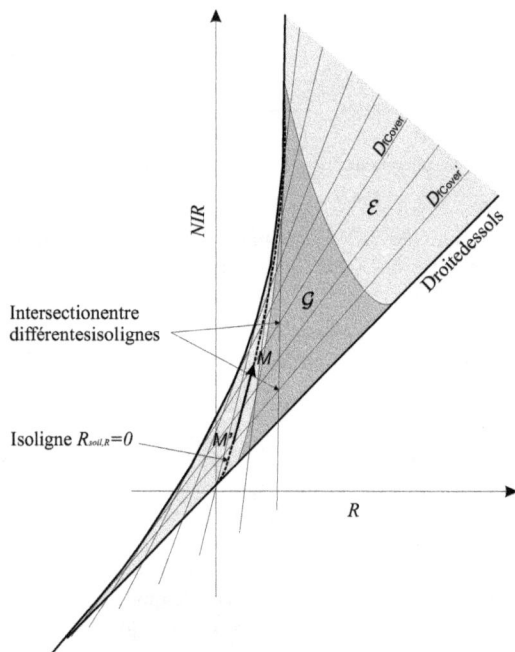

FIGURE 3.4 – Représentation de la répartition de la droite des sols, la famille des isolignes, $\mathcal{G}$ et $\mathcal{E}$ dans l'espace (R, NIR). Quelques intersections entre les isolignes sont montrées dans la sous partie $\mathcal{G}$. D_{fCover} et $D_{\text{fCover}'}$ sont deux isolignes, M et M' sont respectivement deux points de D_{fCover} et $D_{\text{fCover}'}$ correspondent à une valeur nulle de la réflectance dans la bande spectrale du rouge.

fonction définie par :

$$g_M(\text{fCover}) = y_M - \alpha(\text{fCover})x_M - \beta(\text{fCover}).$$

D'une part, $g_M(\text{fCover}^s) \leq 0$, et d'autre part $g_M(0) \geq 0$. Les paramètres des isolignes α' et γ_a sont des fonctions continues de fCover sur l'intervalle $[0,1]$. En conséquence, α et β sont aussi des fonctions de fCover continues sur $[0,1]$. Finalement, comme g_M est une fonction linéaire de α et β, donc g_M est une fonction de fCover continue sur $[0,1]$. D'où, $\exists \text{fCover}^*$ tel que $g_M(\text{fCover}^*) = 0$ et donc $y_M = \alpha_{\text{fCover}^*}x_M - \beta_{\text{fCover}^*}$. Alors : $\forall M \in \mathcal{E}$, $\exists \text{fCover}^*$ tel que $M \in D_{\text{fCover}^*}$. Par ailleurs, chaque point frontière M de $\mathcal{G}$ correspond à une densité de végétation fCover_M, d'où $M \in D_{\text{fCover}_M}$. Comme D_{fCover_M} est incluse dans $\mathcal{E}$, alors $M \in \mathcal{E}$. Donc, $\mathcal{G}$ est inclus dans $\mathcal{E}$.

A partir de la Figure 3.4, par un point M peuvent passer plusieurs isolignes. Nous appelons dans ce qui suit S l'ensemble des valeurs de fCover, telle que D_{fCover} l'isoligne correspondante passant par M. Nous montrons maintenant que la valeur du fCover réelle du point M, appelée $\tilde{\text{fCover}}$, est la valeur minimale de S :

$$\tilde{\text{fCover}} = \min_f \{f / g_M(f) = 0\}. \tag{3.15}$$

Dans cette démonstration, il est suffisant de prouver que n'importe quel point de $\mathcal{G}$ correspondant à une densité de végétation fCover est supérieur (appartient au demi plan supérieur) à toutes les droites $D_{\text{fCover}'}$ tel que $\text{fCover}' < \text{fCover}$. Nous devons montrer que chaque point réel de D_{fCover} est supérieur à $D_{\text{fCover}'}$. Comme le paramètre α est croissant en fonction du fCover (Équation (3.7) et Figure 3.3), la pente de D_{fCover} est supérieure à la pente de $D_{\text{fCover}'}$, et il est suffisant de montrer que le point 'réel' de D_{fCover} ayant l'abscisse la plus basse est au-dessus de $D_{\text{fCover}'}$. Comme ce point, qui correspond à la valeur de la réflectance en rouge du sol la plus faible supérieure à 0, il est alors suffisant de montrer cette propriété pour le point correspondant à une valeur nulle de la réflectance du sol (appelé $M(r, nir)$). Soit $M'(r', nir')$ le point de $D_{\text{fCover}'}$ ayant une réflectance du sol dans le rouge nulle (Fig. 3.4). Afin de montrer que M est supérieur à $D_{\text{fCover}'}$, il est suffisant de montrer que la pente de la droite $(M'M)$, i.e. $\frac{nir - nir'}{r - r'}$, est supérieure à la pente de $D_{\text{fCover}'}$, i.e. $\alpha_{f'}$. Nous avons alors à montrer que :

$$\frac{R_{so,\text{NIR}}(\text{fCover}) - R_{so,\text{NIR}}(\text{fCover}')}{R_{so,\text{R}}(\text{fCover}) - R_{so,\text{R}}(\text{fCover}')} > \alpha_{\text{fCover}'}, \tag{3.16}$$

Notons que pour calculer R_{so}, nous n'avons à considérer que $R_{soil,\text{R}} = 0$ et donc $R_{soil,\text{NIR}} = b$ (3.5).

Soit $s = \left(\frac{\partial R_{so,\text{NIR}}}{\partial \text{fCover}} \right) \left(\frac{\partial R_{so,\text{R}}}{\partial \text{fCover}} \right)^{-1}$ est estimé en divisant le numérateur et le dénominateur du terme de gauche de (3.16) par $\text{fCover} - \text{fCover}'$ et en faisant tendre fCover' vers fCover. s est la pente de la variation de M en fonction de fCover alors que α est la pente de la variation de M en fonction de la réflectance du sol. Or :

$$s(\text{fCover}) > \alpha_{\text{fCover}} \Leftrightarrow \frac{\partial R_{so,\text{NIR}}(\text{fCover})}{\partial \text{fCover}} > \alpha_{\text{fCover}} \frac{\partial R_{so,\text{R}}(\text{fCover})}{\partial \text{fCover}},$$
$$\Rightarrow \int_{\text{fCover}'}^{\text{fCover}} \frac{\partial R_{so,\text{NIR}}(t)}{\partial t} dt > \int_{\text{fCover}'}^{\text{fCover}} \alpha_t \frac{\partial R_{so,\text{R}}(t)}{\partial t} dt,$$
$$\Rightarrow \int_{\text{fCover}'}^{\text{fCover}} \frac{\partial R_{so,\text{NIR}}(t)}{\partial t} dt > \alpha_{\text{fCover}'} \int_{\text{fCover}'}^{\text{fCover}} \frac{\partial R_{so,\text{R}}(t)}{\partial t} dt,$$
$$\Rightarrow \frac{R_{so,\text{NIR}}(\text{fCover}) - R_{so,\text{NIR}}(\text{fCover}')}{R_{so,\text{R}}(\text{fCover}) - R_{so,\text{R}}(\text{fCover}')} > \alpha_{\text{fCover}'}.$$

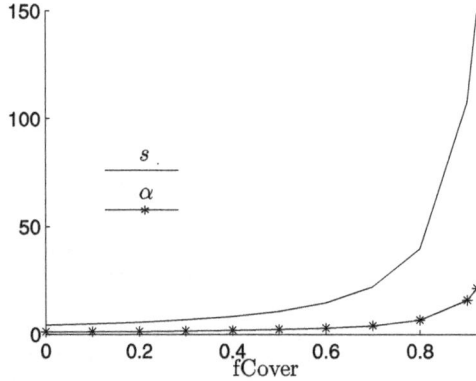

FIGURE 3.5 – Variation de s et α en fonction du fCover. Les paramètres de la simulation sont présentés dans la Table 3.1.

Ainsi, pour montrer (3.16), il est suffisant de montrer que $s > \alpha$.

En utilisant le modèle SAIL, nous trouvons, comme illustré sur la Figure 3.5, que s est toujours plus grande que α. Par ailleurs, à cause de la saturation de la réflectance en rouge, la différence augmente en fonction du fCover. D'une façon grossière, ceci veut dire que quand la réflectance du sol est nulle, la variation de la réflectance dans le plan (R, NIR) en fonction du fCover est d'autant supérieure à sa variation en fonction de la réflectance du sol que le fCover est élevé.

Nous montrons dans ce qui suit que le cardinal de S est inférieur à 2. Pour cela, il est suffisant de montrer que l'intersection entre trois isolignes est l'ensemble vide. D'après l'annexe B, il est alors suffisant de montrer que :

$$\underbrace{\frac{\partial^2 \beta}{\partial \text{fCover}^2} \frac{\partial \alpha}{\partial \text{fCover}} - \frac{\partial \beta}{\partial \text{fCover}} \frac{\partial^2 \alpha}{\partial \text{fCover}^2}}_{\psi} < 0. \tag{3.17}$$

La Figure 3.6 présente la variation de ψ en fonction du fCover. ψ est une fonction décroissante du fCover avec $\psi(0) < 0$. D'où, (3.17) est vraie et donc par tout point réel du plan (R, NIR) passent au maximum 2 isolignes. Cette propriété sera utilisée dans la section 3.2 afin d'optimiser l'estimation du fCover en utilisant la paramétrisation des isolignes.

3.2 Mise en œuvre de la méthode

La section précédente présente le cas idéal de données non bruitées et d'un modèle supposé exact. Maintenant, dans le cas réel d'inversion, $\tilde{\mathcal{G}}$ ($\mathcal{G}$ observé) et $\hat{\mathcal{E}}$ ($\mathcal{E}$ estimé) sont introduits : $\tilde{\mathcal{G}} \approx \mathcal{G}$ et $\hat{\mathcal{E}} \approx \mathcal{E}$, $\tilde{\mathcal{G}}$ et $\mathcal{G}$ (respectivement $\hat{\mathcal{E}}$ et $\mathcal{E}$) diffèrent uniquement sur les frontières du domaine. En négligeant les frontières, les propriétés précédentes restent toujours valides, alors comme $\mathcal{G} \subset \mathcal{E}$ donc $\tilde{\mathcal{G}} \subset \hat{\mathcal{E}}$.

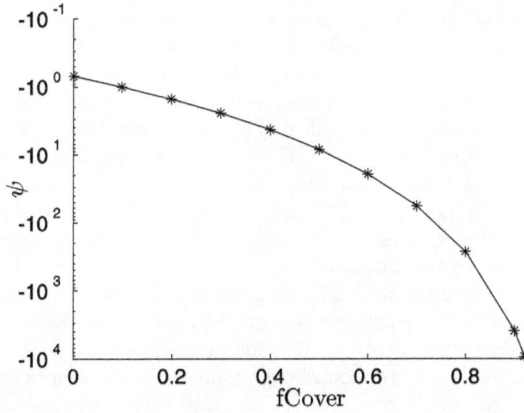

FIGURE 3.6 – Variation de ψ en fonction du fCover. Les paramètres de la simulation sont présentés dans le Table 3.1.

A présent, nous présentons l'estimation de ξ en utilisant une base d'apprentissage, puis nous décrivons la méthode d'inversion.

3.2.1 Estimation des paramètres

En supposant que les paramètres de la droite des sols sont connus, le reste des paramètres caractérisant la famille des isolignes (i.e. l'ensemble ξ), sont estimés en utilisant une base d'apprentissage composée par N_{learn} points M_i, $i \in \{1, \dots, N_{learn}\}$, dans $\tilde{\mathcal{G}}$, pour lesquels la valeur du fCover est connue, appelée fCover$_i$. L'optimisation de ξ est obtenue en minimisant l'erreur quadratique moyenne (Root Mean Square Error, RMSE) entre la valeur du fCover de M_i estimée et la vraie valeur fCover$_i$. Pour cela, on définit la distance entre M_i et la valeur du fCover associée fCover$_i$ comme étant égale à $\frac{g_{M_i}(\text{fCover}_i)}{\sqrt{1+\alpha_{\text{fCover}_i}^2}}$. Alors, en notant $g_i = g_{M_i}$ et $\alpha_i = \alpha_{\text{fCover}_i}$, la fonctionnelle $L(.)$ à minimiser est donnée par :

$$L(\xi) = \sum_{i=1}^{N_{lern}} \frac{g_i(\text{fCover}_i)^2}{1+\alpha_i^2}, \tag{3.18}$$

L'utilisation d'une technique d'optimisation est justifiée par deux raisons :
– La présence de termes polynômiaux et exponentiels dans $L(\xi)$ rend l'inversion analytique impraticable ;
– approximativement, le domaine de variation de $(\eta_1, \eta_2, \eta_3, \eta_4)$ est $[0.2, 1.2] \times [0.9, 1.5] \times [0.0, 0.55] \times [-0.4, 0]$, et les précisions requises pour ces paramètres sont respectivement 10^{-2}, 10^{-3}, 10^{-3} et 10^{-3}. Une recherche exhaustive correspondrait à un nombre de configurations à tester de l'ordre de 1.32×10^{10}.

Les méthodes d'optimisation sont généralement utilisées pour approximer la solution des problèmes non linéaires. Trois sortes d'optimisation existent : les méthodes dites déterministes, celles dites stochastiques et les méthodes heuristiques.

- méthodes déterministes : par exemple la méthode d'optimisation par les moindres carrées, ou la programmation séquentielle quadratique [Nocedal and Wright, 1999], la méthode de recherche directe [Nelder and Mead, 1965] et le Simplex [Dantzig et al., 1955; Nelder and Mead, 1965] sont utilisées pour résoudre des problèmes linéaires. Ces méthodes peuvent être étendues pour résoudre des problèmes quasi-linéaires ou convexes. Mais en général, pour des fonctions complexes, les résultats de ces méthodes ne sont pas satisfaisants.

- méthodes d'optimisation stochastiques : elles sont appelées aussi méthodes globales car elles prétendent de converger vers un optimum global. Beaucoup de méthodes d'optimisation stochastiques ont été ainsi développées, mais la convergence vers un optimum global n'a été montrée que pour certains cas spécifiques comme par exemple l'algorithme du recuit simulé. Cet algorithme peut résoudre un problème polynômial, non-déterministe temps complet comme le problème du voyageur de commerce [Cerny, 1985]. Cet algorithme est aussi largement utilisé en traitement d'image, par exemple en classification par champs de Markov aléatoires [Geman and Geman, 1984]. Comme méthode globale, on peut aussi citer la méthode Monte Carlo qui est souvent utilisée pour simuler les caractéristiques de différents systèmes physiques et mathématiques [Tarantola, 2005].

- les méthodes heuristiques : qui sont constituées par un ensemble de règles empiriques, elles consistent à résoudre des problèmes bien particuliers dont l'espace solution est soit à plusieurs minima locaux soit dont les propriétés sont inconnues. Ce type de méthode peut être aussi considéré comme des méthodes stochastiques complexes. Les heuristiques permettent d'obtenir de 'bonnes' solutions mais sans garantir d'atteindre l'optimum global. On peut citer par exemple les algorithmes génétiques qui essaient de résoudre des problèmes par des processus évolutifs [Vose, 1999]. Inspirée de la vie réelle des insectes, l'optimisation par essaims particulaires est une autre heuristique utilisant un ensemble d'agents explorant l'espace des solutions et communicant ensemble afin de retrouver l'optimum. Par exemple, l'optimisation par colonie de fourmis ACO permet de résoudre le problème de la recherche d'un bon chemin dans un graphe entre la fourmilière et la source de nourriture [Colorni et al., 1991; Dorigo and Stützle, 2004]. Dérivé de la méthode du Simplex, le 'Shuffled complex algorithm' (SCE-UA) [Duan et al., 1992b; 1992a] consiste à lancer plusieurs complexes (Simplex modifiés) à la fois afin d'éviter les minima locaux.

Dans notre cas d'étude, l'espace solution de L n'est pas convexe et les tests de simulation ont montré l'existence de plusieurs minima locaux. Nous proposons de comparer les résultats de la méthode déterministe dite Simplex [Dantzig et al., 1955; Nelder and Mead, 1965], et l'heuristique SCE-UA [Duan et al., 1992b; 1992a] qui utilise plusieurs Simplex simultanément et en compétition.

Le Simplex a été développé par Dantzig et al. (1955) pour une résolution numérique de problèmes linéaires et il a été étendu pour la résolution de problèmes non linéaires par Nelder and Mead (1965) afin d'atteindre l'optimum global dans un espace convexe.

Supposant que l'espace solution est de dimension N_s, l'optimum recherché (O^*) est entouré par un polytope P (généralisation d'un polynôme dans un espace de dimension quelconque). Le polytope P possède $N_s + 1$ vertices (coins), on procède alors au déplacement de ces vertices jusqu'à ce que la dimension de P soit inférieure à un certain seuil fixé à partir de la précision voulue sur le résultat tout en gardant O^* à l'intérieur de P. Dans notre étude, nous présentons uniquement l'algorithme dans le cas non linéaire [Nelder and Mead, 1965]. Notons que plusieurs stratégies d'évolution ont été proposées auparavant : leurs résultats sont très proches [Avriel, 1976]. La stratégie d'évolution utilisée est détaillée dans l'algorithme 1.

Algorithme 1 (La méthode Simplex) .

1. *Sélectionner $N_s + 1$ vertices $\{v_1, v_2, \ldots, v_{N_s+1}\}$ comme initialisation du Simplex;*
2. *Rangement des vertices suivant leurs coûts $ct(v_1) \leq ct(v_2) \leq \ldots \leq ct(v_{N_s+1})$;*
3. *Calcul du centroide des N_s vertices ayant les coûts les plus bas $g = \frac{1}{N_s}\sum_{i=1}^{N_s} v_i$;*
4. *Réflexion du mauvais vertex par rapport au centroide $r = g - v_{N_s+1}$. Si le coût diminue : $ct(r) \leq ct(v_{N_s+1})$, faire la mise à jour : $v_{N_s+1} \leftarrow r$, sinon aller à l'étape 6;*
5. *Extension de la réflexion par un facteur 2 : $e = g - 2v_{N_s+1}$. Si le coût est diminué : $ct(e) \leq ct(r)$, faire la mise à jour : $v_{N_s+1} \leftarrow e$, sinon aller à l'étape 8;*
6. *Contraction : $t = \frac{g+v_{N_s+1}}{2}$. Si $ct(t) \leq ct(v_{N_s+1})$, faire la mise à jour : $v_{N_s+1} \leftarrow t$, aller à l'étape 8;*
7. *Diminution de la taille du Simplex : mise à jour des vertices $\{v_i, i \in \{2, \ldots, N_s + 1\}\}$; par leur déplacement à mi-chemin entre leurs positions et $v_1 : v_i \leftarrow \frac{v_i+v_1}{2}$*
8. *Tester la convergence : en utilisant la 'taille' du Simplex (la distance entre vertices).*

La Figure 3.7 montre un exemple d'évolution du Simplex. Notons que le Simplex diminue le coût total, uniquement dans le cas de la réduction de la taille (étape 7, Algorithme 1). La Figure 3.7 illustre le déplacement du Simplex en direction de la solution ainsi que la réduction de sa taille (étapes 6 & 7, Algorithme 1).

Afin de surmonter les minima locaux, SCE-UA est une technique heuristique utilisant plusieurs Simplex simultanément. SCE-UA utilise p sous-ensembles appelés Complex de $2N_s + 1$ points (dans notre application, nous avons choisit $p = 12$). On appelle 'évolution' indépendante d'un Complex le fait que, suivant une loi de probabilité (qui est fonction du coût), un ensemble de points $(N_s + 1)$ est extrait du Complex et évolue comme un Simplex durant un nombre d'itérations égal à $\sharp it$ (dans notre cas $\sharp it = 2N_s + 1$). Après évolution, les éléments des Complex sont regroupés ensemble et triés en fonction de leurs coûts et redistribués à nouveau en différents Complex d'une façon équitable (suivant le coût), permettant ainsi de surmonter les minima locaux. Le processus (évolution du Complex, regroupement de Complex et redistribution de Complex) est répété jusqu'à la convergence [Duan *et al.*, 1992a; 1992b]. La Figure 3.8 montre l'évolution des Complex.

La Figure 3.9 montre la famille des isolignes réelles et la famille des isolignes estimées à partir de la méthode SCE-UA. Pour une faible densité de végétation, l'estimation est bonne. Pour les valeurs élevées de fCover, l'estimation des isolignes est moins précise, due à l'augmentation de la complexité des phénomènes physiques pour une végétation dense (notamment saturation dans le domaine spectral du Rouge).

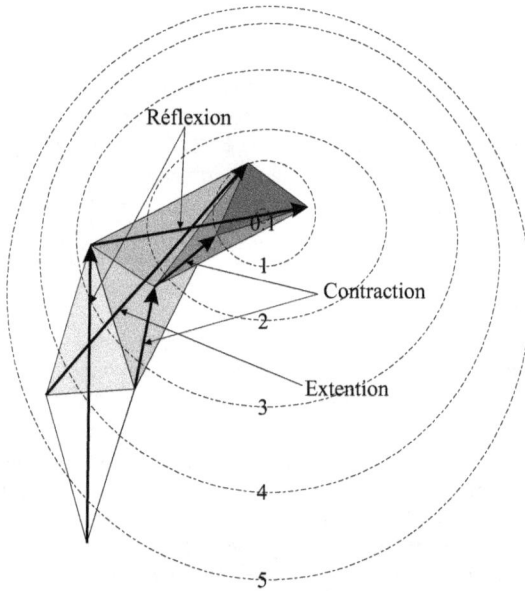

FIGURE 3.7 – Evolution du Simplex dans l'espace solution. Le coût de la solution est représenté par quelques isolignes entre 0.1 et 5. Les Simplex sont les triangles gris. Les flèches indiquent la nouvelle position du vertex par mise à jour. Au cours de l'évolution, la couleur du Simplex devient de plus en plus sombre.

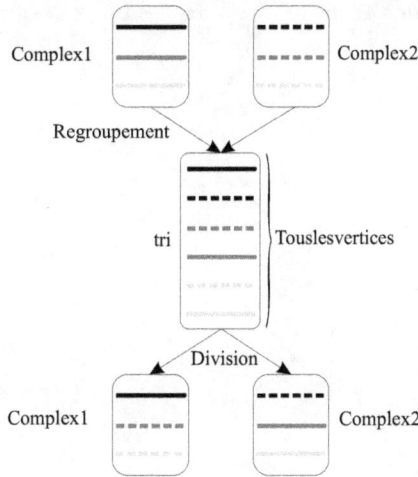

FIGURE 3.8 – Évolution de l'algorithme SCE-UA. Le niveau de gris montre la relevance de la solution. Les Complex sont regroupés et donnent un seul ensemble. Les éléments de l'ensemble sont triés et divisés d'une façon équitable en deux Complex.

3.2.2 Modèle d'inversion

Ayant estimé la famille des isolignes, l'inversion du modèle consiste à attribuer à chaque point M de $\tilde{\mathcal{G}}$ une valeur de densité de végétation fCover correspondant au premier fCover annulant la fonction g_M (3.15). A partir de la Sous-Section 3.1.3 et comme illustré dans la Figure 3.10, g_M peut avoir soit 1 ou 2 zéros. Comme $g_M(0) \geq 0$ (tous les points sont au-dessus de la droite des sols), alors fCover est situé avant l'unique intervalle tel que g_M est négatif : $\tilde{f} \in [f_1, f_2]$ avec $0 = f_1 < f_2 \leq 1$, $g_M(f_1) \geq 0$ et $g_M(f_2) \leq 0$. Dans le cas d'un seul zéro, on peut choisir $f_2 = 1$. Sinon, une initialisation ah hoc de f_2 dans l'intervalle $[0, 1]$ est utilisée. Ensuite, le fCover est estimée par recherche dichotomique dans l'intervalle $[f_1, f_2]$ jusqu'à une précision de l'ordre de 10^{-4} (dans notre cas).

Notons qu'à cause du bruit et de l'imperfection du modèle, les deux situations inattendues suivantes peuvent être rencontrées :
– $g_M(0) < 0$: on attribue fCover = 0 ;
– $g_m(f) > 0 \ \forall f \in [0, 1]$: on attribue fCover = 1.
L'inversion est décrite par l'algorithme 2.

Algorithme 2 (Méthode d'inversion) .

1. **si** $g_M(0) \leq 0$, **alors** fCover = 0, *aller à l'étape 5,*
2. **si** $g_M(1) \leq 0$, **alors** $f_{\min} = 0$, $f_{\max} = 1$, *aller à l'étape 4,*
3. $m_{\max} = 100$, *trouve* = **faux**, $m = 2$
   Tant que $m \leq m_{\max}$ *& trouve* = **faux**

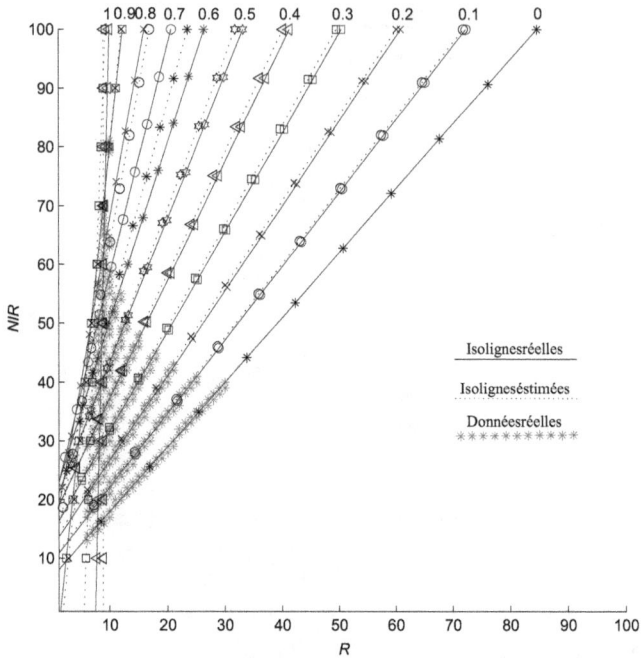

FIGURE 3.9 – Familles des isolignes réelles et estimées à partir de la méthode SCE-UA (les paramètres des simulations sont présentés dans la Table 3.1).

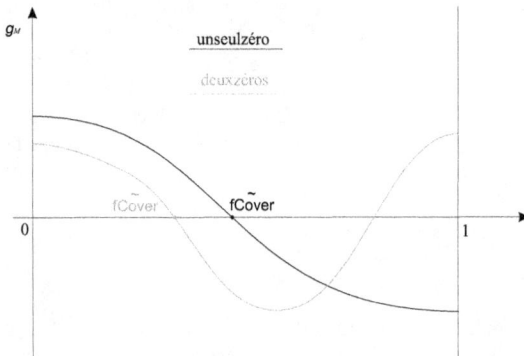

FIGURE 3.10 – Variation de g_M en fonction du fCover pour les deux cas : fonction à 1 ou 2 zéros.

$f = \frac{1}{m}$

Tant que $f < 1$ & *trouve = **faux***

    si $g_M(f) \leq 0$, **alors** *trouve = **vrai***, $f_{\min} = f - \frac{1}{m}$, $f_{\max} = f$

    $f = f + \frac{1}{m}$

Fin Tant que

    $m = m + 1$

Fin Tant que

si *trouve = **faux***, **alors** fC̃over $= 1$, *aller à l'étape 5*,

4. **Faire** *une recherche dicotomique de* fC̃over *dans l'intervalle* $[f_{\min}, f_{max}]$,

5. **Fin**.

3.3 Validation de l'inversion

Dans cette section, la méthode proposée est comparée à l'estimation du fCover avec les indices de végétation (VI) largement utilisés pour cette application, aussi bien dans le cadre des données simulées que des données réelles.

Pendant les dernières décennies, beaucoup d'indices de végétation combinant la bande spectrale R et NIR ont été proposés [Rondeaux *et al.*, 1996]. Les indices utilisés dans notre cadre d'étude sont donnés dans la Table 3.2. Des études théoriques et expérimentales ont montré la corrélation entre ces indices et les caractéristiques de la végétation comme le LAI, le fCover et l'état de la végétation, etc. Ainsi suivant [Clevers, 1989; Baret and Guyot, 1991], un indice de végétation quelconque est lié au LAI comme suit :

$$VI = VI_\infty + (VI_s - VI_\infty) \exp(-K_{VI} LAI),$$

avec VI_s et VI_∞ les valeurs des indices de végétation respectivement pour un sol nu et une végétation très dense (LAI $= \infty$). A partir de (3.10) et l'équation précédente, la relation entre le fCover et le VI est donnée par [Baret and Guyot, 1991] :

$$\text{fCover} = 1 - \left(\frac{VI - VI_\infty}{VI_s - VI_\infty} \right)^{\frac{K_p}{K_{VI}}}, \tag{3.19}$$

En pratique, VI_s and VI_∞ sont les valeurs moyennes des indices de végétation respectivement des points de sol nu et des points vérifiant fCover $\lesssim 1$. Le facteur K_p/K_{VI} est estimé comme étant la valeur minimisant le RMSE (3.18). Des expériences sur plusieurs types de culture et différents niveaux de bruit ont été faites et ont montré que la valeur optimale est toujours dans l'intervalle [0.5,5]. Nous proposons ainsi une recherche exhaustive dans cet intervalle avec un pas de 10^{-3}.

3.3.1 Données simulées

Les données simulées ont été créées en utilisant le modèle couplé SAIL et PROSPECT (appelé aussi PROSAIL) [Jacquemoud and Baret, 1990; Fourty and Baret, 1997; 1998]. En faisant varier les caractéristiques du sol et de la végétation, une large base de données de simulations a été créée. De telles simulations permettent à la fois l'intercomparaison

TABLE 3.2 – Indices de végétation.

Indice	Abréviation	Formulation
Perpendicular vegetation index [Richardson and Wiegand, 1977]	PVI	$\frac{r_{\text{NIR}} - a_0 r_{\text{R}} - b_0}{\sqrt{a_0^2 + 1}}$
Weighted infrared-red vegetation index [Clevers, 1989]	WDVI	$r_{\text{NIR}} - a_0 r_{\text{R}}$
Ratio vegetation index [Pearson and Miller, 1972]	RVI	$\frac{r_{\text{NIR}}}{r_{\text{R}}}$
Normalized difference vegetation index [Rouse et al., 1974]	NDVI	$\frac{r_{\text{NIR}} - r_{\text{R}}}{r_{\text{NIR}} + r_{\text{R}}}$
Soil-adjusted vegetation index [Huete, 1988]	SAVI	$(1 + L)\frac{r_{\text{NIR}} - r_{\text{R}}}{r_{\text{NIR}} + r_{\text{R}} + L}$; $L = 0.5$
Transformed soil adjusted vegetation index [Baret et al., 1989; Baret and Guyot, 1991]	TSAVI	$\frac{a_0(r_{\text{NIR}} - a_0 r_{\text{R}} - b_0)}{a_0 r_{\text{NIR}} + r_{\text{R}} - a_0 b_0 + X(1 + a_0^2)}$; $X = 0.08$
Modified soil adjusted vegetation index [Qi et al., 1994]	MSAVI	$\frac{1}{2}\left(2r_{\text{R}} + 1 - \sqrt{(2r_{\text{R}} + 1)^2 - 8(r_{\text{R}} - r_{\text{NIR}})}\right)$

entre les méthodes d'estimation du fCover et l'étude de la sensibilité de notre modèle à la variation des différents paramètres du couvert et du bruit.

Le modèle PROSPECT est un modèle de transfert radiatif permettant l'estimation de la transmittance et la réflectance hémisphériques des feuilles à partir de la connaissance des différentes concentrations de matière qui absorbent le rayonnement [Jacquemoud and Baret, 1990; Fourty and Baret, 1998]. Dans le domaine Visible, l'absorption est due essentiellement à la concentration de pigments (chlorophylle $a + b$) C_{a+b}. L'eau (C_w) absorbe le rayonnement essentiellement dans le domaine Infrarouge moyen. Dans le domaine Proche Infrarouge, l'absorption est assez faible et elle est due à la structure mésophylle de la feuille (nombre de sous-couches, N). N est différent d'un type de végétation à un autre. Par ailleurs, physiquement cette structure représente l'état de désordre dans la feuille. Plus la feuille jaunit plus N est élevé, donc plus il y a d'interactions entre le rayonnement et la matière et donc plus d'absorption et moins de diffusion. Comme les feuilles sèches absorbent le flux radiatif, le modèle PROSPECT considère un terme correctif appelé matière sèche (C_d). C_d est ainsi intégré dans PROSPECT [Fourty and Baret, 1997; Fourty et al., 1996] afin d'estimer les paramètres de diffusion des feuilles.

Dans l'étude qui suit, les entrées du modèle PROSPECT sont : C_{a+b} et N. C_w peut être supposée constante car les simulations sont limitées aux domaines Rouge et Proche Infrarouge, pour lesquels la réflectance et la transmittance des feuilles sont indépendantes du contenu en eau des feuilles. La matière sèche n'a pas un grand effet sur l'estimation des paramètres de diffusion [Fourty et al., 1996], ainsi elle est négligée. Les paramètres d'entrée du modèle SAIL sont les réflectances et les transmittances des feuilles, la densité de végétation (fCover), la distribution de surface des feuilles (ALA), la géométrie de la scène source/observation : angle zénithal solaire (θ_s), angle zénithal et azimuthal de l'observation (θ_o, φ_o), le paramètre de hot spot (hs) [Kuusk, 1985; 1991b; Andrieu et al., 1997; Verhoef, 1998], la réflectance du sol ($R_{soil,\text{R}}, R_{soil,\text{NIR}}$).

TABLE 3.3 – Ensemble de simulations utilisées pour évaluer les performances de la méthode. La famille des isolignes est obtenue en faisant varier le fCover de 0 à 0.98 (le pas d'échantillonnage est égal à 0.1). Quand 'Sdv=0' (par défaut pour les 4 derniers paramètres), la valeur du paramètre est donnée dans la première colonne (ou l'unique valeur), sinon il a une valeur aléatoire générée à partir d'une distribution normale $\mathcal{N}$(M,Sdv). Pour une ligne donnée, les cases grisées montrent les différences par rapport à la première ligne.

Test	C_{a+b}		N		hs		fCover	ALA	θ_s	θ_o	φ_o
	*M	†Sdv	M	Sdv	M	Sdv	Sdv				
1	30	0	1.5	0	0.3	0	0	45°	30°	50°	0°
2	30	0	1.5	0	0.3	0	0	27°	30°	50°	0°
3	30	0	1.5	0	0.3	0	0	63°	30°	50°	0°
4	20	0	2	0	0.3	0	0	45°	30°	50°	0°
5	30	6	1.5	0	0.3	0	0	45°	30°	50°	0°
6	30	0	1.7	0.3	0.3	0	0	45°	30°	50°	0°
7	30	0	1.5	0	0.3	0.05	0	45°	30°	30°	0°
8	30	6	1.7	0.3	0.3	0.05	0.04	45°	30°	30°	0°

a. Valeur moyenne
b. Écart-type

Dans le cadre de notre étude, les réflectances du sol sont données à partir de la variation de la réflectance du sol en Rouge [$\min_{R_{so,R}}, \max_{R_{so,R}}$] et l'équation de la droite des sols (a_0, b_0). Comme dans [Huete *et al.*, 1984; Baret *et al.*, 1993], la variabilité des sols est simulée par un bruit additif (ϵ_{so}) ajouté à l'équation de la droite des sols :

$$R_{soil,\mathrm{NIR}} = a_0 R_{soil,\mathrm{R}} + b_0 + \epsilon_{so}$$

Pour toutes les expériences, (a_0, b_0) et [$\min_{R_{so,\mathrm{NIR}}}, \max_{R_{so,\mathrm{NIR}}}$] sont supposés fixes et égaux respectivement à $(1.1, 0.07)$ et $[0.02, 0.32]$.

La Table 3.3 montre l'ensemble des simulations qui sont utilisées par la suite afin de comparer les performances de la méthode proposée aux indices de végétation classiques et pour évaluer la robustesse de la méthode face à l'imprécision des paramètres (spatial et/ou bruit). Les trois premiers tests (scénarios 1 à 3) testent l'impact d'un changement d'architecture de la végétation. Dans les scénarios 4, 5 et 6, nous étudions l'impacte des caractéristiques des feuilles. Le scénario 7 teste l'impact de l'effet de hot spot, et le test 8 teste à la fois l'effet du bruit sur tous les paramètres ainsi que le hot spot. Le Tableau 3.4 présente le RMSE obtenu en considérant les différents testes et les différentes méthodes. Les tests 1, 2 et 3 montrent que la variation du ALA de la végétation (planophylle, extrémophylle et érectophylle) n'influence pas beaucoup les performances de l'estimation. Nous remarquons aussi que le MSAVI et le TSAVI montrent des résultats assez précis respectivement pour des valeurs faibles et élevées d'ALA. Le test 4, qui représente le cas d'une végétation plus sénescente, montre que la variation des caractéristiques de la végétation n'a pas un grand effet sur les performances de l'estimation. Les tests 5 et 6 montrent que l'imprécision sur la concentration de pigments affecte plus les résultats que

TABLE 3.4 – RMSE obtenus en utilisant différentes méthodes, pour chaque cas testé, et pour l'ensemble d'apprentissage (ligne d'au-dessus, 100 points) et celui de validation (ligne du bas, 120 points). Par ligne, la case en gris foncé montre le meilleur résultat, et la case en gris clair montre le deuxième meilleur résultat.

Numéro de Teste	Simplex	SCE-UA	PVI	WDVI	RVI	NDVI	SAVI	TSAVI	MSAVI
1	0.017	0.011	0.044	0.044	0.071	0.068	0.028	0.026	0.02
	0.017	0.012	0.044	0.044	0.081	0.079	0.028	0.028	0.019
2	0.017	0.017	0.039	0.039	0.068	0.082	0.027	0.026	0.02
	0.018	0.018	0.034	0.034	0.076	0.084	0.025	0.025	0.02
3	0.022	0.018	0.039	0.039	0.077	0.071	0.024	0.018	0.03
	0.021	0.018	0.042	0.042	0.069	0.063	0.024	0.018	0.033
4	0.02	0.019	0.039	0.039	0.075	0.091	0.025	0.02	0.028
	0.019	0.016	0.043	0.043	0.062	0.081	0.023	0.017	0.027
5	0.042	0.043	0.047	0.047	0.135	0.128	0.052	0.067	0.054
	0.04	0.035	0.045	0.045	0.122	0.117	0.044	0.058	0.05
6	0.02	0.02	0.047	0.047	0.101	0.086	0.025	0.026	0.024
	0.022	0.022	0.044	0.044	0.097	0.082	0.027	0.03	0.025
7	0.017	0.008	0.038	0.038	0.117	0.089	0.022	0.033	0.015
	0.017	0.008	0.036	0.036	0.106	0.085	0.019	0.029	0.012
8	0.061	0.057	0.068	0.068	0.1	0.099	0.059	0.064	0.062
	0.049	0.052	0.064	0.064	0.103	0.104	0.054	0.061	0.057

l'imprécision sur la structure mésophylle des feuilles. Le test 7 montre que l'effet du hot spot n'a pas un effet significatif sur les performances de l'estimation du fCover même avec une imprécision sur sa valeur. Le test 8 montre les résultats en supposant une accentuation de l'effet du hot spot ainsi qu'une imprécision sur la droite des sols, la concentration en chlorophylle, la structure mésophylle des feuilles et le hot spot. L'erreur relativement large est due essentiellement à la grande influence de l'imprécision sur la concentration C_{a+b} (comme dans le test 5), et l'influence de la variabilité de la structure mésophylle (N) (comme dans le test 6).

Concernant les performances respectives des différents indices de végétation et notre méthode, on voit que la méthode SCE-UA et le Simplex donnent les meilleures performances. Par ailleurs, à cause de la non-convexité de la fonctionnelle $L(\xi)$ dans l'espace des solutions, SCE-UA donne souvent des résultats meilleurs que le Simplex. Dans notre application, l'algorithme du Simplex est exécuté plusieurs fois afin d'obtenir des résultats assez précis. En considérant uniquement des indices de végétation classiques (Tableau 3.2), nous remarquons que pour des données non-bruitées (tests de 1 à 4), le TSAVI est généralement le meilleur, par contre le MSAVI et le SAVI sont plus robustes pour des données bruitées (tests de 5 à 8). Le fait que le PVI et le WDVI donnent des résultats similaires est cohérent avec le fait que ces indices sont linéairement dépendants. Finalement, notons qu'il n'y a pas une différence significative entre la base d'apprentissage et celle de validation. Ce résultat est très satisfaisant et signifie qu'un ensemble de 100 éléments d'apprentissage est statistiquement suffisant.

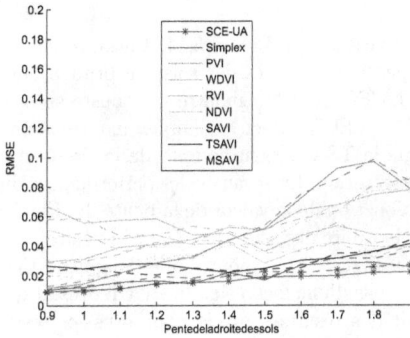

(a) RMSE en fonction de la pente de la droite des sols.

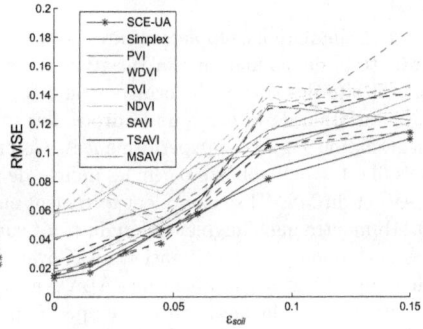

(b) RMSE en fonction de ϵ_{soil}.

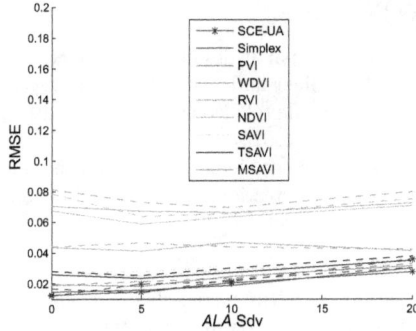

(c) RMSE en fonction de la Sdv du ALA.

FIGURE 3.11 – Tests de robustesse : estimation du fCover variation en fonction des paramètres du couvert. La courbe en continu (respectivement en tiret) correspondent à l'ensemble d'apprentissage (respectivement de validation).

TABLE 3.5 – Paramètres de la droite des sols : de l'échantillon 1 à 6 et les valeurs utilisées par la suite. Les RMSE sont calculés entre les échantillons et la valeur utilisée.

Échantillon	1	2	3	4	5	6	Valeur utilisée	RMSE
a_0	1.7	1.67	1.68	1.62	1.56	1.48	1.62	0.085
b_0	0.008	0.015	0.005	-0.02	-0.011	-0.02	0	0.016

Des simulations supplémentaires sont montrées dans la Figure 3.11. Elles présentent trois tests de simulation : la variation de la pente des droites des sols, du bruit ajouté à la droite des sols et du bruit sur le ALA. La Figure 3.11a montre la robustesse face à la variation de la pente de la droite des sols. Le SCE-UA et le Simplex montrent une dégradation minime des performances. Comme le TSAVI tient compte de la droite des sols, il est le plus robuste parmi les indices de végétation. En revanche les performances du SAVI et du MSAVI se dégradent fortement en fonction de la valeur de la pente. La Figure 3.11b montre que l'augmentation du bruit sur la droite des sols affecte quasi-linéairement les performances de l'estimation du fCover. La Figure 3.11c montre que l'augmentation de l'imprécision sur la valeur de l'ALA n'affecte pas d'une façon significative les résultats.

En résumé, la méthode développée fournit des résultats précis pour tous les tests, meilleurs que ceux obtenus en utilisant des indices de végétation classiques.

3.3.2 Données réelles

Après avoir validé la méthode à partir des données simulées, nous proposons ici d'utiliser cette méthode afin de déterminer la densité du couvert végétal sur le bassin versant du Yar. Nous disposons de données de télédétection ainsi que de contrôles terrain récoltée sur plusieurs années [Corgne et al., 2002].

La suite de la section est divisée en deux parties. Tout d'abord, nous présentons "la vérité terrain" et les données de télédétection, puis nous commentons les résultats obtenus.

Vérité terrain

En 2003 et 2006, des mesures de vérité terrain de fCover correspondant respectivement à 244 et 155 parcelles ont été collectées. La taille moyenne d'une parcelle est de l'ordre de $1ha$. Pour chaque parcelle visitée, une estimation du fCover est donnée avec une précision de 5% pour les faibles valeurs de fCover (fCover $\leq$ 25%) et une précision de 10% pour des valeurs élevées de fCover (fCover $>$ 25%).

Dans la Figure 3.12, les rectangles en gris montrent la distribution du fCover de "la vérité terrain". Comme, en majorité les champs sont couverts en hiver, on observe un pic pour fCover $=$ 1. Les champs avec une densité de végétation moyenne sont rares : en effet les agriculteurs sont respectueux de la loi (semer à partir de l'automne) ou non respectueux, mais rarement partiellement respectueux.

Les paramètres de la droite des sols réelle sont déterminés à partir de l'analyse de six échantillons de sols récoltés à partir de six parcelles agricoles. Ayant asséché les échantillons, ils sont à nouveau mouillés progressivement et à chaque étape la réflectance du sol est mesurée avec un spectromètre (mesures qui ont été effectuées au laboratoire ESE

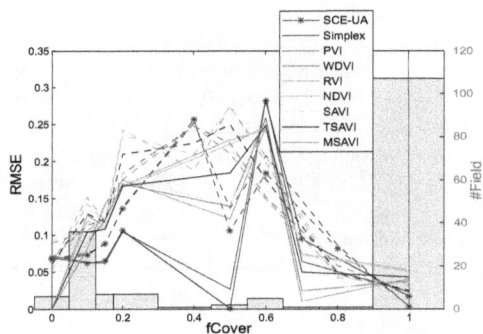

(a) 2003

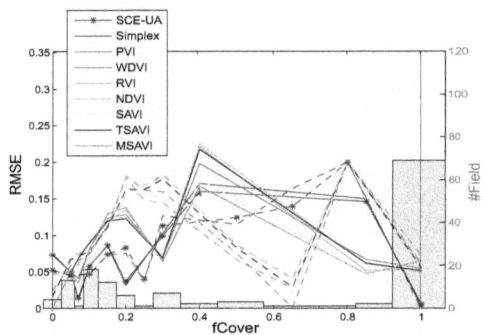

(b) 2006

FIGURE 3.12 – Distribution du fCover de la vérité terrain (rectangles gris) et la distribution du RMSE en fonction du fCover. Les courbes en continu (respectivement en interrompu) correspondent à la base d'apprentissage (respectivement à la base de validation).

d'Orsay avec l'aide de Christophe Fronçois). A la fin, les valeurs des réflectances en Proche Infrarouge sont tracées en fonction des réflectances en Rouge. La Table 3.5 montre les paramètres de la droite des sols obtenus pour chaque échantillon. Dans la suite la pente a_0 est fixée égale à la moyenne des pentes, et l'ordonnée à l'origine est fixée à zéro.

Données de télédétection

Deux images satellites ont été acquises sur le bassin du Yar. La première est une image SPOT 5 de haute résolution (la taille d'un pixel est de $5m \times 5m$, quatre bandes de fréquences : Verte $(500 - 590nm)$, Rouge $(610 - 680nm)$, NIR $(780 - 890nm)$ et Moyen Infrarouge $(1580 - 1750nm)$) acquise le 24/01/2003, et la deuxième une image Quickbird de très haute résolution (pixel $2.4m \times 2.4m$, quatre bandes de fréquences : Bleue $(450 - 520nm)$, Verte $(520 - 600nm)$, Rouge $(630 - 690nm)$ et NIR $(760 - 900nm)$) acquise le 22/03/2006.

Or, pour chaque bande de fréquence (fb) et en absence de corrections atmosphériques fiables, les données mesurées par le satellite sont des réflectances au-dessus de l'atmosphère (TOA), appelée R_{fb}^{TOA}. La réflectance R_{fb}^{TOA} peut être approximée par une une fonction linéaire de la réflectance au-dessus du couvert (TOC), notée R_{fb}^{TOC}, [Tanré et al., 1990; Vermote et al., 1997] :

$$R_{fb}^{TOC} = A_{fb}R_{fb}^{TOA} + B_{fb}. \tag{3.20}$$

Dans le cadre de notre étude, les valeurs de R_{fb}^{TOC} sont nécessaires. Afin d'estimer le couple (A_{fb}, B_{fb}) qui caractérise l'absorption et la transmittance de l'atmosphère pour chaque image et pour les deux bandes R et NIR, le traitement suivant a été appliqué :

- *Filtrage spatial basse fréquence (niveau d'une parcelle)* : Comme la mesure de la vérité terrain est égale à la densité de végétation la plus fréquente dans la parcelle considérée, le bruit sur l'image est réduit en utilisant un filtre modal à l'échelle de la parcelle, i.e. en attribuant la valeur modale de la réflectance pour chaque parcelle et pour chaque bande de fréquence.
- *Détermination de la droite des sols de la réflectance TOA* : comme les mesures observées sont des réflectances TOA, la droite des sols estimée à partir de ces mesures est différente de la droite des sols estimée à partir de la vérité terrain (calculée dans la sous-section 3.3.2) qui correspond à des observations TOC. Ici, les paramètres de la droite des sols : (a_0^{TOA}, b_0^{TOA}) ont été estimés en utilisant à la fois la vérité terrain et l'histogramme de l'image dans le plan (R, NIR). En effet, le nombre de points de sols nus de la vérité terrain ainsi que leur dynamique ne sont pas suffisants pour avoir une estimation précise et robuste des paramètres (a_0^{TOA}, b_0^{TOA}). Une régression linéaire entre les valeurs des réflectances en R et NIR a été appliquée pour les points $(M_i^l(\mathrm{R}_i^l, \mathrm{NIR}_i^l))_{i=\{1,...,N_l\}}$ correspondant aux valeurs minimales en R pour chaque valeur de réflectance NIR dans le plan (R, NIR), et les points $(M_i^p(\mathrm{R}_i^p, \mathrm{NIR}_i^p))_{i=\{1,...,N_p\}}$ qui correspondent aux parcelles ayant une valeur nulle de fCover :

$$(a_0^{TOA}, b_0^{TOA}) = \operatorname*{argmin}_{a,b} \left(\frac{1}{N_l} \sum_{i=1}^{N_l} \frac{(\mathrm{NIR}_i^l - a\mathrm{R}_i^l - b)^2}{a^2 + 1} + \frac{1}{N_p} \sum_{i=1}^{N_p} \frac{(\mathrm{NIR}_i^p - a\mathrm{R}_i^p - b)^2}{a^2 + 1} \right).$$

Notons qu'utiliser une normalisation par $N_l \simeq 10^3$ et $N_p \simeq 10$ permet d'avoir le même poids pour les deux ensembles de points estimés respectivement à partir de la vérité terrain et de l'analyse de l'histogramme de l'image.

– *Étalonnage de la réflectance en bande* NIR : l'étalonnage du canal NIR a été faite à partir des connaissances a priori sur des cibles spécifiques : eau et forêt. D'une part, la réflectance de l'eau (R^w) dans la bande NIR est supposée nulle. D'où, à partir de (3.20) :

$$A_{\text{NIR}} R_{\text{NIR}}^{TOA,w} + B_{\text{NIR}} = 0. \tag{3.21}$$

D'autre part, on peut supposer qu'une forêt de conifères dense garde une réflectance bidirectionnelle constante (R^f) tout au long de l'année [Holben and Kimes, 1986]. En plus, comme approximation de première ordre, de telles forêts peuvent être supposées des réflecteurs Lambertiens [Holben and Kimes, 1986]. Ayant à notre disposition une autre image prise en été et pour laquelle les effets atmosphériques sont faible et donc corrigeable avec le modèle de correction atmosphérique 6s que nous l'avons utilisé $(R^{TOA} \approx R^{TOC})$, la réflectance de l'image observée en été est utilisée ainsi afin de contraindre la réflectance, NIR, TOC, de l'hiver (3.20) :

$$A_{\text{NIR}} R_{\text{NIR}}^{TOA,f} + B_{\text{NIR}} = R_{\text{NIR}}^{TOC,f}. \tag{3.22}$$

(3.21) et (3.22) donnent :

$$A_{\text{NIR}} = \frac{R_{\text{NIR}}^{TOC,f}}{R_{\text{NIR}}^{TOA,f} - R_{\text{NIR}}^{TOA,w}},$$
$$B_{\text{NIR}} = -\frac{R_{\text{NIR}}^{TOA,w} R_{\text{NIR}}^{TOC,f}}{R_{\text{NIR}}^{TOA,f} - R_{\text{NIR}}^{TOA,w}}.$$

– *Étalonnage de la réflectance en bande* R : après l'étalonnage de la réflectance en NIR, et en liant la réflectance TOA de la droite des sols à sa réflectance TOC, nous pouvons étalonner la réflectance R de la façon suivante. Comme :

$$R_{soil,\text{NIR}}^{TOC} = a_0 R_{soil,\text{R}}^{TOC} + b_0,$$
$$R_{soil,\text{NIR}}^{TOA} = a_0^{TOA} R_{soil,\text{R}}^{TOA} + b_0^{TOA},$$
$$R_{soil,\text{NIR}}^{TOC} = A_{\text{NIR}} R_{soil,\text{NIR}}^{TOA} + B_{\text{NIR}},$$
$$R_{soil,\text{R}}^{TOC} = A_{\text{R}} R_{soil,\text{R}}^{TOA} + B_{\text{R}},$$

alors,

$$A_{\text{R}} = \frac{A_{\text{NIR}} a_0^{TOA}}{a_0},$$
$$B_{\text{R}} = \frac{A_{\text{NIR}} b_0^{TOA} + B_{\text{NIR}} - b_0}{a_0}.$$

Analyse des résultats

La Table 3.6 montre le RMSE de l'estimation du fCover en utilisant la méthode développée et les indices de végétation classiques. La Figure 3.12 montre la distribution du RMSE en fonction du fCover. Cette distribution est superposée à l'histogramme de fCover. En général, les erreurs obtenues sont grandes. Une part de cette erreur pourra être expliquée par (i) la faible précision de la vérité terrain surtout pour les parcelles

TABLE 3.6 – RMSE de données réelles pour différentes méthodes, pour la base d'apprentissage (valeurs 'en-haut') et pour la base de validation (valeurs 'en-bas'). Les deux bases ont le même nombre de points. Par ligne, la case en gris foncé montre le meilleur résultat, et la case en gris clair montre le deuxième meilleur résultat.

Numéro de Test	Simplex	SCE-UA	PVI	WDVI	RVI	NDVI	SAVI	TSAVI	MSAVI
SPOT 5	0.052	0.05	0.069	0.069	0.086	0.082	0.072	0.075	0.069
	0.078	0.074	0.093	0.093	0.116	0.112	0.094	0.102	0.09
Quickbird	0.06	0.059	0.083	0.083	0.085	0.084	0.085	0.083	0.085
	0.061	0.06	0.088	0.088	0.091	0.088	0.089	0.088	0.089

denses (incertitude sur la meure du fCover égale 5%) ; (2) la diversité des caractéristiques biophysiques de la végétation, surtout l'existence de végétation sénescente influençant les propriétés radiatives : une faible concentration de chlorophylle (C_{a+b}) aboutit à une augmentation de la réflectance en Rouge. Inversement, dans le domaine NIR, la structure interne désordonnée des feuilles sénescentes augmente le nombre équivalent de couches (N). Ainsi l'interaction onde feuilles augmente ce qui augmente l'absorption et donc diminue la réflectance de la végétation. La végétation sénescente pourra être trouvée aussi bien dans les champs ayant une faible couverture (due au reste de chaumes de la culture précédente, ainsi la Figure 3.12 montre une erreur relativement forte pour des faibles valeurs de fCover) que pour les parcelles de forte densité de végétation : ce sont des pairies affectées par le pâturage du bétail. A cause de ce dernier cas, dans le plan (R, NIR), les points correspondant à des valeurs de fCover proches de 1 sont éparpillés d'une façon anormale en la comparant avec des simulations SAIL (cf. la Figure 3.1). Cependant, en considérant les points les plus significatifs des courbes de la Figure 3.12, i.e. les modes de l'histogramme de fCover : les valeurs à 0.1 et à 1, on constate que (comme dans le cas simulé) les erreurs quadratiques moyennes en utilisant le SCE-UA et le Simplex sont plus faibles que celles en utilisant les indices de végétation classiques.

Un autre résultat assez surprenant est la proximité des résultats entre le Simplex, le SCE-UA et les indices de végétation classiques. En effet, a priori comme la pente de la droite des sols est assez élevée, les indices qui ne prennent pas en compte la droite des sols doivent fournir des résultats moins précis (cf. la Figure 3.11a). Nous expliquons l'absence de sensibilité à la droite des sols par le fait qu'en hiver le sol est très humide (presque saturé) à cause de la pluie abondante pendant cette période de l'année, donc la variabilité spatiale de la réflectance de la surface est trop faible pour laisser apparaître une dépendance à la droite des sols.

Finalement, bien que nous disposions d'une base de données plus grande en 2003 qu'en 2006, les résultats de l'estimation du fCover sont meilleurs, entre les ensembles d'apprentissage et de validation, en 2006 qu'en 2003. Ceci pourra être expliqué par (i) le fait que l'image Quickbird est une image de très haute résolution nous permettant d'extraire des pixels 'purs' en éliminant les frontières des champs ainsi que les chemins entre parcelles, et (ii) le fait que le nombre de pixels par parcelle est presque 13 fois plus grand pour une image Quickbird qu'une image SPOT 5 ce qui permet d'avoir une estimation plus précises de la valeur modale.

3.4 Conclusion

En négligeant l'interaction d'ordre supérieur entre la végétation et le sol (en utilisant le modèle Adding et en introduisant le résultat dans le modèle SAIL), nous avons montré que les isolignes de densité de végétation sont des segments de droite dans le plan (R, NIR). Les paramètres des isolignes de fCover (pente et ordonnée à l'origine) dépendent des paramètres de diffusion du modèle SAIL. En utilisant des simulations du modèle SAIL, des relations empiriques entre le fCover et la pente d'une isoligne et entre le fCover et l'abscisse de l'intersection entre une isoligne et la droite des sols ont été obtenues. Ces relations permettent la paramétrisation de la famille des isolignes, pour laquelle l'existence et l'unicité d'une solution en terme de fCover pour n'importe quel point réel dans le plan (R, NIR) ont été démontrées. En utilisant une base de données d'apprentissage, l'étalonnage des paramètres des isolignes a été effectué en utilisant soit la méthode Simplex soit l'algorithme SCE-UA. En la comparant à des indices de végétation classiques, notre méthode fournit des résultats meilleurs en termes de précision d'estimation du fCover et de robustesse face au bruit. Par ailleurs, étant un algorithme d'optimisation global, le SCE-UA donne des résultats souvent meilleurs que ceux de la méthode Simplex qui est une méthode d'optimisation locale. Les deux limitations de la méthode proposée sont les suivantes : (i) des connaissances a priori (une "vérité terrain" ou des données de simulations) sont nécessaires afin de calibrer le modèle direct à 4 paramètres, et (ii) cette méthode est plus complexe et nécessite plus de temps de calcul qu'un indice de végétation classique.

Afin d'améliorer l'estimation du fCover, on verra dans le chapitre suivant une façon de combiner plusieurs indices de végétation et méthodes d'inversion afin de tirer profit de la complémentarité de leurs performances respectives.

Ce chapitre a fait l'objet d'un article publié dans la revue *Remote Sensing of Environment*, [Kallel *et al.*, 2007c].

Deuxième partie

Apports en traitement de données

Chapitre 1

Fusion de méthodes d'estimation du fCover

Aucune méthode d'estimation du fCover que ce soit le modèle inverse ou les indices de végétation n'est suffisamment universelle pour remplacer systématiquement les autres. Dans ce chapitre, nous proposons d'estimer le fCover en considérant non un seul indice de végétation (la méthode issue du modèle inverse est appelée aussi indice de végétation dans ce chapitre) mais en tirant partie de leur complémentarité au travers d'un schéma de fusion entre les différents indices. Chaque indice de végétation est supposé pertinent (avec un certain degré de confiance). Pour ce faire, nous avons opté pour le cadre de la théorie des fonctions de croyances, appelée aussi la théorie de Dempster-Shafer (DS), car cette théorie permet de modéliser à la fois l'imprécision et l'incertitude. Dans notre cadre d'application, cette théorie permet de modéliser l'ignorance et l'imprécision présentes aussi bien aux frontières des classes de fCover que pour certains domaines de fCover (la performance d'un indice de végétation est généralement relative à la valeur de fCover ; certains indices sont bons pour les faibles valeurs de fCover et d'autres sont bons pour des valeurs élevées).

Afin de pouvoir appliquer la théorie de DS à notre problématique nous avons dû résoudre deux points qui ne sont pas abordés dans les applications classiques :

- La règle de combinaison conjonctive suppose que les sources de croyances (les indices de végétation dans notre cas) sont distinctes. En revanche, la règle 'prudente' suppose que les croyances sont au moins partiellement non-distinctes et maximise la partie redondante entre les sources. En s'appuyant sur une 'corrélation' a priori entre les sources, nous proposons une nouvelle règle appelée la règle 'prudente adaptative'. Cette règle est paramétrée afin de prendre en compte la non-distinction partielle entre sources.

- Généralement le cadre de discernement considéré est discret, tandis que pour l'estimation de fCover, le cadre de discernement doit être l'intervalle $[0, 1]$. Plutôt que de discrétiser l'intervalle en petits sous-intervalles, nous considérons la solution proposée par [Ristic and Smets, 2004; Smets, 2005b; Caron *et al.*, 2007], afin de définir les fonctions de croyance sur un cadre de discernement continu. Dans ce cas, la fonction 'masse' est généralisée en une densité assignée à un intervalle réel, la 'croyance', la 'plausibilité' et la 'communalité' deviennent des intégrales de la densité de masse.

Par ailleurs, nous proposons des extensions de certaines définitions déjà existantes dans la théorie des croyances : la 'fonction de poids canonique' qui est l'extension de la décomposition canonique des croyances dans le cas continu, et 'l'affaiblissement généralisé' qui est l'extension de l'affaiblissement classique des sources peu fiables.

Finalement, nous soulignons le fait que dans cette étude nous considérons uniquement le cas où les éléments focaux (ayant une masse non-nulle) sont emboîtés, de telles croyances sont appelées 'croyances consonantes'. Ce choix sera justifié dans la section 1.3. Il permet d'estimer une solution explicite de la densité et des intégrales de la fonction de croyance. De nombreuses propriétés des croyances consonantes sont alors obtenues dans le cas discret ensuite dans le cas continu.

Le reste du chapitre est divisé comme suit. Tout d'abord, quelques notions générales sur la théorie des croyances sont rappelées et nous distinguons les deux cas continu et discret. Ensuite, nous étudions le cas consonant et nous présentons la règle 'prudente adaptative'. Enfin, nous étendons notre modèle dans le cas de croyances gaussiennes (définies dans la Section 1.3) et nous appliquons la règle afin de fusionner les indices de végétation.

1.1 Théorie des évidences : cas général

Dans cette section, les concepts de la théorie de Dempster-Shafer sont présentés d'abord dans le cas d'un cadre de discernement discret puis dans le cas continu comme proposé par [Smets, 2005b]. En outre, dans le cas continu, une nouvelle fonction appelée 'la fonction de poids canonique' est proposée. L'intérêt d'une telle fonction sera présenté dans la suite en terme de combinaison de sources et d'affaiblissement généralisé.

1.1.1 Cas discret

Définition des fonctions basiques

On note $\Omega = \{\theta_1, \ldots, \theta_n\}$ le cadre de discernement. Le fonction de masse 'basic belief assignment' (bba, m), la 'croyance' (bel), la 'plausibilité' (pl) et la communalité (q) sont des fonctions définies de 2^Ω vers $[0,1]$, telles que [Shafer, 1976; Smets and Kennes, 1994] :

$$\sum_{A \subseteq \Omega} m(A) = 1,$$
$$bel(A) = \sum_{\emptyset \neq B \subseteq A} m(B),$$
$$pl(A) = \sum_{B \cap A \neq \emptyset} m(B),$$
$$q(A) = \sum_{B \supseteq A} m(B).$$

Pour chaque hypothèse $A \subseteq \Omega$, $m(A)$ est la partie de la croyance qui 'supporte' A et qui ne 'supporte' aucun sous-ensemble strict B de A ($B \subsetneq A$), $bel(A)$ quantifie la quantité totale de croyance justifiée pour A, et $pl(A)$ quantifie la quantité maximale de croyance potentielle qui peut être donnée à A par combinaison avec d'autres croyances transférant la masse de B à A (B tel que $B \cap A \neq \emptyset$). La fonction de communalité est plus difficile à interpréter : son intérêt est notamment dans le cas consonant où elle peut être vue comme une mesure de possibilité (de même pour la plausibilité).

Ici nous exprimons *bel*, *pl* et *q* en fonction de *m*. Cependant, il existe une relation bijective entre n'importe quel couple de fonctions [Smets, 2002].

Rappelons finalement que, par définition, les éléments focaux de Ω sont ceux ayant une masse non-nulle, et qu'une bba est appelé 'normale' (respectivement 'non-dogmatique') si $\emptyset$ n'est pas un élément focal (respectivement si Ω est un élément focal).

Ordonnancement des bba

Par définition, une relation d'ordre ($\sqsubseteq$) entre bba permet la comparaison entre croyances en terme de quantité d'information ou de précision [Yager, 1986]. Parmi les possibles relations d'ordre, [Dubois *et al.*, 2001] considère l'ordonnancement fondé sur la plausibilité '*pl*-ordering' ($\sqsubseteq_{pl}$), celui fondé sur la communalité '*q*-ordering' ($\sqsubseteq_q$) et le '*s*-ordering' ($\sqsubseteq_s$). Pour deux bba m_1 et m_2, $m_1 \sqsubseteq_{pl} m_2$ signifie que $\forall A \in \Omega$, $pl_1(A) \leq pl_2(A)$, et $m_1 \sqsubseteq_q m_2$ signifie que $\forall A \in \Omega$, $q_1(A) \leq q_2(A)$. Soit la bba identité (m_I), i.e. telle que $m_I(\Omega) = 1$, alors quelque soit *m* bba, $m \sqsubseteq_{pl} m_I$ et $m \sqsubseteq_q m_I$. Concernant le '*s*-ordering', $m_1 \sqsubseteq_s m_2$ signifie qu'il existe une fonction non-négative S de $2^\Omega \times 2^\Omega$ dans $[0,1]$ vérifiant $\forall A \in \Omega, \sum_{B \subseteq A} S(B,A) = 1$, et telle que :

$$m_1(A) = \sum_{B \subseteq A} S(B,A) m_2(B). \tag{1.1}$$

S est appelée fonction de spécialisation [Yager, 1986; Klawonn and Smets, 1992]. Dans l'annexe C, S est écrite comme une matrice stochastique en colonne et appelée 'matrice de spécialisation'. Afin d'alléger la notation, la relation (1.1) est écrite :

$$m_1 = S \times m_2.$$

$\sqsubseteq_s$ implique $\sqsubseteq_{pl}$ and $\sqsubseteq_q$. En général, aucune autre implication ne peut être donnée.

Suivant le vocabulaire de [Dubois *et al.*, 2001], $m_1 \sqsubseteq m_2$ (cas d'un ordonnancement quelconque donné) signifie que m_2 est 'moins engagée' que m_1 (inversement, m_1 est 'plus engagée' que m_2). Dans la suite, on note LC$_{bba}$ la bba la moins engagée et MC$_{bba}$ la bba la plus engagée d'un ensemble de bba. Notons que comme les ordonnancements ne sont que partiels, LC$_{bba}$ et MC$_{bba}$ peuvent ne pas exister. En se référant à un ordonnancement quelconque $x \in \{pl, q, s, \ldots\}$, on écrit x-LC$_{bba}$ et x-MC$_{bba}$. Pour une bba donnée *m*, on définit $\mathcal{S}(m)$ (respectivement $\mathcal{G}(m)$) l'ensemble des bba plus engagées (respectivement moins engagées). Notons que $\forall m$ bba, $m_I \in \mathcal{G}(m)$ et $m \in \mathcal{S}(m_I)$.

Combinaison de croyances

La règle de combinaison la plus utilisée afin de combiner deux sources de croyance distinctes E_1 et E_2 (avec comme bba m_1 et m_2) est la somme orthogonale ($\oplus$) [Shafer, 1976] telle que :

$$\forall A \subseteq \Omega \text{ et } A \neq \emptyset, m_1 \oplus m_2(A) = \frac{1}{K_\emptyset} \sum_{X \cap Y = A} m_1(X) m_2(Y),$$

avec

$$K_\emptyset = 1 - \sum_{X \cap Y = \emptyset} m_1(X)m_2(Y).$$

[Smets and Kennes, 1994] propose dans le modèle des croyances transférables (MCT) de ne pas normaliser par le facteur $K_\emptyset$, appelant alors leur règle 'règle conjonctive' (⊙). Avec une telle loi, la bba résultant de la combinaison de deux bba normalisées peut ne pas être normalisée, et pour q_1 et q_2 deux fonctions de communalité correspondant à m_1 et m_2, la communalité correspondante à $m_1 \odot m_2$ est $q_{1 \odot 2}(A) = q_1(A)q_2(A)$, $\forall A \in \Omega$. La justification des deux précédentes règles est issue du Principe d'Engagement Minimal (PEM) [Yager, 1986; Dubois and Prade, 1986a; 1986b; Klawonn and Smets, 1992].

Plus récemment, et pour des sources de croyance E_1 et E_2 non-distinctes, [Smets, 1992; Dubois et al., 2001] définissent la règle 'prudente' qui permet de prendre en compte la redondance entre deux croyances, suivant un ordonnancement donné x-ordering ($x \in \{q, pl, s, \ldots\}$), comme suit :

$$m_{1 \odot 2} = \mathrm{LC}_{\mathrm{bba}}(\mathcal{S}_x(m_1) \cap \mathcal{S}_x(m_2)).$$

Cependant comme le $\mathrm{LC}_{\mathrm{bba}}$ d'un ensemble n'existe pas toujours, l'existence d'une telle loi n'est pas toujours garantie.

Affaiblissement

Afin de combiner deux sources seulement partiellement fiables, [Shafer, 1976; Smets, 1993] proposent le processus 'd'affaiblissement'. La fiabilité d'une source de croyance E (bba m) est quantifiée par $(1 - \alpha)$, avec $\alpha \in [0, 1]$, et la bba affaiblie ($^\alpha m$) est donnée par :

$$\begin{cases} ^\alpha m(X) &= (1 - \alpha)m(X), \qquad \text{si } X \in 2^\Omega \backslash \Omega, \\ ^\alpha m(\Omega) &= (1 - \alpha)m(\Omega) + \alpha. \end{cases}$$

Probabilité pignistique

Dans le MCT, ayant combiné toutes les croyances considérées, quand une décision doit être prise parmi les singletons de Ω, [Smets, 2005a] propose, pour une bba m donnée, la transformation en distribution de probabilité suivante, appelée probabilité pignistique ($Betf$) :

$$\forall \theta \in \Omega, Betf(\theta) = \sum_{A \subseteq \Omega, \theta \in A} \frac{1}{|A|} \frac{m(A)}{1 - m(\emptyset)}.$$

La probabilité pignistique peut être justifiée en supposant, en absence d'informations et suivant le principe d'entropie maximale, une distribution uniforme de la masse d'une hypothèse composée sur ses singletons.

Décomposition de bba

D'après [Shafer, 1976], une bba m est une fonction à support simple (FSS) si $\exists A \subsetneq \Omega$ et $w(A) \in [0,1]$ tels que :

$$\begin{cases} m(X) & = & w(A), & \text{si } X = \Omega, \\ & = & 1 - w(A), & \text{si } X = A, \\ & = & 0, & \text{sinon.} \end{cases}$$

Une telle bba est notée $A^{w(A)}$. Toujours selon [Shafer, 1976], m est dite séparable si :

$$m = \bigcirc_{A \subsetneq \Omega} A^{w(A)}. \tag{1.2}$$

En étendant le domaine de variation de w à $[0, +\infty[$, Smets (1995) prouve qu'il existe une décomposition unique pour n'importe quelle bba non-dogmatique suivant (1.2), et tel que pour tout $A \subsetneq \Omega$:

$$w(A) = \prod_{X \supseteq A} q(X)^{(-1)^{|X|-|A|+1}}. \tag{1.3}$$

Par extension, nous pouvons définir w en Ω par : $w(\Omega) = \frac{1}{m(\Omega)} \geq 1$.

Remarque: Notons que si m est une bba normalisée, et $w(\emptyset) \neq 1$, alors à partir de (1.2) et la règle $\bigcirc$, $\emptyset^{w(\emptyset)}$ n'est que l'inverse du facteur de normalisation. Ainsi, au cours de la décomposition, on peut ne pas tenir en compte de $\emptyset$ à condition de normaliser le résultat à la fin.

En utilisant la similarité entre $\log(w(A)) = -\sum_{X \supseteq A}(-1)^{|X|-|A|}\log(q(X))$ avec la relation donnant m à partir de q [Smets, 2002] : $m(A) = \sum_{A \subseteq B}(-1)^{|B|-|A|}q(B)$, et le fait que les relations entre fonctions de croyance sont bijectives, nous déduisons la relation donnant $\log q$ à partir de $\log w$:

$$\log(q(A)) = -\sum_{X \supseteq A}\log(w(X)), \quad \text{i.e.}$$

$$q(A) = \Big[\prod_{X \supseteq A} w(X)\Big]^{-1} = \frac{m(\Omega)}{\displaystyle\prod_{A \subseteq X \subsetneq \Omega} w(X)},$$

$$= \frac{\displaystyle\prod_{X \subsetneq \Omega} w(X)}{\displaystyle\prod_{A \subseteq X \subsetneq \Omega} w(X)} = \prod_{X \not\supseteq A} w(X). \tag{1.4}$$

L'analogie entre la relation donnant m à partir de q et $-\log w$ à partir de $\log q$ va nous permettre dans la section suivante d'étendre la définition de w dans le cas continu.

Par ailleurs, pour $m_1 = \bigcirc_{A \subseteq \Omega} A^{w_1(A)}$ et $m_2 = \bigcirc_{A \subseteq \Omega} A^{w_2(A)}$, la règle conjonctive de combinaison s'écrit :

$$m_{1 \bigcirc 2} = \bigcirc_{A \subseteq \Omega} A^{w_1(A)w_2(A)}$$

111

Enfin, Denoeux (2006) introduit l'ordonnancement 'w-ordering' ($\sqsubseteq_w$) pour une bba séparable : $m_1 = \bigcirc_{A \subseteq \Omega} A^{w_1(A)}$, $m_2 = \bigcirc_{A \subseteq \Omega} A^{w_2(A)}$, $m_1 \sqsubseteq_w m_2$ si et seulement si $\forall A \in \Omega$, $w_1(A) \leq w_2(A)$. Il est clair que $\sqsubseteq_w$ implique $\sqsubseteq_s$. En utilisant l'ordonnancement w-ordering, Denoeux (2006) propose la règle prudente pour une bba séparable :

$$m_{1 \otimes 2} = \mathrm{LC}_{\mathrm{bba}}(\mathcal{S}_w(m_1) \cap \mathcal{S}_w(m_2)).$$

$m_{1 \otimes 2}$ est séparable avec $w_{1 \otimes 2}(A) = \min\{w_1(A), w_2(A)\}$, $\forall A \subsetneq \Omega$. Notons que l'existence et l'unicité sont cette fois assurées.

1.1.2 Cas continu

Densité de masse et fonctions associées

[Smets, 1978; Strat, 1984; Ristic and Smets, 2004; Smets, 2005b; Caron *et al.*, 2007] proposent d'étendre la théorie des croyances pour un cadre de discernement continu (dans notre cas l'intervalle [0,1]), en utilisant une division uniforme de l'intervalle $[0,1]$ en n sous-intervalles $\theta_i = [a_i, b_i]$ tels que $a_1 = 0$, $b_n = 1$ et $\forall i \in \{2, \ldots, n\}$, $a_i = b_{i-1}$. Soit $\Omega_n = \{\theta_i, i \in \{1, \ldots, n\}\}$ et la bba associée m_n. En supposant que l'indécision dans [0,1] peut avoir lieu uniquement pour des valeurs proches, les uniques éléments focaux sont les sous-intervalles qui peuvent s'écrire sous forme d'union de singletons disjoints θ_i : pour $A \in \Omega$, si $\nexists (i, j) \in \{1, \ldots, n\} \times \{i, \ldots, n\}$, tels que $A = \bigcup_{k=\{i,\ldots,j\}} \theta_k$ alors $m_n(A) = 0$. En faisant tendre n vers l'infini, m_n est remplacée par une densité f définie de chaque intervalle de $[0,1]$ dans $\mathbb{R}^+$, elle est appelée densité de croyance basique 'basic belief density' (bbd) et vérifie [Ristic and Smets, 2004; Smets, 2005b] :

$$\int_{x=0}^{x=1} \int_{y=x}^{y=1} f(x, y) dx dy = 1.$$

bel, *pl* et *q* sont définies suivant [Smets, 2005b] : $\forall (a, b) \in [0, 1] \times [a, 1]$

$$bel([a, b]) = \int_{x=a}^{x=b} \int_{y=x}^{y=b} f(x, y) dx dy,$$

$$pl([a, b]) = \int_{x=0}^{x=b} \int_{y=\max\{a,x\}}^{y=1} f(x, y) dx dy,$$

$$q([a, b]) = \int_{x=0}^{x=a} \int_{y=b}^{y=1} f(x, y) dx dy.$$

Par dérivation de *bel* et *q*, nous obtenons :

$$f(a, b) = -\frac{\partial^2 bel([a, b])}{\partial a \partial b}, \tag{1.5}$$

$$f(a, b) = -\frac{\partial^2 q([a, b])}{\partial a \partial b}. \tag{1.6}$$

Finalement, la probabilité pignistique $Betf$ est définie comme dans [Smets, 2005b] :

$$\forall a \in [0, 1[, \ Betf(a) = \lim_{\epsilon \to 0} \int_{x=0}^{x=a} \int_{y=a+\epsilon}^{y=1} \frac{f(x, y)}{y - x} dx dy. \tag{1.7}$$

112

Affaiblissement, spécialisation et combinaison

Pour une bbd donnée f, l'affaiblissement par un facteur $\alpha \in [0,1]$ donne une nouvelle bbd ${}^{\alpha}f$ telle que :

$$\forall a, b \in [0,1]/a \leq b, \ {}^{\alpha}f(a,b) = (1-\alpha)f(a,b) + \alpha\delta(a, 1-b),$$

avec $\delta(u,v) = \delta(u)\delta(v)$ la fonction Dirac en deux dimensions qui est non nulle seulement pour $u = v = 0$.

Un opérateur de spécialisation s [Smets, 2005b] est tel que : $\forall (a,b) \in [0,1] \times [a,1]$ et $\forall(x,y) \in [0,1] \times [x,1]$,

$$s(a,b|x,y) = 0, \ \text{si } [a,b] \not\subseteq [x,y],$$

$$\int_{a=x}^{a=y} \int_{b=a}^{b=y} s(a,b|x,y)dbda = 1.$$

Une bbd f_2 est une spécialisation d'une bbd f_1 si :

$$f_2(a,b) = \int_{x=0}^{x=a} \int_{y=b}^{y=1} s(a,b|x,y)f_1(x,y)dbda.$$

Smets (2005b) définit la combinaison conjonctive de deux bbd f_1 et f_2 :

$$f_{1\textcircled{\odot}2}(a,b) = f_1(a,b)\int_{x=0}^{x=a} \int_{y=b}^{y=1} f_2(x,y)dydx + f_2(a,b)\int_{x=0}^{x=a} \int_{y=b}^{y=1} f_1(x,y)dydx$$

$$+ \int_{x=0}^{x=a} \int_{y=b}^{y=1} f_1(x,b)f_2(a,y) + f_1(a,y)f_2(x,b)dydx.$$

Concernant la définition des ordonnancements $\{pl, q, s\}$, elles sont les mêmes que dans le cas discret.

Fonction de poids canonique

Nous proposons à présent une extension de la décomposition canonique d'une bbd non-dogmatique ($q(\Omega) > 0$) dans le cas de nombres réels. Considérons une bbd f, et supposons qu'elle est une distribution non-négative définie sur tout intervalle de [0,1] telle que $\int_{x=0} \int_{y=1} f(x,y)dydx = \alpha$ et $\alpha \in]0,1]$. Dans ce cas, $q([0,1]) = \alpha$.

En utilisant l'analogie entre la relation (m,q) et celle $(-\log w, \log q)$, nous définissons la distribution φ comme la densité de $-\log w$ dans le cas continu dans $[0,1] \times [0,1]$ par analogie avec (1.6) :

$$\forall(a,b) \in [0,1] \times [a,1], \ \varphi(a,b) = -\frac{\partial^2 \log(q([a,b]))}{\partial a \partial b}. \tag{1.8}$$

Dans la suite, φ est appelée la 'fonction de poids canonique' ('canonical weight function', cwf). q s'exprime en fonction de φ :

$$\forall(a,b) \in [0,1] \times [a,1], \ q([a,b]) = q([0,1]) \exp\left[\int_{x=0}^{x=a} \int_{y=b}^{y=1} \varphi(x,y)dydx \right]. \tag{1.9}$$

Thorme 1 *Soit f une bbd non-dogmatique et φ sa cwf alors $\forall (a,b) \in [0,1] \times [a,1]$:*

$$f(a,b) = q([0,1])\left[\varphi(a,b) + \int_{x=0}^{x=a} \varphi(x,b)dx \int_{y=b}^{y=1} \varphi(a,y)dy\right] \exp\left[\int_{x=0}^{x=a} \int_{y=b}^{y=1} \varphi(x,y)dydx\right].$$

Preuve

$$
\begin{aligned}
f(a,b) &= -\frac{\partial^2 q([a,b])}{\partial a \partial b} = -\frac{\partial^2}{\partial a \partial b}\left\{q([0,1]) \exp\left[\int_{x=0}^{x=a} \int_{y=b}^{y=1} \varphi(x,y)dydx\right]\right\}, \\
&= q([0,1])\frac{\partial}{\partial b}\left\{\left[-\int_{y=b}^{y=1} \varphi(a,y)dy\right] \exp\left[\int_{x=0}^{x=a} \int_{y=b}^{y=1} \varphi(x,y)dydx\right]\right\}, \\
&= q([0,1]) \\
&\quad \times \underbrace{\left[\varphi(a,b) + \int_{x=0}^{x=a} \varphi(x,b)dx \int_{y=b}^{y=1} \varphi(a,y)dy\right] \exp\left[\int_{x=0}^{x=a} \int_{y=b}^{y=1} \varphi(x,y)dydx\right]}_{\tilde{f}(a,b)}, \\
&= q([0,1])\tilde{f}(a,b).
\end{aligned}
$$

∎

En utilisant φ, nous pouvons estimer f en fonction de $q([0,1])$. Maintenant, comme dans le cas discret, en supposant que la bbd est normalisée, on pourra déduire la valeur de $q([0,1])$:

$$q([0,1]) = \frac{1}{\displaystyle\int_{a=0}^{a=1} \int_{b=a}^{b=1} \tilde{f}(a,b)dbda}. \tag{1.10}$$

Dfinition 1 *On dit qu'une bbd f est 'séparable' si pour chaque intervalle $[a,b] \subseteq [0,1]$, $\varphi(a,b) \geq 0$.*

Proposition 1 *Soit φ une distribution non-négative sur chaque intervalle de $[0,1]$ tel que $\int_{a=0}^{a=1} \int_{b=a}^{b=1} \varphi(a,b)dbda$ existe, alors $\int_{a=0}^{a=1} \int_{b=a}^{b=1} \tilde{f}(a,b)dbda$ existe.*

Preuve A partir du Théorème 1, et de la 'non-négativité' de φ, $\tilde{f}(a,b) \geq 0$, $\forall (a,b) \in [0,1] \times [a,1]$. Alors pour montrer que $\int_{a=0}^{a=1} \int_{b=a}^{b=1} \tilde{f}(a,b)dbda$ existe, il suffit de montrer qu'il est dominé

$$
\begin{aligned}
&\int_{a=0}^{a=1} \int_{b=a}^{b=1} \tilde{f}(a,b)dbda \\
&\qquad = -\int_{a=0}^{a=1} \int_{b=a}^{b=1} \frac{\partial^2}{\partial a \partial b}\left\{\exp\left[\int_{x=0}^{x=a} \int_{y=b}^{y=1} \varphi(x,y)dxdy\right]\right\}dbda, \\
&\qquad = \int_{a=0}^{a=1} \int_{b=a}^{b=1} \frac{\partial}{\partial b}\left\{-\left[\int_{y=b}^{y=1} \varphi(a,y)dy\right] \exp\left[\int_{x=0}^{x=a} \int_{y=b}^{y=1} \varphi(x,y)dxdy\right]\right\}dbda, \\
&\qquad = \int_{a=0}^{a=1}\left[\int_{y=a}^{y=1} \varphi(a,y)dy\right] \exp\left[\int_{x=0}^{x=a} \int_{y=a}^{y=1} \varphi(x,y)dxdy\right]da.
\end{aligned}
$$

$\varphi(x,y) \geq 0$, alors $\displaystyle\int_{x=0}^{x=a} \int_{y=x}^{y=a} \varphi(x,y)dydx \geq 0$, donc

$$\int_{a=0}^{a=1} \int_{b=a}^{b=1} \tilde{f}(a,b)dbda \leq \int_{a=0}^{a=1} \Big[\int_{y=a}^{y=1} \varphi(a,y)dy \Big] \exp \Big[\int_{x=0}^{x=a} \int_{y=x}^{y=1} \varphi(x,y)dydx \Big] da,$$

$$\leq \exp \Big[\int_{x=0}^{x=1} \int_{y=x}^{y=1} \varphi(x,y)dydx \Big] - \exp \overbrace{\Big[\int_{x=0}^{x=0} \int_{y=x}^{y=1} \varphi(x,y)dydx \Big]}^{\geq 0},$$

$$\leq \exp \Big[\int_{x=0}^{x=1} \int_{y=x}^{y=1} \varphi(x,y)dydx \Big] - 1.$$

$\displaystyle\int_{a=0}^{a=1} \int_{b=a}^{b=1} \tilde{f}(a,b)dbda$ est dominé. ∎

Thorme 2 *Soit φ une distribution non-négative sur chaque intervalle de $[0,1]$ tel que $\int_{a=0}^{a=1} \int_{b=a}^{b=1} \varphi(a,b)dbda$ existe, alors la distribution f définie comme dans le Théorème 1 avec $q([0,1])$ définie par (1.10) est une bbd bien définie et normalisée.*

Preuve A partir du Théorème 1, et de la 'non-négativité' de φ, on a $f(a,b) \geq 0$, $\forall(a,b) \in [0,1] \times [a,1]$. A partir de la Proposition 1 et de l'expression de $q([0,1])$ (1.10), $q([0,1]) \neq 0$, alors $f \neq 0$. Finalement, d'après la définition de $q([0,1])$ (1.10), f est normalisée. ∎

Thorme 3 *Soient f_1 et f_2 deux bbd non-dogmatiques, alors leur combinaison conjonctive $f_{1\textcircled{\tiny 2}}$ satisfait :*

$$\forall(a,b) \in [0,1] \times [a,1], \; \varphi_{1\textcircled{\tiny 2}}(a,b) = \varphi_1(a,b) + \varphi_2(a,b).$$

Preuve

$$\begin{aligned}
\varphi_{1\textcircled{\tiny 2}}(a,b) &= -\frac{\partial^2 \log(q_{1\textcircled{\tiny 2}}([a,b]))}{\partial a \partial b} = -\frac{\partial^2 \log(q_1([a,b])q_2([a,b]))}{\partial a \partial b}, \\
&= -\frac{\partial^2 \big(\log(q_1([a,b])) + \log(q_2([a,b])) \big)}{\partial a \partial b}, \\
&= -\frac{\partial^2 \log(q_1([a,b]))}{\partial a \partial b} - \frac{\partial^2 \log(q_2([a,b]))}{\partial a \partial b}, \\
&= \varphi_1(a,b) + \varphi_2(a,b).
\end{aligned}$$

∎

Dfinition 2 *Nous définissons l'espace $\mathcal{B}$ de bbd f définies sur $[0,1]$ de façon que $\forall f \in \mathcal{B}$, f est non-dogmatique et φ la cwf correspondante satisfait :*

$$\Big| \int_{a=0}^{a=1} \int_{b=a}^{b=1} \varphi(a,b)dbda \Big| < +\infty.$$

Proposition 2 *Soit f une bbd non-dogmatique séparable alors $f \in \mathcal{B}$.*

115

Preuve $\int_{a=0}^{a=1}\int_{b=a}^{b=1} f(a,b)dbda$ existe, comme $q([0,1]) > 0$ alors $\int_{a=0}^{a=1}\int_{b=a}^{b=1} \tilde{f}(a,b)dbda$ existe. Or, $\forall(a,b) \in [0,1] \times [a,1]$, $0 \leq \varphi(a,b) \leq \tilde{f}(a,b)$ donc $\int_{a=0}^{a=1}\int_{b=a}^{b=1} \varphi(a,b)dbda$ existe. ∎

Proposition 3 *Soient* $f_1, f_2 \in \mathcal{B}$ *telles que* $\forall(a,b) \in [0,1] \times [a,1]$, $\varphi_1(a,b) \geq \varphi_2(a,b)$. *Alors, il existe* f_3 *une bbd séparable telle que* $f_1 = f_2 \odot_3$.

Preuve Soit $\varphi = \varphi_1 - \varphi_2$. $\varphi(a,b) \geq 0$, $\forall(a,b) \in [0,1] \times [a,1]$. Par ailleurs, pour $i \in \{1,2\}$, $\int_{a=0}^{a=1}\int_{b=a}^{b=1} \varphi_i(a,b)dbda$ existe alors $\int_{a=0}^{a=1}\int_{b=a}^{b=1} \varphi(a,b)dbda$ existe. D'où, suivant le Théorème 2, il existe une bbd f tel que φ est sa correspondante cwf. Alors, suivant le Théorème 3, $f_1 = f_2 \odot f$. ∎

Dans ce qui suit, nous étendons la définition de l'ordonnancement w-ordering au cas continu ($\sqsubseteq_\varphi$) comme suit :

Dfinition 3 *Soient* $f_1, f_2 \in \mathcal{B}$. *On dit que* $f_1 \sqsubseteq_\varphi f_2$ *si* $\forall a, b / \forall(a,b) \in [0,1] \times [a,1]$, $\varphi_1(a,b) \geq \varphi_2(a,b)$.

Remarque: Comme, selon la Proposition 3, il existe f_3 tel que $f_1 = f_2 \odot f_3$, alors $f_1 \sqsubseteq_s f_2$. D'où, dans l'espace $\mathcal{B}$, $\sqsubseteq_\varphi$ implique $\sqsubseteq_s$.

1.2 Modèle proposé : cas consonant

Dans cette section, nous nous focalisons sur le cas consonant. L'étude de ce cas particulier est motivé par deux raisons. Premièrement, quand les connaissances sont modélisées par une densité de probabilité pignistique [Ristic and Smets, 2004], parmi le grand nombre de densités de croyance 'isopignistiques' (i.e. ayant la même densité de probabilité pignistique), en utilisant le Principe du Moindre Engagement et l'ordonnancement q-ordering (maximisation de la fonction communalité), on montre que la croyance la moins engagée est une fonction de croyance consonante. Deuxièmement, des propriétés supplémentaires peuvent être démontrées. En particulier, nous montrons qu'une bba consonante est séparable, et qu'il existe une équivalence entre les ordonnancements s-ordering et q-ordering. Cette dernière équivalence est fondamentale pour la définition et l'existence à la fois de la règle prudente et la règle prudente adaptative que nous allons proposer.

Dans cette section, nous considérons tout d'abord le cas discret et par la suite le cas continu.

1.2.1 Cas discret

Une bba m est appelée consonante si tous ces éléments focaux sont emboîtés : $\forall A, B \in \Omega$, $m(A) \neq 0$ et $m(B) \neq 0 \Rightarrow A \subseteq B$ où $B \subseteq A$.

Considérons un ensemble Δ, appelé par la suite 'l'ensemble d'ordonnancement consonant', de n éléments ω_i ($\Delta = \{\omega_i, i \in \{1,\ldots,n\}\}$) tels que :

- Δ inclut tous les éléments focaux,
- $\forall i \in \{1,\ldots,n\}$, $|\omega_i| = i$, et

- $\forall (i,j) \in \{1, \ldots, n\} \times \{i, \ldots, n\}$, $\omega_i \subseteq \omega_j$.

A partir de Δ, nous définissons l'ordonnancement I des éléments singletons θ_j de Ω ($\Omega = \{\theta_{I(1)}, \theta_{I(2)}, \ldots, \theta_{I(n)}\}$) tel que $\forall i \in \{1, \ldots, n\}$, $\omega_i = \bigcup_{j=1}^{i} \theta_{I(j)}$.

Caractéristiques générales

La première caractéristique intéressante d'une bba consonante est sa séparabilité.

Thorme 4 *Soit m une bba non-dogmatique consonante. Alors, m est séparable et :*

$$\forall A \subsetneq \Omega, \; w(A) = 1 - \frac{m(A)}{q(A)}.$$

Preuve Tout d'abord, rappelons que $w(A) = \displaystyle\prod_{X \supseteq A} q(X)^{(-1)^{|X|-|A|+1}} = \dfrac{\displaystyle\prod_{X \supseteq A, (|X|-|A|) \text{ odd}} q(X)}{\displaystyle\prod_{X \supseteq A, (|X|-|A|) \text{ even}} q(X)}$.

Soit $\Delta = \{\omega_1, \ldots, \omega_n\}$ l'ensemble d'ordonnancement consonant de m. Sans perdre de généralité, on peut supposer que $\omega_i = \theta_1 \cup \ldots \cup \theta_i$. Soit $A \subsetneq \Omega$ tel que $|A| = j$. A pourra être écrit sous la forme $\theta_{I(1)} \cup \ldots \cup \theta_{I(j)}$ tels que $I(1) < I(2) < \ldots < I(j)$. $w(A)$ est uniquement fonction de $q(\theta_k)$ ($q(\theta_k) = q(\omega_k)$) tels que $k \geq I(j)$.

Soit l'ensemble X tel que $A \subseteq X \subseteq \omega_k$ et $\theta_k \in X$. $q(X)$ est alors égale à $q(\omega_k)$ et $q(X)$ va apparaître dans l'expression de $w(A)$. Le terme $q(X)$ sera au numérateur si $(|X| - |A| + 1)$ est pair, et au dénominateur sinon. Comme $q(\omega_k)$ apparaît plusieurs fois, nous comptons le nombre de ses apparitions respectivement au numérateur et au dénominateur.

Soit $\{X/A \subseteq X\} = \bigcup_{k \in \{I(j), \ldots, n\}} \{X/A \subseteq X \subseteq \omega_k \text{ et } \theta_k \in X\}$.

Nous définissons l'ensemble $\mathcal{F}_k$ par $\mathcal{F}_k = \{X/A \subseteq X \subseteq \omega_k \text{ et } \theta_k \in X\}$. Alors, l'ensemble des $\mathcal{F}_k$ ($\{\mathcal{F}_k, k \in \{I(j), \ldots, n\}\}$) forme une partition de $\{X/A \subseteq X\}$, et $\forall X \in \mathcal{F}_k$, $q(X) = q(\omega_k)$. Donc $w(A) = \prod_{k=I(j)}^{n} [\prod_{x \in \mathcal{F}_k} q(\omega_k)^{(-1)^{|X|-|A|+1}}] = \prod_{k=I(j)}^{n} w_{\mathcal{F}_k}$. Notons alors que $w_{\mathcal{F}_k}$ est le produit $\prod_{x \in \mathcal{F}_k} q(\omega_k)^{(-1)^{|X|-|A|+1}}$.

Nous nous intéressons maintenant au calcul de $w_{\mathcal{F}_k}$ $\forall k \in \{I(j), \ldots, n\}$.

$\forall X \in \mathcal{F}_k$ peut s'écrire sous la forme $X = A \cup [\bigcup_{i=1}^{|X|-|A|} \theta_X(i)]$, où les éléments singletons $\theta_X(i)$ sont choisis parmi les $k - |A|$ éléments singletons de $\omega \setminus A$. Comme, $\theta_k \in X$ (puisque $X \in \mathcal{F}_k$), nous distinguons deux cas : soit $\theta_k \in A$, soit $\theta_k \notin A$.

- Si $\theta_k \in A$, le nombre de $\theta_X(i)$ libres à choisir dans $\omega \setminus A$ est égale $|X| - |A|$, et donc le nombre de $X \in \mathcal{F}_k$ ayant $|X|$ éléments est $C_{k-|A|}^{|X|-|A|}$.
- Si $\theta_k \notin A$, le nombre de $\theta_X(i)$ libres à choisir est égale $|X| - |A| - 1$ (le choix de θ_k est imposé et ils doivent être choisis dans $\omega \setminus (A \cup \theta_k)$). Ainsi le nombre de $X \in \mathcal{F}_k$ ayant $|X|$ éléments est $C_{k-|A|-1}^{|X|-|A|-1}$.

Notons $n_A = |A|$ si $\theta_k \in A$ et $n_A = |A| - 1$ si $\theta_k \notin A$, dans les deux cas précédents le nombre de termes $q(\omega_k)$ au numérateur de $w_{\mathcal{F}_k}$ est $C_{k-n_A}^1 + C_{k-n_A}^3 + \ldots = \sum_{i=0}^{\lfloor \frac{k-n_A-1}{2} \rfloor} C_{k-n_A}^{2i+1}$ et le nombre de termes $q(\omega_k)$ au dénominateur est $C_{k-n_A}^0 + C_{k-n_A}^2 + \ldots = \sum_{i=0}^{\lfloor \frac{k-n_A}{2} \rfloor} C_{k-n_A}^{2i}$, où le symbole $\lfloor . \rfloor$ veut dire partie entière.

117

Or $\sum_{i=0}^{t} C_t^i (-1)^i = (1-1)^t = 0$, $\forall t \geq 1$. Donc $\sum_{i=0}^{\lfloor \frac{k-n_A-1}{2} \rfloor} C_{k-n_A}^{2i+1} = \sum_{i=0}^{\lfloor \frac{k-n_A}{2} \rfloor} C_{k-n_A}^{2i+1}$ et $w_{\mathcal{F}_k} = 1$, $\forall k / k - n_A \geq 1$.

Maintenant, si $k - n_A = 0$, alors $|\mathcal{F}_k| = 1$, et nous faisons à nouveau la différence entre deux cas : soit $\theta_k \in A$, soit $\theta_k \notin A$.

- Si $\theta_k \in A$, $k = |A|$ alors $\omega_k = A$, donc $A = \omega_{I(j)}$ et $q(w_k)$ apparaît au dénominateur.
- Si $\theta_k \notin A$, $k = |A| + 1$ alors $\omega_k = A \cup \theta_k$. Donc $A = \omega_{k-1} = \omega_{I(j)}$ et $q(w_k)$ apparaît au numérateur.

En résumé, si $A = \omega_{I(j)}$ alors $w(A) = \frac{q(\omega_{j+1})}{q(\omega_j)} = 1 - \frac{m(\omega_j)}{q(\omega_j)}$, sinon $w(A) = 1$.

D'où, pour m une bba non-dogmatique consonante $m = \bigcirc_{A \subsetneq \Omega} A^{w(A)}$ avec $w(A) \in]0,1]$. Donc m est séparable. ∎

Remarque: Pour une bba non-dogmatique consonante m avec Δ l'ensemble d'ordonnancement consonant correspondant, m pourra être écrit $m = \bigcirc_{\omega \in \Delta} \omega^{w(\omega)}$ (car $\forall A \in 2^{\Omega} \backslash \Delta$, $w(A) = 1$).

Proposition 4 *Soit* $m = \bigcirc_{A \subsetneq \Omega} A^{w(A)}$ *une bba non-dogmatique consonante et* $\Delta = \{\omega_1, \ldots, \omega_n\}$ *l'ensemble d'ordonnancement consonant correspondant. Alors :*

$$m(A) = (1 - w(A)) \prod_{X \in \Delta, X \not\supseteq A} w(X).$$

En particulier, $\forall i \in \{1, \ldots, n\}$ *:*

$$m(\omega_i) = (1 - w(\omega_i)) \prod_{j \in \{1, \ldots, i-1\}} w(\omega_j). \tag{1.11}$$

Preuve

$$w(A) = 1 - \frac{m(A)}{q(A)} \Rightarrow m(A) = q(A)(1 - w(A)) \stackrel{*}{=} \Big(\prod_{X \not\supseteq A} w(X) \Big)(1 - w(A))$$

$$\Rightarrow m(A) \stackrel{\dagger}{=} \Big(\prod_{X \in \Delta, X \not\supseteq A} w(X) \Big)(1 - w(A)).$$

Par ailleurs, si $\exists i \in \{1, \ldots, n\}$ tel que $A = \omega_i$, alors $\{X \in \Delta, X \not\supseteq A\} = \{\omega_j / j \in \{1, \ldots, i-1\}\}$. Donc,

$$m(\omega_i) = (1 - w(\omega_i)) \prod_{j \in \{1, \ldots, i-1\}} w(\omega_j).$$

∎

Proposition 5 *Soient* m_1 *et* m_2 *deux bba non-dogmatiques et consonantes ayant le même ensemble d'ordonnancement consonant* Δ *telles que* $m_1 \sqsubseteq_w m_2$. *Alors* $q_{12} = \frac{q_1}{q_2}$ *est une communalité associée à une bba bien définie et consonante sur l'ensemble* Δ.

---

*. utiliser (1.4)

†. $\forall X \notin \Delta, w(X) = 1$

Preuve Soient $m_1 = \bigodot_{\omega \in \Delta} \omega^{w_1(\omega)}$ et $m_2 = \bigodot_{\omega \in \Delta} \omega^{w_2(\omega)}$. Comme $\forall \omega \in \Delta$, $w_1(\omega) \leq w_2(\omega)$, alors $m = \bigodot_{\omega \in \Delta} \omega^{\frac{w_1(\omega)}{w_2(\omega)}}$ est une bba bien définie, non-dogmatique et consonante sur Δ. Notons que $m_1 = m \odot m_2$. ∎

Thorme 5 *Soit m une bba consonante et $\alpha \leq \alpha' \in [0,1]$, donc $^{\alpha}m$ et $^{\alpha'}m$ sont consonantes et $^{\alpha}m \sqsubseteq_w {}^{\alpha'}m$.*

Preuve Les éléments focaux de $^{\alpha}m$ et m sont les mêmes, alors $^{\alpha}m$ est aussi consonante. Soit $A \in \Omega$,

$$
\begin{aligned}
^{\alpha}q(A) &= \sum_{B \supseteq A} {}^{\alpha}m(B), \\
&= (1-\alpha)\sum_{B \supseteq A} m(B) + \alpha, \\
&= (1-\alpha)q(A) + \alpha.
\end{aligned}
$$

Soit $^{\alpha}m = \bigodot_{A \subsetneq \Omega} A^{^{\alpha}w(A)}$ et $^{\alpha'}m = \bigodot_{A \subsetneq \Omega} A^{^{\alpha'}w(A)}$. Soit $A \subsetneq \Omega$,

$$
\begin{aligned}
^{\alpha}w(A) &= 1 - \frac{^{\alpha}m(A)}{^{\alpha}q(A)} = 1 - \frac{(1-\alpha)m(A)}{(1-\alpha)q(A)+\alpha}, \\
&= 1 - \frac{m(A)}{q(A)+\frac{\alpha}{1-\alpha}}, \\
&\leq^* 1 - \frac{m(A)}{q(A)+\frac{\alpha'}{1-\alpha'}}, \\
&\leq {}^{\alpha'}w(A).
\end{aligned}
$$

Donc, $^{\alpha}m \sqsubseteq_w {}^{\alpha'}m$. ∎

Ainsi, l'affaiblissement d'une bba FSS $m = A^w$ résulte de l'augmentation de w, tel que $^{\alpha}w = (1-\alpha)w + \alpha$. Comme une bba consonante est séparable ($m = \bigodot_{A \subsetneq \Omega} A^w$), on pourra supposer qu'elle résulte d'une combinaison conjonctive d'un ensemble de sources de croyance $\{E_A, A \subsetneq \Omega\}$. La notion d'affaiblissement 'généralisée' consiste alors à affaiblir chaque évidence E_A séparément avant la combinaison et ainsi une bba affaiblie pourra s'écrire $^{\alpha w}m = \bigodot_{A \subsetneq \Omega} A^{^{\alpha}w}$, où α dépend de A (ou E_A), bien que pour la simplicité des notations cette dépendance ait été omise.

Par ailleurs, soient m_1 et m_2 deux bba non-dogmatiques et consonantes sur le même ensemble d'ordonnancement consonant Δ. Alors, si $m_1 \sqsubseteq_w m_2$, m_2 pourra être interprétée comme un affaiblissement de m_1 ($m_2 = {}^{\alpha w}m_1$). En outre, comme $m \sqsubseteq_w {}^{\alpha}m$ (cf. Théorème 5), $^{\alpha}m$ est un $^{\alpha w}m$ de m. Finalement, nous définissons l'anti-affaiblissement comme l'opération inverse de l'affaiblissement. Pour une bba consonante (m), une bba plus engagée ($\overline{^{\alpha w}}m$) est obtenue suivant l'ordonnancement ($\sqsubseteq_w$). Dans notre cas, $m_1 = \overline{^{\alpha w}}m_2$.

Combinaison

Pour deux bba m_1 et m_2 consonantes, Dubois *et al.* (2001) montrent que la bba $m_{1 \odot 2}$ définie par $q_{1 \odot 2} = \min\{q_1, q_2\}$ est l'unique solution optimale prudente dans le sens de l'ordonnancement q-ordering. Comme pour de telles bba consonantes, les ordonnancements q-ordering et s-ordering sont équivalents (Theorème 13), alors $m_{1 \odot 2}$ est l'unique solution optimale prudente suivant l'ordonnancement par spécialisation.

---

*. $\alpha \leq \alpha' \Rightarrow \frac{1}{1-\alpha} \leq \frac{1}{1-\alpha'} \Rightarrow \frac{\alpha}{1-\alpha} \leq \frac{\alpha'}{1-\alpha'}$

Smets (1992) définit la 'corrélation' (m_0) entre deux bba m_1 et m_2 par $q_0 = \dfrac{q_{1 \bigcirc 2}}{q_{1 \bigotimes 2}}$. La corrélation représente l'information en commun entre deux sources d'information. Pour deux bba consonantes :

$$
\begin{aligned}
q_0 &= \frac{q_{1 \bigcirc 2}}{q_{1 \bigotimes 2}} = \frac{q_1 q_2}{\min\{q_1, q_2\}}, \\
&= \max\{q_1, q_2\}.
\end{aligned}
$$

Thorme 6 *Soit m_1 et m_2 deux bba consonantes ayant le même ensemble d'ordonnancement consonant (Δ) alors $q_0 = \max\{q_1, q_2\}$ est une bba bien définie et consonante et*

$$
m_0 = \mathrm{MC}_{\mathrm{bba}}(\mathcal{G}_s(m_1) \cap \mathcal{G}_s(m_2)).
$$

Preuve Soit $\Delta = \{\omega_1, \ldots, \omega_n\}$. Sans perdre de généralité, on peut supposer que, $\omega_i = \theta_1 \cup \ldots \cup \theta_i$. Soit $A \in \Omega$, A pourra être écrit sous la forme $\theta_{I(1)} \cup \ldots \cup \theta_{I(j)}$ tel que $I(1) < I(2) < \ldots < I(j)$.

$$
\begin{aligned}
q_0(A) &= \max\{q_1(A), q_2(A)\}, \\
&= \max\{\min_{k \in \{1,\ldots,j\}}\{q_1(\theta_{I(k)})\}, \min_{k \in \{1,\ldots,j\}}\{q_2(\theta_{I(k)})\}\}, \\
&= \max\{q_1(\theta_{I(j)}), q_2(\theta_{I(j)})\}, \\
&= \min_{k \in \{1,\ldots,j\}}\{\max\{q_1(\theta_{I(k)}), q_2(\theta_{I(k)})\}\}, \\
&= \min_{k \in \{1,\ldots,j\}}\{q_0(\theta_{I(k)})\}.
\end{aligned}
$$

Donc m_0 est une bba bien définie et consonante.

Par ailleurs, comme les ordonnancements $\sqsubseteq_s$ et $\sqsubseteq_q$ sont équivalents, $\forall m \in \mathcal{G}_s(m_1) \cap \mathcal{G}_s(m_2)$, $q(A) \geq \max\{q_1(A), q_2(A)\}$. D'où $q(A) \geq q_0(A)$, soit $m_0 \sqsubseteq_q m$ et donc $m_0 \sqsubseteq_s m$. m_0 est la bba la plus engagée dans $\mathcal{G}_s(m_1) \cap \mathcal{G}_s(m_2)$. ∎

La règle conjonctive suppose que la corrélation est la bba identité, i.e. la bba la moins engagée dans $\mathcal{G}_s(m_1) \cap \mathcal{G}_s(m_2)$. Dans le cas où l'on dispose de deux sources distinctes de croyance fournissant le même résultat, l'utilisation de la combinaison conjonctive apparaît correcte et permet de renforcer les hypothèses soutenues par les deux sources de croyance. Inversement, quand les sources de croyance ne sont pas distinctes, l'utilisation de la règle conjonctive est contestable, et la règle prudente est requise. Cependant, l'utilisation systématique de la règle prudente peut aussi être contestable (dans le cas de deux sources de croyance distinctes E_1 et E_2 mais ayant fournit exactement le même bba, la corrélation m_0 vérifie : $m_0 = m_1 = m_2$). Ici, nous proposons de paramétriser le degré de 'non-distinction' par un paramètre $\varrho \in [0, 1]$ tel que $\varrho = 1$ (respectivement $\varrho = 0$) correspond à des croyances non-distinctes (respectivement distinctes), et nous proposons l'affaiblissement de la corrélation m_0 suivant ϱ. m_0 est alors remplacée par $^{\varrho}m_0$ ou plus généralement par $^{\varrho w}m_0$. On définit ainsi la loi $^{\varrho}\bigotimes$:

$$
q_{1 \varrho \bigotimes 2} = \frac{q_{1 \bigcirc 2}}{^{\varrho w}q_0}. \tag{1.12}
$$

Thorme 7 *Soit m_1 et m_2 deux bba consonantes ayant le même ensemble d'ordonnancement Δ. Alors, pour un affaiblissement généralisé ϱ donné, $m_{1 \varrho \bigotimes 2}$ définie dans (1.12) est une bba bien définie et consonante sur l'ensemble Δ ; $q_{1 \varrho \bigotimes 2} = {^{\overline{\varrho w}}}q_{1 \bigotimes 2} = {^{\overline{\varrho w}}}q_1 \bigcirc {^{\overline{\varrho w}}}q_2$.*

Preuve $m_0 \sqsubseteq_w {}^{\varrho w}m_0$, alors, suivant la Proposition 5 et le Théorème 5, il existe une bba consonante q_{12} sur l'ensemble Δ tel que $q_{12} = \frac{q_0}{{}^{\varrho w}q_0}$.

$$
\begin{aligned}
q_{1\varrho\textcircled{2}2} &= \frac{q_1\textcircled{2}2}{{}^{\varrho w}q_0} = \frac{q_{12}q_1\textcircled{2}2}{\dfrac{q_0}{{}^{\varrho w}}}, \\
&= q_{12}q_1\textcircled{2}2 = {}^{\varrho w}q_1\textcircled{2}2, \\
&= q_{12}\min\{q_1, q_2\} = \min\{q_{12}q_1, q_{12}q_2\}, \\
&= {}^{\varrho w}q_1 \textcircled{\wedge} {}^{\varrho w}q_2.
\end{aligned}
$$

$m_{1\varrho\textcircled{2}2}$ est une combinaison prudente de deux bba consonantes ayant le même ensemble d'ordonnancement Δ. Donc $m_{1\varrho\textcircled{2}2}$ est aussi une bba consonante sur l'ensemble Δ. ∎

1.2.2 Cas continu

Caractéristiques générales

Dans le cas continu, les éléments focaux d'une bba consonante sont des intervalles emboîtés. Pour une longueur d'intervalle donné u, il existe au plus un intervalle focal ($\mathcal{I}_u = [a_u, b_u]$) et si $u > u'$, $\mathcal{I}_{u'} \subset \mathcal{I}_u$. Dans ce cas, f pourra être exprimée comme suit, $f(a, b_u) = h(b_u)\delta(a - a_u)$ [Smets, 2005b]. Dans ce qui suit, afin d'alléger les notations, nous considérons $h(b)$ et nous supposons que $b \in [0, 1]$. Dans ce cas, les relations entre h, pl et q sont [Ristic and Smets, 2004] :

$$
\begin{aligned}
pl(b) &= \int_{x=b}^{x=1} h(x)dx = q(u), \\
h(b) &= -q'(b).
\end{aligned}
$$

Proposition 6 *Soit f une bba normalisée, non-dogmatique et consonante alors la correspondante cwf φ vérifie $\varphi(x, y) \neq 0$ uniquement si $\exists u/(x, y) = (a_u, b_u)$.*

Preuve Soit $x, y \in [0, 1] \times]x, 1]$, alors $\exists u, u'$ tels que $x \in \{a_u, b_u\}$ et $y \in \{a_{u'}, b_{u'}\}$. Nous allons prouver que si $u \neq u'$ alors $\varphi(x, y) = 0$. Dans la preuve, nous supposons que $u > u'$ (le cas contraire pourra être traité de la même façon). Donc, $q(x, y) = q(a_u, b_u)$, et nécessairement $y < b_u$, donc $\forall z \in [y, b_u]$, $q(x, z) = q(a_u, b_u)$. Alors $\frac{\partial \log(q([x,y]))}{\partial y} = 0$ et $\varphi(x, y) = -\frac{\partial^2 \log(q([x,y]))}{\partial x \partial y} = -\frac{\partial}{\partial x}\{\frac{\partial \log(q([x,y]))}{\partial y}\} = 0$.
De façon similaire à f, nous écrivons $\varphi(a, b_u) = \tilde{\varphi}(b_u)\delta(a - a_u)$. ∎

Par abus de notations, nous remplaçons $\tilde{\varphi}$ par φ. La distinction entre les deux sortes de φ pourra facilement se faire à partir de la dimension de l'argument (1 ou 2).
En remplaçant l'expression de φ dans (1.9), nous obtenons :

$$
\forall b \in [0, 1], \ q(b) = q(1) \exp \int_{x=b}^{x=1} \varphi(x)dx,
$$

Pour une bbd normalisée et consonante, $q(0) = 1$, donc $q(1) = \exp - \int_{x=0}^{x=1} \varphi(x)dx$, alors q pourra s'écrire :

$$\forall b \in [0,1], \; q(b) = \exp - \int_{x=0}^{x=1} \varphi(x)dx \times \exp \int_{x=b}^{x=1} \varphi(x)dx,$$
$$= \exp - \int_{x=0}^{x=b} \varphi(x)dx. \tag{1.13}$$

Donc l'expression de cwf pourra s'écrire :

$$\varphi(b) = -\frac{d\log q(b)}{db} = -\frac{q'(b)}{q(b)} = \frac{h(b)}{q(b)}.$$

Remarque: Comme $h \geq 0$ et $q \geq 0$ alors $\varphi \geq 0$. D'où h est séparable et donc, suivant la Proposition 2, $h \in \mathcal{B}$.

h s'écrit en fonction de φ comme suit :

$$h(b) = \varphi(b)\exp - \int_{x=0}^{x=b} \varphi(x)dx. \tag{1.14}$$

Remarque: L'expression de la bbd (1.14) dans le cas continu est l'analogue de l'expression de la bba (1.11) dans le cas discret.

Proposition 7 *Soit φ une distribution non-négative sur tout intervalle de $[0,1]$ telle que $\int_{a=0}^{a=1}\int_{b=a}^{b=1} \varphi(a,b)dbda$ existe et $\varphi(x,y) \neq 0$ uniquement si $\exists u/(x,y) = (a_u, b_u)$. Alors, φ est une cwf correspondant à une bbd f normalisée et non-dogmatique.*

Preuve Suivant le Théorème 2, f est une bbd bien définie, normalisée et non-dogmatique.

Afin de montrer que f est consonante, rappelons l'expression de f en fonction de φ :

$$f(a,b) = q([0,1])\left[\varphi(a,b) + \int_{x=0}^{x=a} \varphi(x,b)dx \int_{y=b}^{y=1} \varphi(a,y)dy\right] \exp\left[\int_{x=0}^{x=a}\int_{y=b}^{y=1} \varphi(x,y)dydx\right].$$

Comme $\varphi(a,b) = 0$ alors $\nexists u/(a,b) = (a_u, b_u)$, donc il suffit de montrer que si $\nexists u/(a,b) = (a_u, b_u)$ le produit : $\int_{x=0}^{x=a} \varphi(x,b)dx \times \int_{y=b}^{y=1} \varphi(a,y)dy = 0$.

Si $\nexists u/a = a_u$, alors $\int_{y=b}^{y=1} \varphi(a,y)dy = 0$. Si $\nexists u'/b = b_{u'}$, alors $\int_{x=0}^{x=a} \varphi(x,b)dx = 0$. Dans les deux cas, le produit est nul. Étudions à présent le cas où $\exists u/a = a_u$ et $\exists u'/b = b_{u'}$, tel que $u \neq u'$. Supposons que $u > u'$, alors $a_{u'} > a$, donc $\int_{x=0}^{x=a} \varphi(x,b)dx = 0$ et le produit est nul. Inversement, si $u < u'$, alors $b_u < b$, donc $\int_{y=b}^{y=1} \varphi(a,y)dy = 0$ et le produit est nul. ∎

Proposition 8 *Soient h_1 et h_2 deux bbd consonantes tel que $h_1 \sqsubseteq_\varphi h_2$ et ayant le même ensemble d'ordonnancement consonant $\mathcal{I} = \{\mathcal{I}_u / u \in [0,1]\}$. Alors $\varphi_{12} = \varphi_1 - \varphi_2$ est une bbd bien définie et consonante sur $\mathcal{I}$.*

Preuve Suivant la Proposition 3, φ_{12} est une cwf bien définie. Comme $\forall (a,b) \in [0,1] \times [a,1]$, si $\nexists u$ tel que $(a,b) = (a_u, b_u)$, alors pour $i \in \{1,2\}$, $\varphi_i(a,b) = 0$ donc $\varphi_{12}(a,b) = 0$, alors suivant la Proposition 7, h_{12}, la correspondante bbd à φ_{12}, est consonante. ∎

Thorme 8 *Soit h une bbd consonante et $\alpha \le \alpha' \in [0,1]$, alors $^\alpha h$ et $^{\alpha'} h$ sont consonantes et $^\alpha h \sqsubseteq_\varphi {}^{\alpha'} h$.*

Preuve Les éléments focaux de $^\alpha h$ et h sont les mêmes, alors $^\alpha h$ est aussi consonante. Soit $b \in [0,1]$,

$$
\begin{aligned}
{}^\alpha q(b) &= \int_{x=b}^{x=1} {}^\alpha h(x)\,dx, \\
&= (1-\alpha) \int_{x=b}^{x=1} h(x)\,dx + \alpha, \\
&= (1-\alpha) q(b) + \alpha.
\end{aligned}
$$

Soit $^\alpha \varphi$ (respectivement $^{\alpha'}\varphi$) la cwf correspondante à $^\alpha h$ (respectivement $^{\alpha'} h$). Soit $b \in [0,1[$, nous avons alors

$$
\begin{aligned}
{}^\alpha \varphi(b) &= \frac{{}^\alpha h(b)}{{}^\alpha q(b)} = \frac{(1-\alpha)h(b)}{(1-\alpha)q(b)+\alpha}, \\
&= \frac{h(b)}{q(b)+\frac{\alpha}{1-\alpha}}, \\
&\ge \frac{h(b)}{q(b)+\frac{\alpha'}{1-\alpha'}}, \\
&\ge {}^{\alpha'}\varphi(b).
\end{aligned}
$$

Donc, $^\alpha h \sqsubseteq_\varphi {}^{\alpha'} h$. ∎

Remarque: Soient f_1 et f_2 deux bbd consonantes ayant le même ensemble d'ordonnancement consonant $\mathcal{I}$. Alors, $f_1 \sqsubseteq_q f_2$ équivaut à : $\forall b \in [0,1]$, $q_1(b) \le q_2(b)$. Et $f_1 \sqsubseteq_s f_2$ équivaut à : $\forall b \in [0,1]$, $h_1(b) = \int_{x=b}^1 s(b,x) h_2(x)\,dx$, où s est une distribution définie sur tout intervalle de $[0,1]$ et vérifiant $\forall x \in [0,1]$, $\int_{t=0}^x s(t,x) = 1$.

Comme dans la Sous-Section 1.2.1, nous étendons la notion d'affaiblissement comme suit :

Dfinition 4 *Soient h_1 et h_2 deux bbd normalisées, non-dogmatiques et consonantes. Si $h_1 \sqsubseteq_\varphi h_2$ alors h_2 est un affaiblissement généralisé de h_1, noté $h_2 = {}^{\alpha_\varphi} h_1$. De la même façon, nous définissons l'anti-affaiblissement par $h_1 = {}^{\overline{\alpha_\varphi}} h_2$.*

Remarque: Soit h une bbd définie sur $[0,1]$ telle que $\exists b_0 \in]0,1] / q(b_0) > 0$ et $\forall b > b_0$, $h(b) = q(b) = 0$. Si elle est définie uniquement sur $[0,b_0]$, φ respecte l'hypothèse 'non-dogmatique'. Nous proposons d'étendre la définition de φ à $[0,1]$ de la manière suivante. $\forall b \in]b_0, 1]$, $\varphi(b) = +\infty$. En utilisant une telle définition de φ, on peut retrouver les expressions de h et q sur $[0,1]$ à partir de celle de φ. Par ailleurs, si h est définie sur $[0,1]$ telle que $\exists b_0 \in]0,1] / \lim_{b \to b_0} q(b_0) = 0$ et $\forall b > b_0$, $h(b) = q(b) = 0$, φ pourra être définie sur $[0,b_0[$. En utilisant, les expressions (1.13) et (1.14), on peut retrouver respectivement

q et h en fonction de φ. Nous proposons ainsi l'extension suivante de la définition de φ à $[0,1] : \forall b \in [b_0, 1]$, $\varphi(b) = +\infty$. En utilisant de telles définitions de φ, on peut retrouver les expressions de h et q dans $[0,1]$ en fonction de φ. Donc, comme dans le cas discret, la définition de la fonction cwf pourra être étendue pour une bbd dogmatique consonante.

Combinaison

Dans cette section, nous supposons que h est une fonction bornée sur l'intervalle considéré. Ici, nous proposons une extension de la règle prudente dans le cas continu. Cette étude sera restreinte au cas ou $q_1(b) > q_2(b)$ pour $b \in]0,1]$ ou inversement. Bien que restrictif, ce cas couvre de nombreuses applications. En particulier, quand le Principe du Moindre Engagement est appliqué pour choisir la fonction de croyance la moins engagée dans un ensemble de bbd isopignistiques et quand la probabilité pignistique $Betf$ est gaussienne. Ainsi, on verra que deux bbd correspondant à deux valeurs différentes de variance vérifient cette hypothèse.

Thorme 9 *Soit h_1 et h_2 deux bbd consonantes dans $[0, A]$ telles que h_1 et h_2 sont des fonctions bornées dans $[0, A]$, $h_1 \sqsubseteq_q h_2$, $h_1(0) = h_2(0)$, $q_1(0) = q_2(0)$, $\forall x \in]0, A]$, $h_2(x) > 0$ et $q_1(x) < q_2(x)$ alors $h_2 = \mathrm{LC}_{\mathrm{bbd}}\{\mathcal{S}_s(h_1) \cap \mathcal{S}_s(h_2)\}$ et $h_1 = \mathrm{MC}_{\mathrm{bbd}}\{\mathcal{G}_s(h_1) \cap \mathcal{G}_s(h_2)\}$.*

Preuve D'une part, suivant le Théorème 15, $h_1 \sqsubseteq_s h_2$, donc $\mathcal{S}_s(h_1) \subset \mathcal{S}_s(h_2)$ et $\mathcal{G}_s(h_2) \subset \mathcal{G}_s(h_1)$. D'autre part, $h_1 = \mathrm{MC}_{\mathrm{bbd}}\{\mathcal{G}_s(h_1)\}$ et $h_2 = \mathrm{LC}_{\mathrm{bbd}}\{\mathcal{S}_s(h_2)\}$. Donc, $h_2 = \mathrm{LC}_{\mathrm{bbd}}\{\mathcal{S}_s(h_1) \cap \mathcal{S}_s(h_2)\}$ et $h_1 = \mathrm{MC}_{\mathrm{bbd}}\{\mathcal{G}_s(h_1) \cap \mathcal{G}_s(h_2)\}$. ∎

En respectant les conditions du Théorème 15, la loi prudente ($\oslash$) est définie par : $q_{1 \oslash 2} = \min\{q_1, q_2\}$, et d'une façon similaire au cas discret, la bbd (h_0) correspondant à la corrélation pourra être déduite à partir de sa communalité $q_0 = \max\{q_1, q_2\}$.

Comme dans le cas discret, nous proposons l'affaiblissement de h_0. Cet affaiblissement est lié au degré de non-distinction ($\varrho \in [0,1]$) : h_0 est ainsi remplacée par $^{\varrho}\varphi h_0$, et la loi $^{\varrho}\oslash$ est étendu au cas continu comme suit :

$$q_{1 \varrho \oslash 2} = \frac{q_1 \oslash 2}{^{\varrho}\varphi q_0}. \tag{1.15}$$

Thorme 10 *Soient h_1 et h_2 deux bbd consonantes ayant le même ensemble d'ordonnancement consonant $\mathcal{I}$. Alors, $h_{1 \varrho \oslash 2}$ définie dans (1.15) est une bbd bien définie et consonante sur $\mathcal{I}$. Et $q_{1 \varrho \oslash 2} = \overline{^{\varrho \varphi}} q_{1 \oslash 2} = \overline{^{\varrho \varphi}} q_1 \oslash \overline{^{\varrho \varphi}} q_2$*

Preuve La preuve est similaire à celle du Théorème 7 avec la Proposition 8 et le Théorème 8 qui remplacent respectivement la Proposition 5 et le Théorème 5. ∎

1.3   Application au cas de $Betf$ gaussienne

Dans les sections précédentes, nous avons tout d'abord rappelé les propriétés fondamentales de la théorie des croyances et du MCT, et ensuite nous avons proposé un nouveau modèle de combinaison développé dans le cas consonant et appelé la règle 'prudente adaptative'. Dans cette section, nous présentons sa mise en œuvre pratique par notre application, à savoir dans le cas de $Betf$ gaussienne.

Rappelons d'abord les points clés suivants :

1. On ne considère que des croyances ayant le même ensemble d'ordonnancement consonant.

2. A partir de deux sources de croyance E_1 et E_2, on s'intéresse exclusivement à l'ensemble des bba (ou bbd dans le cas continu) plus engagées que E_1 et E_2 : $\mathcal{S}(m_1) \cap \mathcal{S}(m_2)$ (ou $\mathcal{S}(h_1) \cap \mathcal{S}(h_2)$), i.e. nous supposons que la mise en commun des sources d'information les précise mutuellement. La règle 'prudente adaptative' permet alors d'avoir un résultat de la combinaison de E_1 et E_2 qui se situe entre la bba la moins engagée de $\mathcal{S}_s(m_1) \cap \mathcal{S}_s(m_2)$ (ou bbd de $\mathcal{S}_s(h_1) \cap \mathcal{S}_s(h_2)$) et la bba (ou bbd) correspondant à l'application de la règle conjonctive $m_1 \odot m_2$ ($h_1 \odot h_2$) qui suppose que les deux sources sont entièrement distinctes.

3. N'importe quelle application de l'affaiblissement généralisée à la 'corrélation' m_0 (ou h_0) produit une instantiation de la loi prudente adaptative.

4. Cependant, pour une application pratique, l'affaiblissement de m_0 (ou h_0) doit être paramétrisé avec un petit nombre de paramètres. Dans le cas discret, on peut choisir le coefficient α (le facteur de fiabilité : $1-\alpha$) apparaissant en affaiblissement classique (vu comme un cas particulier d'affaiblissement généralisé). Dans le cas continu, quand la bbd est gaussienne (bbd la moins engagée au sens de l'ordonnancement q-ordering parmi l'ensemble des bbd isopignistiques ayant une $Betf$ gaussienne), afin d'affaiblir h_0 nous proposons un facteur divisant l'écart type de $Betf$ (affaiblissement généralisé).

1.3.1 Estimation des fonctions de croyance

Dans cette sous-section, nous supposons que nos connaissances sont partielles et imprécises, donnant lieu à des 'paris'. Chaque information d'une source de croyance est alors présentée par une probabilité pignistique $Betf$. Nous supposons dans ce qui suit que $Betf$ est gaussienne de moyenne et écart type (μ_i, σ_i).

D'après Smets (2005b), pour une $Betf$ 'en forme de cloche' définie sur $\mathbb{R}$ avec un mode μ, la bbd la q-LC_{bbd} est consonante non nulle uniquement pour $(a, b) \in\ ]-\infty, \mu] \times [\mu, +\infty[$ avec : $f(a, b) = h(b)\delta(a - \gamma(b))$, tels que la fonction γ vérifie $Betf(\gamma(b)) = Betf(b)$ et :

$$h(b) = (\gamma(b) - b)\frac{dBetf(b)}{db}.$$

Pour $Betf$ gaussienne avec un écart type σ (apparaissant comme un paramètre dans la fonction de croyance), la q-LC$_{\text{bbd}}$ bbd s'écrit pour $x \geq \mu$ et $y = \frac{x-\mu}{\sigma}$:

$$
\begin{aligned}
\bar{h}^\sigma(y) &= 2\frac{y^2}{\sqrt{2\pi}} \exp\left[-\frac{y^2}{2}\right], \\
\bar{q}^\sigma(y) &= 2\frac{y}{\sqrt{2\pi}} \exp\left[-\frac{y^2}{2}\right] + \operatorname{erfc}\left[\frac{y}{\sqrt{2}}\right], \\
\bar{\varphi}^\sigma(y) &= \frac{y^2}{y + \sqrt{\frac{\pi}{2}} \exp\left[\frac{y^2}{2}\right] \operatorname{erfc}\left[\frac{y}{\sqrt{2}}\right]},
\end{aligned}
\qquad (1.16)
$$

avec $\operatorname{erfc}(x) = \frac{2}{\sqrt{\pi}} \int_x^{+\infty} \exp -[t^2] dt$ et le bar est ajouté sur les différents fonctions pour dire que c'est pour des variables centrées normalisées (utilisant y).

Notons que, $h^\sigma(x) = \bar{h}^\sigma(y)/\sigma$, $q^\sigma(x) = \bar{q}^\sigma(y)$ et $\varphi^\sigma(x) = \bar{\varphi}^\sigma(y)/\sigma$. h^σ et φ^σ sont définies uniquement pour $x \geq \mu$ et q^σ est symétrique par rapport à μ.

En pratique, nous proposons ici de négliger les valeurs de x vérifiant $|x - \mu| > 3\sigma$, i.e. $|y| > 3$ (les fonctions de croyance sont tronquées dans l'intervalle $[\mu - 3\sigma, \mu + 3\sigma]$).

Proposition 9 *Soient $\sigma_1, \sigma_2 \in]0, +\infty[$ tels que $\sigma_1 \leq \sigma_2$, alors $h^{\sigma_2} = \text{LC}_{\text{bbd}}\{\mathcal{S}_s(h^{\sigma_1}) \cap \mathcal{S}_s(h^{\sigma_2})\}$ et $h^{\sigma_1} = \text{MC}_{\text{bbd}}\{\mathcal{G}_s(h^{\sigma_1}) \cap \mathcal{G}_s(h^{\sigma_2})\}$.*

Preuve h_1 et h_2 sont bornées, $h_1(\mu) = h_2(\mu) = 0$ et $q_1(\mu) = q_2(\mu) = 1$. Or, $\forall x \in]\mu, \infty[$, $h^\sigma(x) > 0$, donc q^σ est une fonction strictement décroissante. Soit $x \in]\mu, +\infty[$, $x > \frac{\sigma_1}{\sigma_2}x$, $q^{\sigma_1}(x) < q^{\sigma_1}(\frac{\sigma_1}{\sigma_2}x) = q^{\sigma_2}(x)$. Alors, $h^{\sigma_1} \sqsubseteq_q h^{\sigma_2}$. Donc d'après le Théorème 9, $h^{\sigma_2} = \text{LC}_{\text{bbd}}\{\mathcal{S}_s(h^{\sigma_1}) \cap \mathcal{S}_s(h^{\sigma_2})\}$ et $h^{\sigma_1} = \text{MC}_{\text{bbd}}\{\mathcal{G}_s(h^{\sigma_1}) \cap \mathcal{G}_s(h^{\sigma_2})\}$. ∎

Maintenant, nous proposons une méthode pour définir l'affaiblissement généralisée dans le cas gaussien. Selon la Proposition 12 (l'Annexe E), si $\sigma_1 \leq \sigma_2$ alors $h^{\sigma_1} \sqsubseteq_\varphi h^{\sigma_2}$. Donc, une augmentation de σ pourra être vue comme un affaiblissement généralisé défini à partir d'un paramètre $\varrho \in [0,1]$,

$$
{}^\varrho\varphi h^\sigma = h^{\frac{\sigma}{\varrho}}. \qquad (1.17)
$$

D'où, pour deux bbd consonantes h_1 et h_2 égales respectivement à h^{σ_1} et h^{σ_2} telles que $\sigma_1 \leq \sigma_2$ et suivant la définition de la règle prudente adaptative dans le cas continu (cf. la Section 1.2.2), la Proposition 9 et l'équation (1.17), l'expression de la loi prudente adaptative pour un $\varrho \in [0,1]$ donné est alors :

$$
q_{1\varrho\otimes 2} = \frac{q^{\sigma_1} q^{\sigma_2}}{q^{\frac{\sigma_2}{\varrho}}}. \qquad (1.18)
$$

Pour finir l'explication de la stratégie de fusion, deux points doivent être précisés : (i) dans quel cas la règle de combinaison proposée peut être utilisée, (ii) comment une décision est obtenue.

Concernant la règle de combinaison, la règle prudente adaptative est utilisée uniquement quand les sources à combiner ont le même ensemble d'ordonnancement consonant. Sinon elles sont considérées comme distinctes et la règle conjonctive est appliquée. En pratique, cela veut dire qu'après avoir estimé les densités de croyance, les valeurs des moyennes (μ_i) sont comparées et si leur différence absolue est supérieure à un certain seuil de précision ε, les sources de croyance sont supposées distinctes et elles sont combinées avec la règle conjonctive. Sinon, la règle prudente adaptative proposée est appliquée.

Concernant la décision, elle est classiquement prise en utilisant la densité de probabilité pignistique estimée à partir de la densité de croyance obtenue après avoir combiné toutes les sources de croyance. Notons que comme souvent une des sources possède un ensemble d'ordonnancement consonant différent de ceux des autres sources, la combinaison n'est alors plus consonante et les intervalles considérés $[a_u, b_u]$ sont quelconques. Ainsi, la densité de probabilité pignistique doit être calculée suivant (1.7).

1.3.2 Cas d'école

Dans cette sous-section, nous étudions et nous discutons les résultats de fusion dans le cas gaussien. Pour ceci, nous étudions quelques exemples simples.

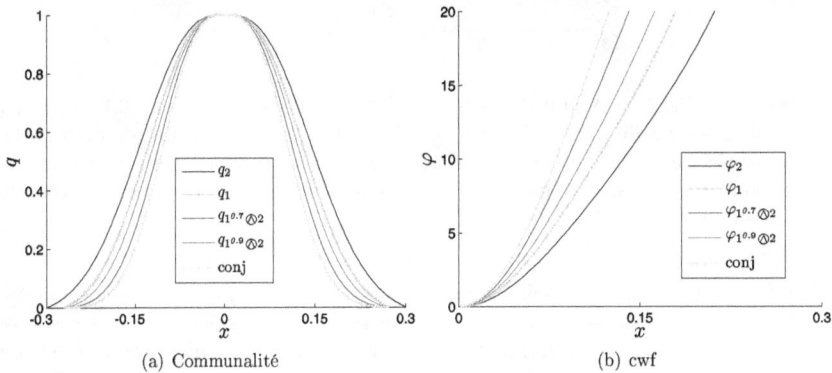

(a) Communalité (b) cwf

FIGURE 1.1 – Exemple de fusion de deux bbd h_1 et h_2 en utilisant la règle prudente adaptative. $h_1 = h^{0.09}$ et $h_2 = h^{0.1}$. Trois résultats de fusion : la règle conjonctive, la règle prudente adaptative $\varrho = 0.7$ et $\varrho = 0.9$.

La Figure 1.1 montre les courbes relatives des résultats de la fusion en utilisant la règle prudence adaptative : la courbe de communalité résultante (respectivement la cwf) prend des valeurs entre q_1 (respectivement φ_1) et la communalité (respectivement la cwf) obtenue en utilisant la règle de fusion conjonctive.

Dans les trois Figures qui suivent (appelées 1.2, 1.3 et 1.4), nous étudions un exemple de fusion de trois bbd h_1, h_2 et h_3 en utilisant la règle prudente adaptative. Ces trois bbd sont les q-LC$_{\mathrm{bbd}}$ relativement à trois probabilités pignistiques $Betf_i = \mathcal{N}(\mu_i, \sigma_i)$ tels que, $\mu_1 = \mu_2 = 0$ et $\sigma_1 = \sigma_3 = 0.1$ (les autres paramètres sont données dans les légendes des figures concernées). Comme h_1 et h_2 ont le même ensemble d'ordonnancement consonant $\mathcal{I}$, elles sont combinées en utilisant la règle prudente adaptative et donnant ainsi une croyance h. h est alors combinée avec h_3 en utilisant la règle conjonctive. Nous proposons alors d'étudier la sensibilité du résultat final au paramètre d'affaiblissement de la corrélation (ϱ) entre h_1 et h_2.

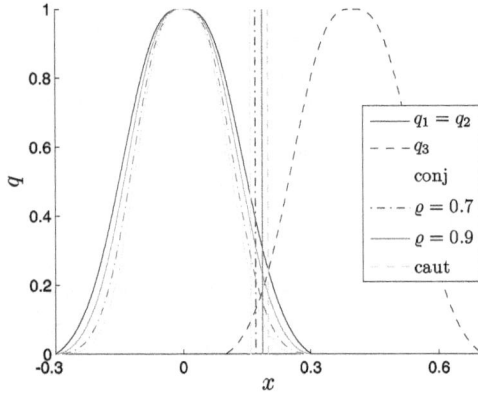

FIGURE 1.2 – $Betf_1 = \mathcal{N}(0, 0.1)$, $Betf_2 = \mathcal{N}(0, 0.1)$ et $Betf_3 = \mathcal{N}(0.4, 0.1)$. h_1 et h_2 sont combinées en utilisant une des quatre règles : conjonctive, prudente adaptative avec $\varrho = 0.7$ et $\varrho = 0.9$, et règle prudente (correspondant à q_1). Les courbes et les segments de droites représentent respectivement les fonctions de communalité et les décisions concernant l'estimation de x.

La Figure 1.2 montre les courbes de communalité de h_1, h_2 et h_3 et les valeurs des décisions (indiquées par les traits verticaux) en fonction de la corrélation considérée entre h_1 et h_2 : 0 (conjonctive), 0.7, 0.9 et 1 (prudente). Les règles conjonctive et prudente donnent des résultats d'estimation de la valeur de x différentes, respectivement 0.16 et 0.2. La combinaison prudente de h_1 et h_2 donne une croyance (h) correspondant à $Betf = \mathcal{N}(0, 0.1)$. Comme h_3 correspond à $Betf_3 = \mathcal{N}(0.4, 0.1)$, alors h et h_3 ont le 'même poids' dans la fusion et donc le résultat de combinaison est à mi-chemin entre les deux distributions ($(0+0.4)/2=0.2$). La règle conjonctive donne plus de 'poids' à h que h_3, donc le résultat est plus proche de 0 que de 0.4. Finalement, en variant ϱ de 0 à 1, le résultat de combinaison varie dans l'intervalle [0.16,0.2] de la combinaison conjonctive à la prudente.

La Figure 1.3 montre la variation de la décision en fonction de ϱ pour différentes valeurs de σ_2. Comme précédemment (Fig. 1.2), la décision varie de la conjonctive à la prudente. Pour $\varrho = 1$ (le cas de la règle prudente) permet d'avoir h gaussienne correspondant à $Betf = \mathcal{N}(0, 0.1)$ et le résultat de la fusion est toujours égal à 0.2. L'augmentation de σ_2 de 0.1 à 0.4 conduit à une réduction de la dynamique de la différence entre résultats obtenus en utilisant différentes règles de combinaison. En effet, l'augmentation de σ_2 correspond à un affaiblissement généralisé de la source 2, qui perd son poids en décision progressivement, ainsi h tend vers h_1, et la règle conjonctive tend vers la règle prudente.

La Figure 1.4 montre la variation de la décision en fonction de μ_3. Pour une valeur fixe de ϱ, la valeur du résultat de la décision augmente avec μ_3 prenant ainsi en compte

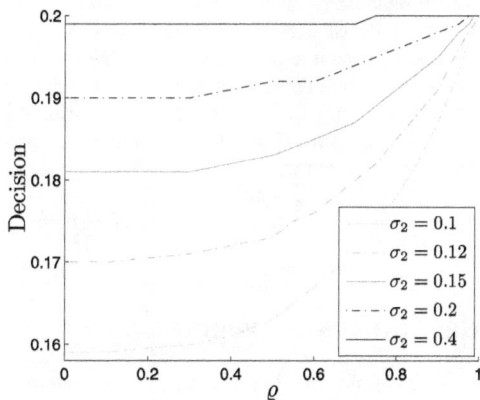

FIGURE 1.3 – $Betf_1 = \mathcal{N}(0, 0.1)$, $Betf_2 = \mathcal{N}(0, \sigma_2)$ et $Betf_3 = \mathcal{N}(0.4, 0.1)$. Chaque courbe correspond à une valeur de décision pour une valeur de σ_2 donnée, lorsque ϱ varie de 0 à 1.

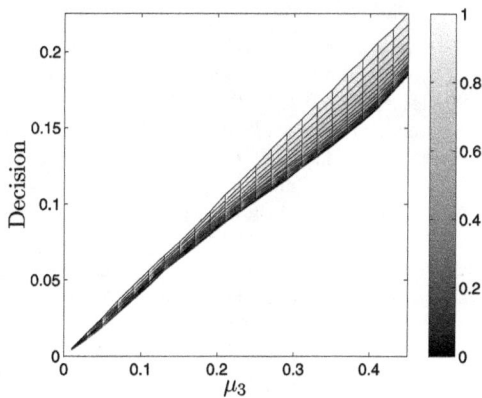

FIGURE 1.4 – $Betf_1 = \mathcal{N}(0, 0.1)$, $Betf_2 = \mathcal{N}(0, 0.1)$ et $Betf_3 = \mathcal{N}(\mu_3, 0.1)$. Le niveau de gris représente la valeur de ϱ échantillonnée entre 0 et 1 avec un pas égal à 0.05.

129

la distance entre les croyances individuelles. Comme dans les Figures 1.2 et 1.3, pour une valeur fixée de μ_3, la valeur de la décision augmente en fonction de ϱ. Encore une fois, dans le cas de la règle prudente la décision est à mi-chemin entre h et h_3, et donc augmente linéairement en fonction de μ_3 avec une pente égale à 0.5. Notons que la différence entre la règle conjonctive et la prudente augmente avec μ_3, ce qui veut dire pour des sources présentant des estimations similaires (ayant un conflit bas) utiliser la règle conjonctive ou la règle prudente donne des résultats proches, et pour des sources en désaccord, la corrélation entre sources affecte d'autant plus les résultats. Finalement, notons que les valeurs significatives de corrélation (donnant des résultats distincts de ceux obtenus par la règle conjonctive) sont supérieures à 0.65 (le pas d'échantillonnage de ϱ étant égal à 0.05).

1.4 Fusion des indices de végétation

Dans cette section, nous appliquons la méthode proposée pour combiner des indices de végétation afin d'améliorer l'estimation individuelle du fCover associé à chacun.

Les indices de végétation utilisés sont ceux étudiés dans le chapitre précédent (voir la Table 3.2). En plus de ces indices classiques, nous considérons aussi les deux versions de notre méthode d'inversion en utilisant comme algorithme d'optimisation soit le Simplex soit le SCE-UA.

Nous évaluons tout d'abord d'abord les performances de notre modèle sur des données simulées et en suite nous l'appliquons sur nos données réelles.

1.4.1 Résultats dans le cas des données simulées

Dans cette sous-section, les données simulées sont considérées afin d'évaluer la fusion indépendamment de la précision de la vérité terrain. Nos simulations sont obtenues en utilisant les modèles couplés Adding/PROSPECT. Ces modèles sont appliqués dans le cas d'un couvert composé d'une couche de végétation au-dessus du sol (cf. Figure 1.8). Les paramètres d'entrée et de sortie des modèles (sol, végétation et géométrie de la scène) ainsi que leurs appellations sont présentés dans la Section 3.3.1. Ces paramètres sont utilisés afin de simuler des mesures de télédétection à partir desquelles les indices de végétation sont calculés.

Le fCover est échantillonné de 0 à 0.99 avec un pas d'échantillonnage égal à 10^{-2} alors que dans la Section 3.3.1, le pas d'échantillonnage était de 0.1. En effet, dans cette étude nous avons besoin de plus d'échantillons afin d'avoir une estimation précise de la distribution de fCover sachant une valeur d'indice de végétation donnée. Les paramètres de la droite des sols (pente et ordonnée à l'origine) sont fixés égaux à $(1.6, 0)$ et le domaine de variation de la réflectance du sol dans la bande spectrale du Rouge est égal à $[0.025, 0.325]$.

Plusieurs simulations ont été faites. Ici nous présentons uniquement deux cas typiques correspondant respectivement à des données non-bruitées et bruitées. La Table 1.1 montre les ensembles des paramètres utilisés dans les simulations. Le premier ensemble de simulations est sans bruit, il représente une végétation verte avec une concentration élevée en pigments et une faible valeur de structure mésophylle. Le second ensemble simule une

TABLE 1.1 – Ensemble de simulations utilisées pour évaluer les performances de la méthode. La famille des isolignes est obtenue en faisant varier le fCover de 0 à 0.99 (le pas d'échantillonnage est égal à 0.01). Quand 'Sdv=0' (par défaut pour les 4 derniers paramètres), la valeur du paramètre est donnée en premier colonne (ou l'unique valeur), sinon il est une valeur aléatoire générée à partir d'une distribution normale $\mathcal{N}$(M,Sdv). Pour une ligne donnée, les cases grisées montrent les différences par rapport à la première ligne.

Test	C_{a+b}		N		hs		ALA	θ_s	θ_o	φ_o
	*M	†Sdv	M	Sdv	M	Sdv				
1	30	0	1.5	0	0.3	0	45°	30°	50°	0°
2	30	6	1.7	0.3	0.3	0.05	45°	30°	30°	0°

a. Valeur moyenne
b. Écart-type

variation spatiale des paramètres de la végétation en utilisant un écart-type non-nul correspondant à différents types de végétation et l'existence de végétation sénescente. Pour chacun des deux tests et pour chaque valeur d'indice de végétation IV, nous calculons la distribution de fCover ($Betf$(fCover|IV)) qui est supposé gaussienne, ce qui revient ainsi à estimer la moyenne et l'écart-type.

Par ailleurs, dans cette étude, les 'corrélations' entre les couples d'indices de végétation ont été fixées comme des paramètres (supervisés) a priori définies à partir de nos connaissances générales sur les indices. Ainsi, dans cette étude, nous supposons l'indépendance entre les indices de végétation (i.e. $\varrho = 0$) excepté entre :

– le PVI et le WDVI qui sont liés linéairement et donc pour lesquels nous supposons que la corrélation vaut 1.0,
– le RVI et le NDVI, qui sont liés non-linéairement ($NDVI = \frac{RVI-1}{RVI+1}$) pour lesquels nous supposons que la corrélation vaut 0.9, et
– le Simplex et le SCE-UA diffèrent uniquement par le type d'optimisation utilisée (locale ou globale) pour lesquels nous supposons que la corrélation est de 0.8.

Les performances de la méthode ont été évaluées à partir de deux paramètres : (i) la précision de la méthode représentée à l'aide de l'erreur L1 qui est la moyenne de la différence absolue entre la valeur estimée du fCover et la vraie valeur du fCover (utilisée pour la simulation par le modèle), et (ii) la robustesse de la méthode représentée par l'écart-type de l'erreur L1. Dans les figures qui suivent, l'axe des abscisses et l'axe des ordonnées représentent respectivement ces deux paramètres.

La Figure 1.5 montre les résultats obtenus dans le cas de données non-bruitées (la Table 1.1, premier scénario). Dans la Figure 1.5a, la robustesse de la méthode en fonction de sa précision est présentée en considérant respectivement chaque indice de végétation individuellement (avant ou après correction de son biais évalué durant la phase d'apprentissage des paramètres de la probabilité pignistique) ou la combinaison de deux ou trois indices de végétation. Quand trois indices de végétation sont combinés, nous comparons les résultats en utilisant la règle conjonctive classique (en supposant l'indépendance cognitive des sources) et la règle prudente adaptative proposée. En particulier, la Figure 1.5a permet la comparaison de ces deux règles de combinaison à partir des résultats appe-

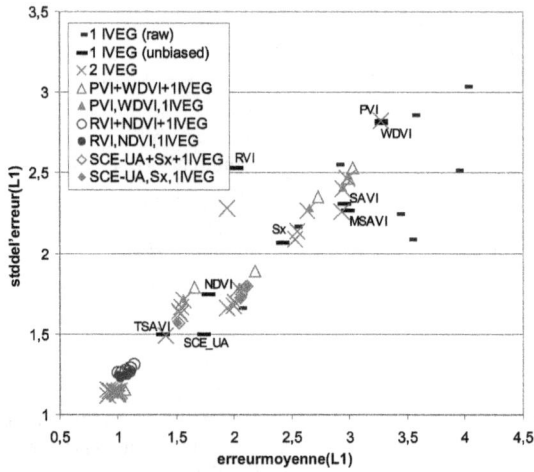

(a)

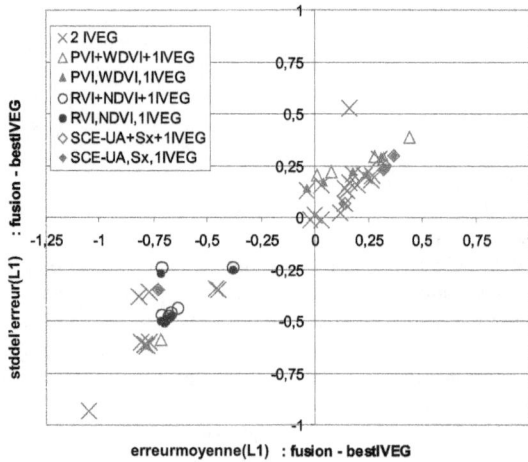

(b)

FIGURE 1.5 – Évaluation de la performance de la fusion (robustesse en fonction de la précision) à partir des données simulées par le modèle couplé Adding/PROSPECT : (a) comparaison des résultats obtenus en utilisant chaque indice de végétation individuellement ou en combinant plusieurs indices de végétation, (b) différence entre les performances de la fusion multi-indices et la meilleure performance obtenue à partir d'un indice parmi ceux impliqués dans la fusion.

lés 'PVI+WDVI+1IVEG' et 'PVI,WDVI,1IVEG' qui correspondent respectivement à la règle conjonctive appliquée à trois indices (parmi les neuf considérés) deux parmi eux étant le PVI et le WDVI, et la règle prudente adaptative appliquée sur les mêmes indices (ou à partir des résultats appelés 'RVI+NDVI+1IVEG' et 'RVI,NDVI,1IVEG', et à partir des résultats appelés 'SCE-UA+Sx+1IVEG' et 'SCE-UA,Sx,1IVEG', leur interprétation étant la même que pour 'PVI+WDVI+1IVEG' et 'PVI,WDVI,1IVEG' mais en remplaçant le PVI et le WDVI par RVI et NDVI, ou par le SCE-UA et le Simplex (d'abréviation 'Sx'). Tout d'abord, nous notons que le résultat de la combinaison de deux indices est généralement meilleur que celui obtenu en considérant uniquement un indice et que la combinaison de trois indices est généralement meilleure que la combinaison de deux. Nous comparons ensuite la fusion avec la règle conjonctive et celle avec la règle prudente adaptative. Les résultats sont tracés respectivement avec des symboles vides et pleins. Nous notons que les résultats sont plutôt proches (ce qui n'est pas très surprenant puisqu'ils utilisent le même ensemble d'indices de végétation et le même cadre de croyance) mais il existe quasiment toujours une légère amélioration en utilisant la règle prudente adaptative. Afin d'évaluer précisément les performances de la fusion par rapport aux indices de végétation pris individuellement, dans la Figure 1.5b on compare le résultat de la fusion à celui du meilleur (pour chacun des deux critères : précision et robustesse de l'estimation du fCover) indice impliqué dans la fusion considérée. Comme la Figure 1.5b représente la différence signée entre la performance de la fusion et celle des indices pris individuellement, les valeurs négatives signifient que la fusion donne un résultat meilleur que n'importe quel indice impliqué dans la fusion. A partir de la Figure 1.5b, nous notons qu'il existe deux groupes de points. Le premier groupe correspond aux points (i.e combinaisons) avec des valeurs uniquement négatives, i.e. correspond à ce que nous appelons fusion 'optimale' car impliquant une amélioration des deux critères (précision et robustesse). Le deuxième ensemble de points est autour de zéro avec la plupart des valeurs légèrement positives, i.e. correspondant à une fusion soit améliorant uniquement un des paramètres, soit aucun relativement au 'meilleur' indice de végétation. Dans ce dernier cas, la fusion introduit des performances intermédiaires entre celles des indices de végétation impliqués (dans la fusion considérée). En particulier, les combinaisons impliquant le TSAVI ou le SCE-UA sont meilleures que le 'meilleur' indice uniquement dans environ un ou deux cas. Ce résultat n'est pas surprenant vu que ces indices sont déjà très performants. Notons encore une fois que nous pouvons voir que la règle conjonctive (les symboles vides) donne des résultats moins bons que la règle prudente adaptative (les symboles pleins).

Les Figures 1.6a et 1.6b sont similaires aux Figures 1.5a et 1.5b excepté qu'elles correspondent à des simulations bruitées (Table 1.1, second scénario). En comparant la Figure 1.5 et la Figure 1.6, nous notons que, dans le cas non-bruité, de bonnes performances sont obtenues à partir des combinaisons impliquant le RVI ou le NDVI tandis que le PVI ou le WDVI mènent plutôt à des faibles performances, ce qui est le contraire dans le cas non-bruité : les faibles performances ont été obtenues pour des combinaisons impliquant le RVI et le NDVI en revanche le PVI et le WDVI conduisent à de bonnes performances. En effet, en absence de bruit, les isolignes de végétation possèdent une pente croissante (en fonction du fCover) comme modélisé par le RVI et le NDVI, en revanche, quand le bruit augmente, les isolignes (à densité de végétation constante) deviennent plus parallèles comme modélisé par le PVI ou le WDVI. Nous notons aussi qu'en absence de bruit le TSAVI donne

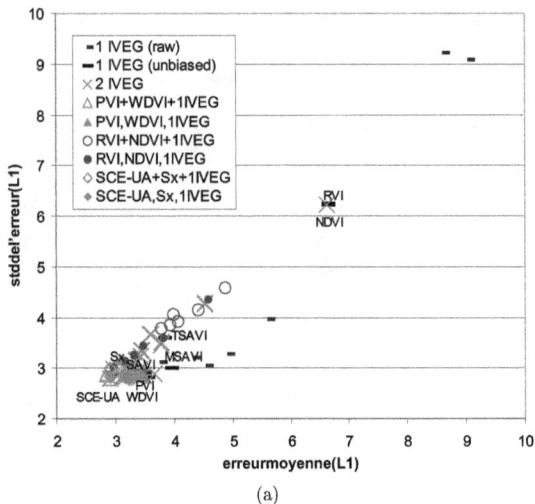

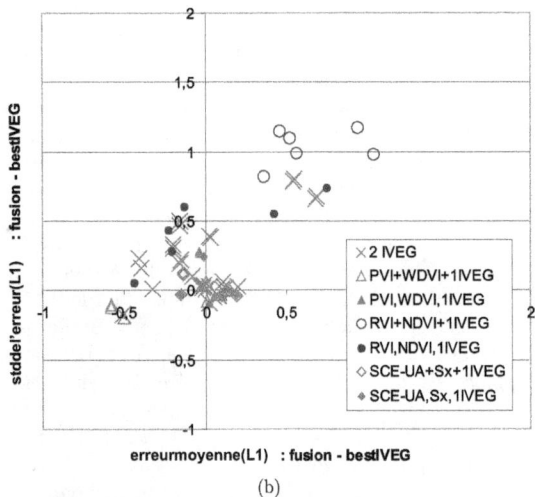

FIGURE 1.6 – Évaluation de la performance de la fusion (robustesse en fonction de la précision) à partir de données simulées bruitées par le modèle couplé Adding/PROSPECT : (a) comparaison des résultats obtenus en utilisant chaque indice de végétation individuellement ou en combinant plusieurs indices de végétation, (b) différence entre les performances de la fusion multi-indices et la meilleure performance obtenue à partir d'un indice parmi ceux impliqués dans la fusion.

de meilleurs résultats que le SAVI et le MSAVI, par contre, quand le bruit devient important de meilleures performances sont obtenues en utilisant le SAVI ou le MSAVI (plutôt que le TSAVI). Ces commentaires montrent la difficulté de choisir un 'meilleur' indice de végétation qui soit universel (en particulier le niveau de bruit n'est pas connu donc on ne peut pas utiliser cette information pour choisir un indice de végétation). Les indices de végétation appelés 'SCE-UA' et 'Sx' sont intéressants parce qu'ils s'adaptent au niveau de bruit (nous voyons que pour les simulations des deux niveaux de bruit, ces deux méthodes produisent la deuxième bonne performance). Une autre solution permettant d'améliorer les performances individuelles des indices est de considérer la fusion de plusieurs indices de végétation. Un autre point intéressant montré par la Figure 1.6b est qu'en combinant plusieurs indices, quand les indices 'corrélés' présentent de bonnes performances, le résultat de combinaison est robuste en fonction de la règle de combinaison (conjonctive ou prudente adaptative) − voir les cas de combinaison impliquant le PVI, le WDVI ou le SCE-UA et le 'SX' −, et quand les indices 'corrélés' présentent de faibles performances, l'utilisation de la règle prudente adaptative permet d'améliorer les résultats d'une façon significative − voir les combinaisons impliquant le RVI ou le NDVI.

Finalement, la Figure 1.7 montre une comparaison entre la fusion de croyances et l'estimateur faisant la moyenne arithmétique du fCover estimé à partir de chaque indice évoqué dans la fusion des croyances considérées. En effet, en absence d'information a priori sur les performances des indices considérés, le meilleur estimateur est la moyenne arithmétique. Les valeurs négatives correspondent à la meilleure performance (erreur L1 la plus faible) de la fusion de croyances en la comparant à l'estimateur moyenne arithmétique. Tout d'abord, on peut retrouver les conclusions précédentes concernant l'intérêt de la règle prudente adaptative par rapport à la règle conjonctive, puisque les valeurs correspondant à la première règle sont plus faibles que les valeurs correspondant à la seconde règle. Ainsi, à partir de la Figure 1.7, l'intérêt du cadre de la théorie des croyances est illustré par le fait que presque toutes les combinaisons considérées donnent des valeurs négatives, ceci dans les deux cas : non-bruité ou bruité.

1.4.2 Application aux données réelles

Après avoir validé notre modèle sur des données simulées, nous proposons de le tester sur des données réelles. Nous l'appliquons ainsi sur nos données Quickbird du 22/03/2006 sur le bassin du Yar (pour plus d'information voir la Sous-Section 3.3.2).

La Figure 1.8 montre les résultats obtenus présentés en termes de robustesse en fonction de la précision (comme dans le cas les données simulées). Dans cette partie de l'étude, l'ensemble de toutes les combinaisons de deux indices est divisé en 3 groupes à savoir : (i) les combinaisons impliquant soit la méthode d'estimation du fCover par le Simplex (Sx) soit le SCE-UA, (ii) parmi les combinaisons restantes, les combinaisons impliquant soit le SAVI soit le TSAVI soit le MSAVI, et (iii) les combinaisons restantes (impliquant uniquement les indices 'basiques' : PVI, WDVI, RVI et NDVI).

A partir de la Figure 1.8a, les combinaisons impliquant soit la méthode Simplex soit le SCE-UA sont meilleures que les autres. Cependant, elles ne permettent pas d'améliorer les résultats obtenus en utilisant uniquement un parmi ces deux indices (excepté la combinaison avec le PVI mais l'amélioration est très faible). En effet, l'estimation du fCover

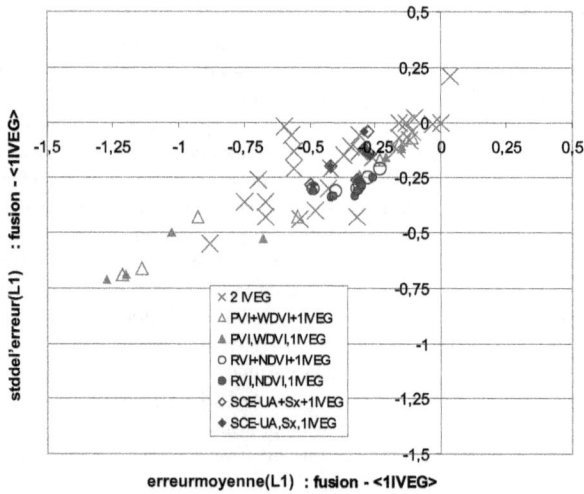

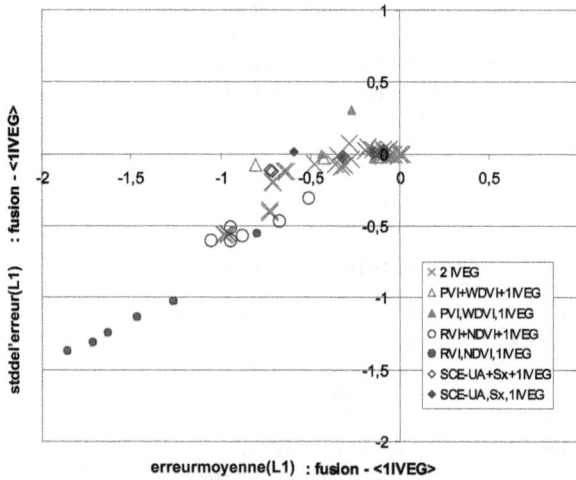

FIGURE 1.7 – Comparaison (différence entre les moments d'erreurs, axe-x de premier et axe-y second ordre) entre la fusion et l'estimateur moyen : (a) données simulées non-bruitées, (b) données simulées bruitées.

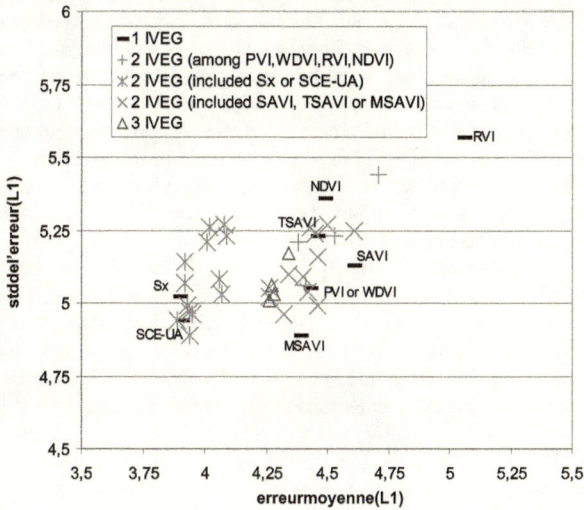

(a)

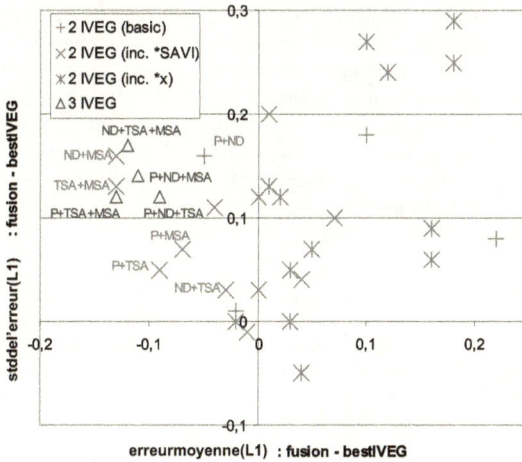

(b)

FIGURE 1.8 – Évaluation de la performance de la fusion (robustesse en fonction de la précision) à partir des données réelles : (a) comparaison des résultats obtenus en utilisant chaque indice de végétation individuellement ou en combinant plusieurs indices de végétation, (b) différence entre les performances de la fusion multi-indices et la meilleure performance obtenue à partir d'un indice parmi ceux impliqués dans la fusion.

à l'aide du SCE-UA (et à un degré plus faible le Simplex) est de bonne qualité et donc d'amélioration difficile. Par ailleurs, ces indices sont plus compliqués que les autres comme ils requièrent une optimisation par la calibration du modèle inverse (cf. le chapitre 3) et qu'on peut aussi vouloir se limiter à la fusion d'indices 'plus simples'. Dans la Figure 1.8b, nous présentons l'amélioration (relativement au 'meilleur' indice de végétation parmi ceux évoqués dans la combinaison) due à la fusion. Nous traitons le cas d'indices de végétation classiques (en excluant le Simplex et le SCE-UA). Les indices impliqués dans une combinaison considérée sont indiqués en omettant l'extension 'VI' ('PVI' devient 'P', 'SAVI' devient 'SA', etc.). Les résultats de combinaisons les plus intéressants sont ceux impliquant des indices complémentaires tels que le PVI et le NDVI et un des *SAVI (SAVI, TSAVI, ou MSAVI). Par ailleurs, on peut constater que les résultats sont très proches, de part la faible sensibilité à la droite des sols, due à la faible dynamique de la réflectance du sol (dont les raisons sont décrites dans la Sous-Section 3.3.2). Ainsi, la fusion de plusieurs indices donne moins d'information que dans le cas des données simulées où les indices de végétation apparaissent plus complémentaires. Notamment la combinaison de trois indices n'améliore pas réellement les résultats obtenus en combinant deux indices.

Finalement, la Figure 1.9 trace l'erreur L1 en fonction de la valeur du fCover. On considère le cas des indices de végétation le PVI, le NDVI, et le MSAVI, et leurs combinaisons successives PVI+NDVI, et PVI+NDVI+MSAVI. Des résultats similaires ont été observés avec d'autres combinaisons de la Figure 1.8b. L'amélioration due à la fusion apparaît successivement pour fCover=1 en combinant le PVI et le NDVI, et pour fCover=0.075 quand on ajoute le TSAVI à la combinaison précédente (PVI+NDVI). Pour les autres valeurs de fCover, la combinaison n'apporte pas nécessairement une amélioration. Cependant, comme déjà mentionné, l'histogramme du fCover est bimodal avec les deux modes correspondant aux valeurs où la fusion améliore les résultats. La Figure 1.9b trace la contribution à l'erreur globale L1 de chaque valeur de fCover (pour une valeur donnée de fCover = p, la somme partielle des erreurs sur les parcelles ayant un fCover égal à p). On voit clairement l'effet des parcelles couvertes (fCover = 1).

1.5   Conclusion

Dans ce chapitre, nous avons proposé une règle de combinaison paramétrée afin de prendre en compte la non-distinction partielle entre les sources. Cette règle s'applique pour des croyances consonantes aussi bien dans le cas discret que continu. Tout au long de ce chapitre, un parallèle entre les deux cas est présenté. Une extension au cas continu de la fonction de poids w a été proposée. Cette extension s'appelle la fonction canonique de poids φ et s'apparente à la densité de la fonction $-\log w$. A l'aide d'une telle fonction nous avons étendu la notion de croyance séparable au cas continu. A partir de la séparabilité, nous avons proposé l'affaiblissement d'une croyance séparable en utilisant sa décomposition canonique. Cette transformation est présentée comme une généralisation de l'affaiblissement classique.

Ayant prouvé l'équivalence entre l'ordonnancement q-odering et s-ordering dans le cas consonant continu, nous avons montré que la loi prudente $q_{1\odot 2} = \min\{q_1, q_2\}$ est aussi optimale dans le sens du s-ordering. Dans ce cas, la 'corrélation' prudente q_0 est égale à

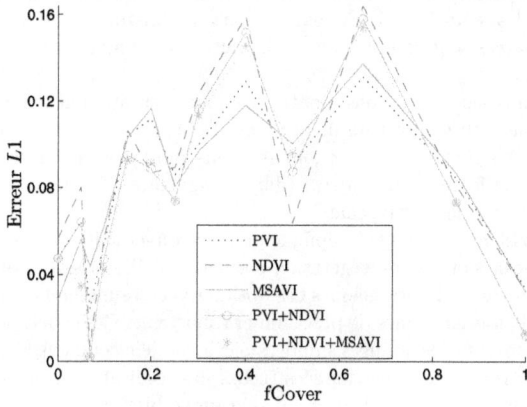

(a)

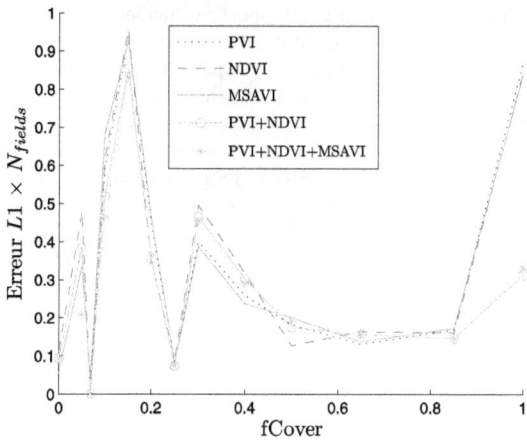

(b)

FIGURE 1.9 – Performances de l'estimation du fCover en fonction du fCover : comparaison entre l'estimation mono-indice et la fusion dans le cas de trois indices de végétation PVI, NDVI et TSAVI, (a) erreur L1 moyenne par valeur de fCover, (b) par valeur de fCover, moyenne de l'erreur L1 multipliée par le nombre de parcelles.

$\max\{q_1, q_2\}$. En s'appuyant sur l'affaiblissement de ce terme, nous avons défini la règle prudente adaptative comme le rapport entre la combinaison conjonctive et la corrélation. Le degré d'affaiblissement est déterminé à partir de connaissances a priori sur la non-distinction entre les sources : si les sources sont non-distinctes, q_0 n'est pas affaiblie, alors que si les sources sont complètement distinctes, 'q_0 affaiblie' est égale à la croyance 'identité'.

Dans le cas Gaussien, nous avons montré que l'augmentation de σ permet d'avoir une croyance moins engagée et donc de définir un affaiblissement généralisé à partir d'une augmentation de σ. Afin d'affaiblir q_0, nous avons modélisé la non-distinction par un facteur $\varrho \in [0, 1]$. Ce facteur divise $\sigma(q_0)$ (donc l'augmente). Ce modèle a été testé et sa sensibilité analysée sur des cas d'école.

Le modèle gaussien a ensuite été appliqué pour retrouver le fCover. Nous avons montré que combiner plusieurs indices de végétation permet d'améliorer soit la précision de l'estimation soit sa robustesse. Pour quelques cas optimaux, cette méthode permet d'améliorer la performance à la fois en termes de précision et robustesse. Ces conclusions ont été obtenues à partir de l'analyse des données simulées par le modèle couplé Adding/PROSPECT, avec et sans bruit. Dans le cas des données réelles, les résultats sont moins prononcés, de part la distribution spécifique du fCover (histogramme bimodal avec une faible précision sur le fCover). Dans le cas d'indices de végétation classiques, la combinaison de deux ou trois parmi eux améliore l'estimation par rapport au meilleur indice (parmi ceux utilisés dans une combinaison donnée). Cependant, dans le cas des méthodes d'inversion plus sophistiquées (le Simplex et le SCE-UA) il n'y a pas réellement d'amélioration.

Dans le chapitre suivant, nous présentons une méthode de création de carte de densité de végétation à partir des résultats des résultats d'estimation du fCover projetés sur l'image du bassin du Yar.

Ce chapitre a fait l'objet de deux articles. Le premier sur le point de vue théorique de la méthode, il est en cours de soumission dans la revue *International Journal of Approximate Reasoning*, [Kallel *et al.*, 2007a]. Le deuxième sur l'application aux données de télédétection a été accepté dans la revue *IEEE Transactions on Geoscience and Remote Sensing*, [Kallel *et al.*, 2007b].

Chapitre 2

Classification des images de densité de végétation par champs de Markov

Le développement d'algorithmes de classification globale, comme le Maximum A Posteriori (MAP) dans le cadre de la modélisation de champs aléatoire de Markov (Markov Random Field, MRF) a été un terrain d'étude actif notamment depuis les travaux de Geman and Geman (1984). Pour un système de voisinage donné avec des fonctions potentielles de cliques (ensemble de voisins : couple, triplé, etc.), de part l'équivalence entre un champ de Markov et un champ de Gibbs, un terme d'énergie globale a été défini. Afin de trouver la distribution la plus probable, ce terme doit être minimisé, soit en utilisant une méthode d'optimisation locale comme le mode itératif conditionnel (Iterative Conditional Mode, ICM) soit en utilisant une heuristique d'optimisation globale comme le recuit simulé (Simulated Annealing, SA). Dans les modélisations classiques, la forme du voisinage est supposée indépendante de la position dans l'image, ce qui peut induire des erreurs de classification pour les pixels sur les frontières des segments. Afin de pallier ce problème, une première approche consiste à considérer les processus ligne [Geman and Geman, 1984; Geman et al., 1990]. Due à la complexité induite, dans le cadre de la restauration d'image, des fonctions de potentiel permettant de préserver les contours ont été proposées [Geman and Reynolds, 1992; Descombes et al., 1998]. Une autre solution, proposée ici, consiste à relâcher l'hypothèse de voisinages stationnaires. Le manque d'heuristique efficace est probablement la cause de l'absence de travaux dans ce sens (jusqu'à présent).

L'optimisation par colonie de fourmis (Ant Colony Optimization, ACO) est un algorithme aujourd'hui populaire [Dorigo et al., 1996]. L'application la plus classique est le routage dans les réseaux de télécommunications [Schoonderwoerd et al., 1997; di Caro and Dorigo, 1997; 1998; Bonabeau et al., 1998; Heusse et al., 1998; Sigel et al., 2002]. ACO a également été employé dans d'autres applications et a montré chaque fois de bonnes performances [Maniezzo et al., 1994; Colorni et al., 1996; Costa and Hertz, 1997; Dorigo and Gambardella, 1997; Dorigo et al., 1999; Gambardella et al., 1999]. De même que les techniques de recuit simulé et d'algorithme génétique sont inspirées de phénomènes physiques ou biologiques, ACO a été proposé en s'inspirant de la vie sociale des insectes. Les bons résultats obtenus en utilisant une telle heuristique sont dûs à l'aléa introduit dans la procédure de recherche de solutions, permettant 'd'échapper' aux minima locaux et obtenir une solution plus globale. Dans l'algorithme ACO, les informations collectées par des agents mobiles simples et autonomes sont partagées et exploitées afin de résoudre un problème donné.

Dans cette étude, nous proposons d'utiliser l'algorithme ACO en exploitant sa capacité d'auto-organisation suivant une approche d'optimisation qui est similaire au problème du voyageur de commerce ou du problème de routage dans les systèmes de télécommunications. Cette approche va permettre une modélisation d'image plus flexible en particulier concernant la forme du voisinage, en offrant une heuristique pour l'optimiser. En résumé, dans ce qui suit, nous allons considérer une modélisation par MRF avec un système de voisinages non-stationnaires et proposer un schéma d'optimisation ACO qui à la fois estime la classification MAP régularisée et le voisinage non-stationnaire optimal.

Le reste du chapitre est divisé comme suit. Tout d'abord, nous présentons la modélisation de l'image en classification MRF. Ensuite, nous exposons la méthode utilisant la méthode ACO proposée. Enfin, nous montrons les résultats obtenus sur des données simulées et sur des données réelles.

2.1 Modélisation d'images pour les problèmes de classification

Dans ce chapitre nous adoptons les notations suivantes. N_{lig} et N_{col} sont respectivement les dimensions en ligne et en colonne de l'image. Le nombre total de pixels est alors $N_{lig} \times N_{col}$. Ω est l'ensemble des sites des pixels (la grille de l'image), et $|\Omega| = N_{lig} \times N_{col}$ est son cardinal. Une image X est définie comme étant un champ aléatoire prenant des valeurs dans $\mathbb{R}^{|\Omega|}$, et l'image des labels L est un champ aléatoire prenant des valeurs dans $\Lambda^{|\Omega|}$, avec $\Lambda = \{1, \dots, c\}$ où c est le nombre de classes.

$$X/\{x_s, s \in \Omega\} \in \mathbb{R}^{|\Omega|},$$
$$L/\{l_s, s \in \Omega\} \in \Lambda^{|\Omega|}.$$

2.1.1 Cas classique de voisinages stationnaires

Le problème de la classification d'images consiste à déterminer la réalisation de L, connaissant la réalisation de X. Suivant le critère du MAP (issu de la théorie de Bayes), l'estimateur optimal est celui qui maximise $p(X/L)p(L)$. Supposant une distribution gaussienne des valeurs de pixels (X) conditionnellement aux classes (L) et des valeurs de pixels (x_s) conditionnellement indépendantes les unes des autres, $p(X/L)$ pourra s'écrire :

$$p(X/L) = \prod_{s \in \Omega} \frac{1}{\sqrt{2\pi}\sigma_{l_s}} \exp\left(\frac{x_s - \mu_{l_s}}{\sigma_{l_s}}\right)^2, \tag{2.1}$$

$$p(X/L) = \left(\frac{1}{\sqrt{2\pi}}\right)^{|\Omega|} . \exp\left\{-\frac{1}{2}\sum_{s \in \Omega}\left[\left(\frac{x_s - \mu_{l_s}}{\sigma_{l_s}}\right)^2 + \log(\sigma_{l_s}^2)\right]\right\}, \tag{2.2}$$

où μ_{l_s} et $\sigma_{l_s}^2$ sont respectivement la moyenne et la variance de la classe à laquelle appartient s, labélisée l_s.

Le modèle a priori $p(L)$ est défini en supposant qu'un pixel et son voisinage ont une forte chance de posséder le même label. Nous considérons la modélisation proposée par Bartlett (1975), définissant ainsi un système de voisinage par : si un pixel s possède comme voisin le pixel s' (s' est dans le voisinage de s appelé $N(s)$), alors s est un voisin pour s' :

$$s' \in N(s) \Leftrightarrow s \in N(s'). \tag{2.3}$$

Alors, suivant le Théorème de Hammerley-Clifford [Besag, 1974], $p(L)$ suit une distribution de Gibbs :

$$p(L) = \frac{1}{Z} \cdot \exp \left[- \sum_{\gamma \in \Gamma} \mathcal{V}_\gamma (l_s, s \in \gamma) \right], \tag{2.4}$$

avec Γ l'ensemble des cliques γ (clique : ensemble de voisins : couples de voisins, triplés de voisins, etc.) de l'image décrivant les interactions entre les pixels, Z constante de normalisation, et $\mathcal{V}_\gamma$ le potentiel de la clique γ. Finalement, le critère MAP conduit à la minimisation de l'énergie globale :

$$E = \frac{1}{2} \sum_{s \in \Omega} \left[\left(\frac{x_s - \mu_{l_s}}{\sigma_{l_s}} \right)^2 + \log(\sigma_{l_s}^2) \right] + \sum_{\gamma \in \Gamma} \mathcal{V}_\gamma (l_s, s \in \gamma). \tag{2.5}$$

Les premiers termes (entre crochets) sont appelés l'énergie 'd'attache au données'. La minimisation de (2.5) est effectuée en utilisant le fait que la différence d'énergie globale entre deux configurations des labels des images qui différent uniquement d'un pixel, soit $l_s^{(1)}$ ou $l_s^{(2)}$, ne dépend que du pixel s et ses voisins :

$$\Delta E = \left[\frac{1}{2} \left(\frac{x_s - \mu_{l_s(1)}}{\sigma_{l_s(1)}} \right)^2 + \log(\sigma_{l_s(1)}^2) + \sum_{\gamma \in \Gamma / s \in \gamma} \mathcal{V}_\gamma (l_s, s \in \gamma) \right] \\ - \left[\frac{1}{2} \left(\frac{x_s - \mu_{l_s(2)}}{\sigma_{l_s(2)}} \right)^2 + \log(\sigma_{l_s(2)}^2) + \sum_{\gamma \in \Gamma / s \in \gamma} \mathcal{V}_\gamma (l_s, s \in \gamma) \right]. \tag{2.6}$$

Généralement, le voisinage d'un pixel est défini de la même façon pour chaque pixel s, i.e., la géométrie du voisinage est supposée stationnaire. Par exemple, dans le cas de 4-connexité, le voisinage d'un pixel en position (i, j), où i et j sont le numéro de la ligne et de la colonne, est constitué par les pixels dont l'ensemble des positions est donné par $V_4(i,j) = \{(i-1,j), (i+1,j), (i,j-1), (i,j+1)\}$, et pour la 8-connexité, le voisinage contient les pixels situés à ± 1 lignes et $\pm$ colonnes de (i, j). Une telle hypothèse de voisinage stationnaire peut ne pas être vraie notamment aux frontières entre classes.

2.1.2 Cas de voisinage non-stationnaire

Dans cette sous-section, nous considérons un MRF avec un voisinage de forme non-stationnaire. Ce voisinage est optimal du point de vue de la classification MAP, dans le sens où deux pixels ayant des labels différents ne doivent pas être des voisins. Tout d'abord, considérons l'exemple simple d'une image 4×5 pixels et deux labels. La Figure 2.1 montre un voisinage non-stationnaire optimal pour une labélisation binaire des pixels (les triangles et les cercles représentent les deux sortes de classe). Notons que la propriété de réciprocité (2.3) est respectée. Plus généralement, le fait d'opter pour un voisinage non-stationnaire

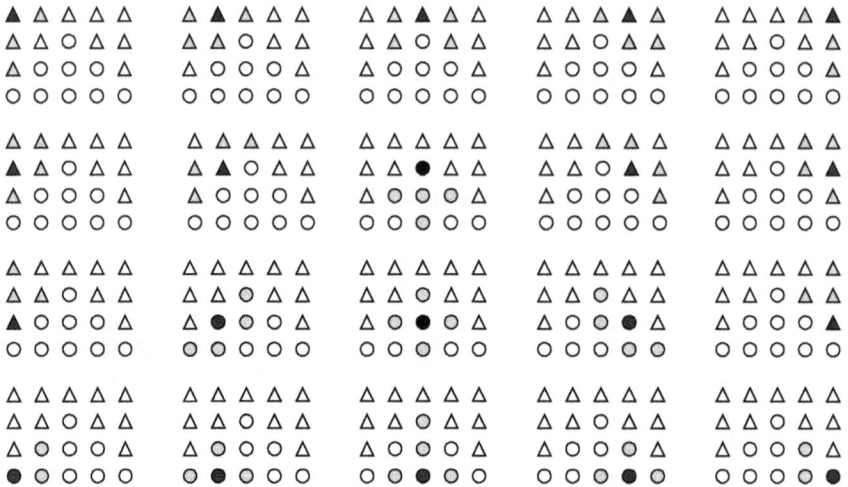

FIGURE 2.1 – Voisinages de chaque pixel d'un exemple simple d'une image 4×5 et de deux classes. La classe d'un pixel est représentée soit par un cercle soit par un triangle. Le pixel considéré et son voisinage sont représentés respectivement en noir et gris.

est motivé par la diversité des formes des objets : plus ou moins larges, allongées, fines, avec des pics, etc. Dans cette étude, nous relâchons l'hypothèse de stationnarité de voisinages et nous proposons un algorithme où la forme du voisinage est ajustée automatiquement. Les critères utilisés pour construire le voisinage d'un pixel donné sont les suivants :

– les pixels d'un voisinage sont connexes,
– les pixels d'un voisinage ont une forte chance de partager le même label,
– tous les pixels ont le même nombre de voisins (excepté aux bords de l'image).

La dernière hypothèse nous permet d'avoir pour tous les pixels de l'image la même pondération entre le terme a priori (régularisation) et le terme d'attache aux données.

Maintenant, pour notre problème de classification, (2.5) est toujours valide excepté que les cliques sont maintenant définies sur un voisinage non-stationnaire. Dans la suite, on se limite au cas simple où seules des cliques de cardinal 2 sont considérées. En supposant un modèle de potentiel de Potts, pour un système de voisinage donné, la fonction à minimiser est donnée par :

$$E = \sum_{s \in \Omega} \left[\frac{(x_s - \mu_{l_s})^2}{2\sigma_{l_s}^2} + \log(\sigma_{l_s}) + \beta \frac{|\{r \in N(s); l_r \neq l_s\}|}{2} \right], \qquad (2.7)$$

où $|\{r \in N(s); l_r \neq l_s\}|$ est le nombre de voisin ayant un label différent de celui de s, et β est le paramètre de pondération positif définissant l'importance relative de la 'régularisation' par rapport à l'attache aux données. Le facteur $1/2$ est dû au fait que, pour des cliques d'ordre 2, les potentiels sont comptés deux fois quand on fait la somme sur les pixels au lieu de la faire sur l'ensemble des cliques de l'image (2.5).

Relâchant l'hypothèse de voisinage stationnaire, le voisinage optimal d'un pixel s dépend alors de son label l_s. Donc, nous ne pouvons pas directement obtenir une expression de la différence d'énergie entre deux configurations de labels de l'image comme dans (2.6). En effet, dans le cas non-stationnaire les cliques impliquant s ne sont pas les même quand $l_s = l_s^{(1)}$ et quand $l_s = l_s^{(2)}$ car elles dépendent de la géométrie du voisinage qui varie avec l_s. Par ailleurs, du fait de la contrainte d'un cardinal de voisinage constant, quand le voisinage de s est changé, les voisinages d'autres pixels sont changés : les voisins précédents de s, qui ont perdu un voisin (s), doivent retrouver un autre pixel voisin en remplacement, et les nouveaux voisins de s, qui ont gagné un nouveau voisin (s), doivent se séparer d'un autre pixel voisin, et ainsi de suite.

Afin de formaliser notre problème dans un cadre mathématique rigoureux, nous supposons ici l'existence d'un autre champ aléatoire H qui correspond à la définition des voisinages non-stationnaires en chaque pixel de l'image. Cette approche est similaire aux processus ligne [Geman and Geman, 1984], ou, plus récemment, et dans un cadre plus général, à l'approche d'un champ de Markov triplet introduite par Benboudjema and Pieczynski (2005; 2006). Dans notre cas, la valeur de la restriction de H à s, appelée par la suite H_s, est constituée par l'ensemble des voisins 'actifs' de s ($N(s)$). Son cardinal est $|N(s)| = N_n$, excepté sur les bords de l'image où il est égal à $1 + N_n/2$, et sur les quatre coins de l'image où il est égal à $1 + N_n/4$. Chaque valeur de H_s vérifie la contrainte de connexité (le premier critère de construction d'un voisinage), et, quand s varie, les valeurs de H_s sont liées par la contrainte de réciprocité (que l'on va chercher à préserver par le choix des fonctions potentiel).

Nous considérons par la suite comme champ de Markov le couple (L, H). Nous supposons que H vérifie l'hypothèse suivante :

$$P(H_s = h_s | H_{-s} = h_{-s}) = P(H_s = h_s | H_s = h_t, t \in W_{N_n}(s)), \qquad (2.8)$$

où h_s est une réalisation de H_s, H_{-s} est tout H excepté en s, h_{-s} est une réalisation de H_{-s} et $W_{N_n}(s)$ est un voisinage de taille $(2N_n + 1) \times (2N_n + 1)$ centré en s (voisinage carré fixe), et N_n est la taille du voisinage non-stationnaire (e.g 4 ou 8). Nous rappelons que $|N(s)|$ est constant égal à N_n, i.e. dans cette étude uniquement la contrainte sur la forme du voisinage est relâchée mais pas celle sur son cardinal. Alors, en supposant que L est un champ de Markov sur $W_{N_n}(s)$, le couple (L, H) est aussi un champ de Markov sur le système de voisinage W_{N_n}. Nous définissons l'ensemble des cliques, appelé C, sur le système de voisinage W_{N_n} ainsi que la fonction de potentiel suivante :

$$\forall (s, t) \in \Omega^2, \mathcal{V}_c(h_s, h_t, l_s, l_t) = \begin{cases} 0, & \text{si } s \notin h_t, \, t \notin h_s, \\ -\beta/2, & \text{si } s \in h_t, \, t \in h_s, \, l_s = l_t, \\ +\beta/2, & \text{si } s \in h_t, \, t \in h_s, \, l_s \neq l_t, \\ \zeta, & \text{si } (s \in h_t, \, t \notin h_s) \text{ ou } (s \notin h_t, \, t \in h_s), \end{cases} \qquad (2.9)$$

avec $\beta > 0$, $\zeta > 0$ et $\zeta \gg \beta$.

Notons qu'avec une telle définition mathématique, tous les voisinages actifs solutions, même ceux qui ne vérifient pas l'hypothèse de réciprocité sont possibles. La suite est

TABLE 2.1 – Nombre des configuration possibles d'un voisinage connexe de cardinal N_n

N_n	2	3	4	5	6	7	8
4-connexité	18	76	315	1296	5320	21800	89190
8-connexité	60	440	3190	22992	165144	1183529	-

classique :

$$P(H_s = h_s, L_s = l_s | H_{-s} = h_{-s}, L_{-s} = l_{-s})$$

$$= \frac{\exp\left[-\sum_{c \in C} \mathcal{V}_c(h_t, l_t, \forall t \in c)\right]}{\sum\limits_{h_s=w, l_s=i} \exp\left[-\sum\limits_{c \in C} \mathcal{V}_c(h_t, l_t, \forall t \in c)\right]},$$

$$\stackrel{*}{=} \frac{\exp\left[-\sum_{c \in C/s \in c} \mathcal{V}_c(h_s, l_s, h_t, l_t, \forall t \in c, t \neq s)\right]}{\sum\limits_{h_s=w, l_s=i} \exp\left[-\sum\limits_{c \in C/s \in c} \mathcal{V}_c(w, i, h_t, l_t, \forall t \in c, t \neq s)\right]}. \quad (2.10)$$

On appelle $U_s(h_s, l_s)$ l'énergie locale 'attachée' au pixel s :

$$U_s(h_s, l_s) = \exp - \sum_{c \in C/s \in c} \mathcal{V}_c(h_s, l_s, h_t, l_t, \forall t \in c, t \neq s) = \sum_{t \in W_{N_n}(s)} \mathcal{V}_c(h_s, l_s, h_t, l_t).$$

Alors,

$$\frac{P(H_s = h_s^{(1)}, L_s = l_s^{(1)} | H_{-s} = h_{-s}, L_{-s} = l_{-s})}{P(H_s = h_s^{(2)}, L_s = l_s^{(2)} | H_{-s} = h_{-s}, L_{-s} = l_{-s})} = \exp - \left[U_s(h_s^{(1)}, l_s^{(1)}) - U_s(h_s^{(2)}, l_s^{(2)})\right].$$

$$(2.11)$$

Maintenant, en comparant deux configurations qui diffèrent uniquement de h_s, si, pour une des deux configuration, la condition de réciprocité n'est pas vérifiée pour le voisinage actif (h), la probabilité de cette dernière est très faible car ($\zeta \gg \beta$).

Dans ce modèle, la taille de l'espace solution est très grande induisant l'impossibilité d'une recherche exhaustive de la configuration optimale de par le nombre très élevé de configurations possibles. Ainsi, l'utilisation des méthodes d'optimisation classiques comme le recuit simulé ou le ICM est impraticable. Ainsi, nous avons cherché une solution alternative en utilisant une heuristique qui se concentre uniquement sur les solutions vérifiant la réciprocité et qui convergent vers un minimum local 'favorable'.

Notre problème consiste alors à construire des voisinages selon les contraintes : nombre constant de voisins (sauf sur les bords de l'image), symétrie (2.3) et connexité. Par exemple, en 8-connexité, 8 voisins doivent être sélectionnés, chacun parmi eux doit être situé dans la ligne et la colonne $[-1, +1]$ d'une autre voisin. L'ordre de la sélection étant indifférent, durant la construction du voisinage, le voisin suivant pourra être sélectionné parmi les pixels situés entre la ligne et la colonne $[-1, +1]$ d'un des voisins déjà sélectionnés. Comme illustré dans la Figure 2.2, pour le choix du premier voisin, 8 positions sont

---

*. simplification au numérateur et au dénominateur par $\exp - \sum_{c \in C/s \notin c} \mathcal{V}_c(h_s, l_s, h_t, l_t, \forall t \in c, t \neq s)$.

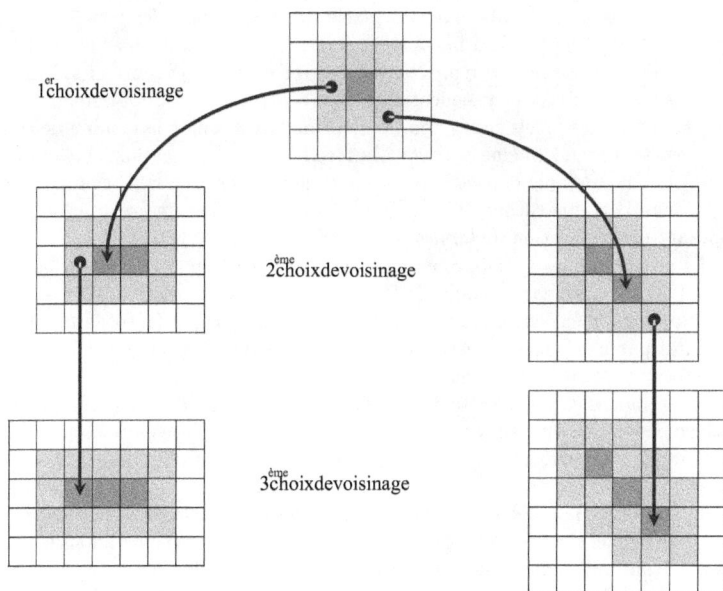

FIGURE 2.2 – Emplacements possibles du choix du premier, deuxième et troisième voisin. Les cases en gris foncé indiquent les voisins déjà sélectionnés et les cases en gris clair indiquent les voisins possibles.

possibles, pour le second voisin, le nombre des positions possibles pourra être soit 10 soit 12, selon la position du premier voisin, pour le troisième voisin, le nombre de positions possibles est entre 12 et 16 selon les positions relatives des premiers voisins, et ainsi de suite. La Table 1 donne le nombre des configurations possibles d'un voisinage connexe de cardinal N_n. En outre, quand un pixel change de label, généralement, il change complètement de voisinage (e.g. considérer un pixel s à la frontière entre deux régions ayant des labels différents : selon son label l_s, s va essayer de choisir son voisinage dans l'une ou l'autre des régions). Ainsi, partant du voisinage correspondant au label précédent pour construire le nouveau voisinage semble inadéquat. Par ailleurs, quand un pixel construit son voisinage 'actif' (h_s), les voisinages 'actifs' d'autres pixels (ceux qui appartiennent à h_s) est partiellement construit, ceci est lié à la contrainte de réciprocité (2.3) : par conséquent, la construction d'un voisinage doit tenir compte des voisinages déjà construits. Donc, si les voisinages 'actifs' des pixels sont séquentiellement construits, le résultat obtenu dépend de l'ordre de sélection des pixels sans garantie d'optimalité. Comme le nombre de solutions dans W_{N_n} est très grand (même si on fait la restriction à ceux vérifiant la condition de réciprocité) une heuristique doit être utilisée afin de trouver la 'bonne' configuration des voisinages dans W_{N_n}, (i) sachant l'image des observations, i.e. une réalisation de X, et (ii) supposant une réalisation de l'image des labels L.

Parmi les heuristiques possibles, comme annoncé au début du chapitre, nous avons opté pour l'optimisation par colonie de fourmis. Ce choix est motivé par les analogies suivantes : premièrement entre la recherche d'un chemin optimal (entre la fourmilière et la nourriture) par une fourmi et la recherche de l'ensemble des pixels connexes à partir d'un pixel 'origine', et deuxièmement entre la modification de l'environnement à partir du dépôt de phéromones et la propriété de symétrie (2.3). En effet, dans l'optimisation ACO, l'environnement est utilisé comme un milieu pour mémoriser les solutions (partielles ou complètes) déjà obtenues. L'ACO tient ensuite compte de ces informations pour définir d'autres solutions. Dans notre cas, ceci permet de modéliser le fait que la construction d'un voisinage 'actif' d'un pixel doit être guidée par les constructions de voisinages 'actifs' précédentes (du pixel considéré ou des autres). Par ailleurs, comme nous allons le voir dans la section suivante, il permet aussi d'introduire une compétition entre les constructions de voisinage dans W_{N_n} : les voisinages 'actifs' des pixels sont recherchés en parallèle et les 'meilleurs' voisinages sont les 'premiers' qui modifient l'environnement. Notons qu'on ne dispose pas de preuve mathématique de l'optimalité de la solution obtenue.

2.2   La méthode ACO

L'heuristique ACO s'inspire de la capacité de résolution de certains problèmes par des insectes sociaux comme les fourmis. En cherchant de la nourriture, les fourmis déposent sur leurs chemins un produit chimique appelé phéromone qui attire par son odeur les autres fourmis. Comme le plus court chemin entre la fourmilière et la nourriture va être parcouru plus rapidement (par rapport aux autres), il accumulera plus rapidement les phéromones et aura d'autant plus de chance d'attirer d'autres fourmis avant évaporation des phéromones et ainsi de suite. Ainsi, en utilisant les phéromones et une procédure de recherche aléatoire, la colonie est capable de converger vers le chemin le plus court (entre la fourmilière et la source de nourriture).

D'une façon plus conceptuelle, le problème des colonies de fourmis est le suivant : ayant une fonction à optimiser (le temps que passe les fourmis entre la fourmilière et la nourriture), différentes solutions sont examinées (phase d'exploration), et chacune d'entre elles est mémorisée (à partir du dépôt de phéromones) en fonction de la qualité de la solution. Ces solutions mémorisées guident la recherche d'une autre solution jusqu'à la convergence.

ACO a été utilisée pour des problèmes de 'clustering', modélisant ainsi la capacité des fourmis réelles à se reconnaître. Dans [Labroche et al., 2002], le clustering utilise la définition d'une 'odeur' associée à chaque échantillon (représenté par une fourmi) et la reconnaissance mutuelle des fourmis partageant la même odeur permettant ainsi la construction d'odeur coloniale permettant de distinguer entre les agents de la même fourmilière et les autres. Une variante de ACO, l'algorithme des systèmes de colonies de fourmis (Ant Colony Systems, ACS) a été proposé. Dans [Fernandes et al., 2005], cette méthode est utilisée afin de détecter les contours d'objets : les fourmis évoluent dans le graphe image en renforçant le niveau de phéromones autour des pixels ayant différents niveaux de gris ou d'une façon générale différentes caractéristiques. Le système de fourmis évolue durant plusieurs générations en convergeant vers des pixels supposés correspondre à de meilleures conditions de vie et de reproduction (pour la détection des contours, la région la plus contrastée est la région la plus favorable). Dans [Nezamabadi et al., 2006], la notion de visibilité est déterminée en utilisant la variation maximale du niveau de gris de l'image, et elle est utilisée afin d'estimer le déplacement des fourmis.

Dans le contexte de la classification globale d'image dans le cadre des hypothèses classiques du MRF, Ouadfel and Batouche (2003) ont montré que l'ACO produit des résultats équivalents ou meilleurs que les autres méthodes d'optimisation stochastiques comme le recuit simulé (SA) et l'algorithme génétique. Ouadfel and Batouche (2003) font une analogie entre la labélisation des pixels dans un problème de classification globale et le problème d'assignement, de façon similaire au problème de coloration de graphes. Chaque fourmi construit sa solution, et une 'trace' des meilleures solutions est gardée (à partir de la technique de dépôt de phéromones) durant la construction itérative de la solution finale. Une telle utilisation des ACO pourra être vue comme une extension de la technique SA. A chaque itération une nouvelle solution est construite en tenant en compte non seulement de la dernière configuration, comme dans [Geman and Geman, 1984], mais d'une combinaison de plusieurs solutions précédentes (leur nombre dépendant de la vitesse d'évaporation des phéromones). Par ailleurs, à chaque itération, on ne construit pas une seule solution, mais plusieurs (en nombre égal au nombre de fourmis) et une seule est 'mémorisée' (généralement la meilleure solution).

2.2.1 Application à la construction de voisinage

Dans cette étude, nous supposons que les fourmis vont chercher des solutions dans le système de voisinage W_{N_n} et que les solutions obtenues vérifient la contrainte de symétrie (2.3), i.e., on évite les cliques de potentiel égal à ζ. Pour un pixel s, on est amené à comparer deux configurations qui diffèrent en terme de potentiel uniquement pour les cliques dans $W_{N_n}(s)$, le voisinage de taille $(2N_n + 1) \times (2N_n + 1)$ centré sur s. En effet, ceci va nous permettre d'utiliser un calcul similaire à celui dans (2.11), en remplaçant uniquement le terme 'énergie locale attachée à s' par 'énergie locale attachée à $W_{N_n}(s)$'. En pratique, cela signifie que, pour tout pixel t de $W_{N_n}(s)$ ayant n_{out} voisin(s) 'actifs' en dehors de $W_{N_n}(s)$ ($n_{out} \in [0, N_n]$), ces n_{out} voisins sont fixés, et uniquement les autres ($N_n - n_{out} = n_{in}$) voisins 'actifs' sont libres susceptibles d'être changés avec d'autres voisins possibles tout en restant dans $W_{N_n}(s)$. C'est le choix de ces voisins 'libres' qui va être optimisé par la méthode ACO.

Nous notons $\delta(i,j)$ la fonction de Kroenecker vérifiant $\delta(i,j) = 1$ si $i = j$ et $\delta(i,j) = 0$, sinon. Ainsi, $|\{r \in N(s); l_r \neq l_s\}|$ pourra s'écrire sous la forme $\sum_{r \in h_s} \omega(l_s, l_r)$. Alors, en utilisant (2.3) (i.e. on ne considère que les configurations de h vérifiant la condition de réciprocité), (2.7) pourra être écrite en vue de la construction du voisinage comme suit :

$$E = \sum_{s \in \Omega} \sum_{r \in h_s} \frac{\beta}{2}(1 - \delta(l_r, l_s)) + \frac{1}{N_n}\left[\frac{(x_r - \mu_{l_r})^2}{2\sigma_{l_r}^2} + \log(\sigma_{l_r})\right], \qquad (2.12)$$

et l'énergie locale relative à $W_{N_n}(s)$ est calculée par :

$$E(W_{N_n}(s)) = \sum_{s \in W_{N_n}(s)} \sum_{r \in h_t \cap W_{N_n}(s)} \left\{\frac{\beta}{2}(1 - \delta(l_r, l_s)) + \frac{1}{N_n}\left[\frac{(x_r - \mu_{l_r})^2}{2\sigma_{l_r}^2} + \log(\sigma_{l_r})\right]\right\}. \quad (2.13)$$

Dans (2.13), $h_t \cap W_{N_n}(s)$ est l'ensemble des voisins libres de t. Pour chaque pixel s, les voisinages actifs h_t sont construits de façon à minimiser la somme entre accolades et satisfaisant la propriété de symétrie. Afin d'achever cette construction, les fourmis sont utilisées :

Les pixels t émettent des fourmis. Les fourmis collectent les informations sur les labels des voisins, sur des trajets de pixels connexes incluant t, ce pixel émetteur de la fourmi. Durant le trajet, ou la construction d'un voisinage solution, les fourmis sélectionnent le voisin suivant à partir d'un 'indicateur de routage'. Ces derniers utilisent les phéromones déjà déposées (soit par les fourmis émises par t soit par des fourmis émises par d'autres pixels ayant choisi t comme voisin) et 'l'énergie d'un saut' $E_{t \rightarrow r}$ est définie par :

$$E_{t \rightarrow r} = \beta(1 - \delta(l_r, l_s)) + \frac{1}{N_n}\left[\frac{(x_t - \mu_{l_t})^2}{2\sigma_{l_t}^2} + \log(\sigma_{l_t}) + \frac{(x_r - \mu_{l_r})^2}{2\sigma_{l_r}^2} + \log(\sigma_{l_r})\right]. \quad (2.14)$$

L'équation (2.14) montre que le voisin suivant, noté r, est choisi en considérant son label l_r (comparé au label l_t du pixel émetteur) mais aussi son terme d'énergie 'd'attache aux données', qui donne une idée sur la validité de l_r. Suivant la procédure ACO, le voisin suivant est choisi soit aléatoirement suivant la probabilité d'exploration aléatoire (le passage par des 'mauvais' voisins est parfois nécessaire pour retrouver les 'bons'), ou en minimisant la fonction $E_{t \rightarrow r}$ tout en prenant en compte les phéromones. En pratique, afin de simuler le phénomène de dépôt de phéromones, nous définissons pour chaque pixel s une matrice de 'voisinage' de taille $(2N_n + 1) \times (2N_n + 1)$ représentant les positions à partir de s de tous les pixels pouvant être des voisins. Les valeurs des termes de la matrice de voisinages, dont la norme est égale à 1, sont en quelque sorte une représentation floue des pixels du voisinage en construction autour de s. Notons par $[\mathbf{N}_s](r)$ la valeur de la matrice de voisinage de s en r ($r \in W_{N_n}(s)$, $[\mathbf{N}_s](r) = [\mathbf{N}_r](s)$), nous définissons le coût du choix de r comme le voisin suivant de t comme étant égal $c_{t \to r} = \beta(1 - [\mathbf{N}_t](r)) + E_{t \to r}$. Soulignons que cette définition de la pondération entre le terme de coût du saut et de dépôt de phéromones est ad hoc.

Arrivant à un pixel voisin sélectionné, une fourmi attend un temps proportionnel à son coût $c_{t \to r}$, avant de sélectionner le voisin suivant. Toutes les fourmis doivent trouver un nombre de voisins égal au nombre de 'voisins actifs libres' de son pixel émetteur. Quand une fourmi atteint ce nombre, elle s'arrête et rebrousse chemin (retour).

A son retour, une fourmi dépose des phéromones sur les pixels visités. En pratique, pour chaque pixel r visité par une fourmi émise par un pixel t, $[\mathbf{N}_t](r)$ est augmenté par la quantité de phéromones déposée q. Pour simuler la réciprocité des voisins (2.3), la même quantité de phéromones est aussi déposée dans la matrice de voisinage du voisin sélectionné r, et ceci dans l'emplacement correspondant à t dans cette matrice, $[\mathbf{N}_r](t)$.

En raison du temps d'attente proportionnel à $c_{t \to r}$, les pixels sur un 'bon' chemin sont visités plus fréquemment par les fourmis, ce qui augmente les valeurs des termes correspondants dans les matrices de voisinage et diminue les valeurs correspondant aux autres pixels. Les fourmis dans les chemins les plus mauvais arrivent les derniers, et donc n'influent pas beaucoup l'estimation des matrices de voisinage.

2.2.2 Algorithme de classification global

Les fourmis procèdent de la façon suivante.

1. Initialisation : chargement de l'image de données (une réalisation de X) et des caractéristiques des classes, classification aveugle, définition du critère d'arrêt : initialisation des paramètres a priori), la quantité de dépôt de phéromones q, la probabilité de l'exploration aléatoire p_e, la durée d'une expérience T_e, et initialisation des matrices de voisinage avec un voisinage isotropique.

2. Tant que le critère d'arrêt n'est pas vérifié,

   (a) Pour chaque pixel s,

   i. pour chaque pixel t de $W_{N_n}(s)$, calcul du nombre des voisins actifs $n_{in}(t)$ dans $W_{N_n}(s)$: $\forall t \in W_{N_n}(s)$, $n_{in}(t) = |h_t^{(1)} \cap W_{N_n}(s)|$, et définition de $h_{[s]}^{(1)}(t) = \{h_t^{(1)} \cap W_{N_n}(s)\}$, $\forall t \in W_{N_n}(s)$;

   ii. calcul de l'énergie locale de $W_{N_n}(s)$ courant et d'après les matrices de voisinage des pixels t inclus dans $W_{N_n}(s)$ et connaissant leurs labels courants.

   $$E_1 = \sum_{s \in W_{N_n}(s)} \sum_{r \in h_{[s]}^{(1)}(t)} \frac{\beta}{2}(1 - \delta(l_r^{(1)}, l_s^{(1)})) + \frac{1}{N_n}\left[\frac{(x_r - \mu_{l_r^{(1)}})^2}{2\sigma_{l_r^{(1)}}^2} + \log(\sigma_{l_r^{(1)}})\right].$$

   (2.15)

   iii. Pour chaque nouveau label à tester $l_s^{(2)}$,

   A. optimisation des voisinages actifs $W_{N_n}(s)$: les pixels t de $W_{N_n}(s)$ émettent simultanément plusieurs fourmis ; chaque fourmi mémorise le label de son pixel émetteur l_t^2 ($\forall t \neq s$, $l_t^{(2)} = l_t^{(1)}$) ;

B. chaque fourmi avance vers un pixel voisin r soit en minimisant la fonction de coût $c_{t \to r}$, ou avec une probabilité d'exploration p_e en choisissant un pixel au hasard ; la fourmi attend ensuite un temps proportionnel à la valeur du coût au voisin choisi ;

C. après $n_{in}(t)$ saut, la fourmi émise par un pixel t construit une solution voisinage actif (ou sa restriction sur $W_{N_n}(s)$) appelée $h_{[s]}^{(2)}(t)$, ensuite, elle suit le même chemin dans le sens inverse, et, à chaque pixel r visité dans le chemin de retour, i.e, $r \in h_{[s]}^{(2)}(t)$, les valeurs de la matrice de voisinage du pixel source t sont mises à jour ainsi que celles de la matrice de voisinage du pixel visité r :

$$\forall r \in h_{[s]}^{(2)}(t), \begin{cases} [\mathbf{N}_t](r) = \frac{1}{K_t}([\mathbf{N}_t](r) + q), \\ [\mathbf{N}_r](t) = \frac{1}{K_r}([\mathbf{N}_r](t) + q), \\ \forall r' \in [\mathbf{N}_r] \cap W_{N_n}(s), [\mathbf{N}_r](r') = \frac{1}{K_r}[\mathbf{N}_r](r'), \\ \forall r' \in [\mathbf{N}_t] \cap W_{N_n}(s), [\mathbf{N}_t](r') = \frac{1}{K_t}[\mathbf{N}_t](r'), \end{cases}$$

(2.16)

où $[\mathbf{N}_s](r)$ est le $r^{ème}$ élément de la matrice de voisinage $[\mathbf{N}_s]$ de s, et K_s est un facteur de normalisation tel que la matrice soit normalisée ; q est un paramètre représentant la quantité de dépôt de phéromones ;

D. si la durée de l'expérience T_e n'est pas expirée, le pixel émetteur t d'une fourmi ayant achevé la construction d'une solution de voisinage actif génère une nouvelle fourmi ;

iv. quand l'expérience est finie, on calcule l'énergie locale associée à $W_{N_n}(s)$ pour la nouvelle valeur du label en s, $l_s^{(2)}$ et la nouvelle configuration des voisinages obtenue :

$$E_2 = \sum_{s \in W_{N_n}(s)} \sum_{r \in h_{[s]}^{(2)}(t)} \frac{\beta}{2}(1 - \delta(l_r^{(2)}, l_s^{(2)})) + \frac{1}{N_n}\left[\frac{(x_r - \mu_{l_r^{(2)}})^2}{2\sigma_{l_r^{(2)}}^2} + \log(\sigma_{l_r^{(2)}})\right].$$

(2.17)

Par abus de notation, nous attribuons l'indice (2) pour tous les labels de (2.17), cependant $\forall t \neq s$, $l_t^{(2)} = l_t^{(1)}$;

v. on déciside de changer le label de s (de $l_s^{(1)}$ à $l_s^{(2)}$) si la différence d'énergie $\Delta E = E_2 - E_1$ est négative ;

(b) nouvelle estimation du paramètre 'durée d'expérience', de façon ad hoc égal à cinq fois le temps moyen d'un trajet d'une fourmi.

Dans l'étape 2(a)iii, les labels testés $l_s^{(2)}$ peuvent être choisis aléatoirement ou systématiquement de 1 jusqu'à c (le nombre des classes).

Dans cet algorithme, la convergence est assurée par le fait que l'énergie globale est décroissante à chaque étape. En effet, pour un changement de configuration restreint au label de s et aux voisinages actifs r des pixels t tels que les pixels t et r appartiennent à $W_{N_n}(s)$, la différence d'énergie globale induite est égale à la différence d'énergie locale dans $W_{N_n}(s)$. Donc, en acceptant uniquement les changements correspondant à une diminution de l'énergie locale associée à $W_{N_n}(s)$, on assure la diminution de l'énergie globale, de façon similaire à l'algorithme ICM [Besag, 1986]. Cependant, comme pour ICM, le résultat trouvé est un minimum local qui peut dépendre de l'initialisation. Afin de remédier à ce problème et obtenir un minimum 'plus global', l'étape2(a)iii devrait être stochastique et des changements qui augmentent l'énergie ($\Delta E > 0$) devraient être acceptés, comme dans le cas du recuit simulé classique appliqué à la classification MAP. Cependant, l'algorithme est déjà long en temps de calcul, ainsi, préférons nous garder l'étape 2(a)iii déterministe.

En résumé, deux types de paramètres interviennent dans l'algorithme : les paramètres du modèle de l'image et les paramètres de l'algorithme ACO.

Les paramètres du modèle de l'image sont :
- les caractéristiques des classes : μ_i, σ_i, $i \in \{1, \ldots, c\}$;
- la taille du voisinage N_n ;
- le poids de pondération du voisinage β.

Les paramètres de la méthode ACO :
- la probabilité d'exploration p_e ;
- la quantité de phéromones déposée q ;
- la durée de l'expérience T_e.

Les caractéristiques de l'image sont supposées connues : elles ont déjà été estimées auparavant soit par des méthodes d'apprentissage, des simulations de modèles, ou des algorithmes de clustering. Différentes valeurs de taille de voisinage ont été testées (des valeurs entre 4 et 12). Nous avons ainsi remarqué que l'algorithme n'est pas très sensible à ce paramètre ; dans notre cas, de bons résultats ont été obtenus pour des valeurs de N_n autour de 8 (qui est la même valeur que pour le MRF classique considérant les voisinages isotropes autour des pixels). Finalement, la valeur de β a été estimée empiriquement, et comme dans le cas de la classification MAP supervisée classique.

La probabilité d'exploration, la quantité de phéromones déposée et la durée d'une expérience doivent aboutir à une solution de voisinage actif créé par une fourmi qui soit stable. Pour cela, ces paramètres ne seront pas estimés indépendants les uns des autres : une probabilité d'exploration faible correspond à une augmentation de la quantité de phéromones déposée et une diminution de la durée d'une expérience. Dans notre cas, la durée d'une expérience (T_e) est déduite de la valeur moyenne d'attente (d'une fourmi dans un pixel visité), appelée $\bar{t}_{wait}$. T_e est donnée par $T_e = 5.N_n.\bar{t}_{wait}$, où le facteur 5 a été choisi empiriquement, notant que la méthode n'est pas très sensible à ce paramètre. La quantité de dépôt de phéromones est de 0.4 et la probabilité d'exploration est égale à 0.04. Ces termes empiriques ont été choisis après plusieurs tests. Cependant, nous soulignons que le résultat obtenu n'est pas très sensible à condition que la diminution de p_e et q soit suffisamment lente, et que T_e soit suffisamment grand.

2.3 Résultats

2.3.1 Validation de la méthode

Tout d'abord, nous proposons de valider l'algorithme sur des données simulées. La Figure 2.3a montre l'image des labels utilisée. Elle comprend, centrées respectivement en

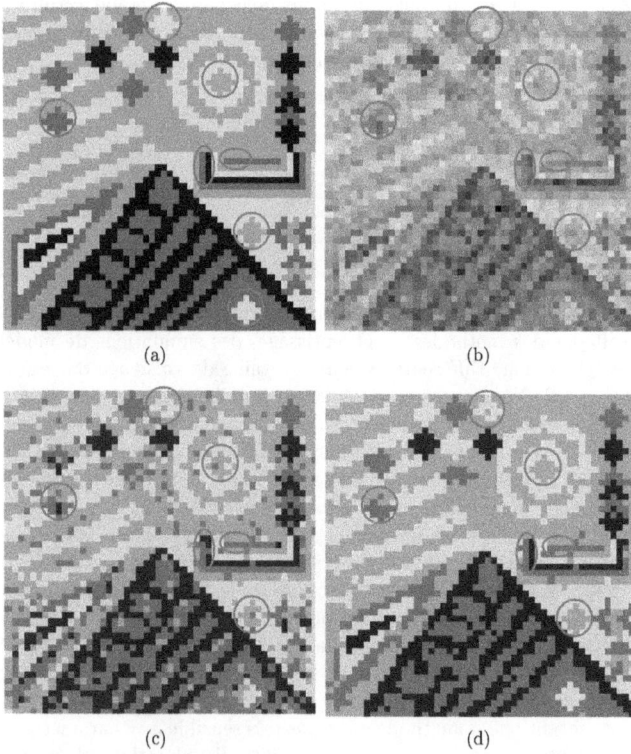

FIGURE 2.3 – Données simulées (bruit $\sigma = 40$) : (a) image des labels, (b) image de données avec un bruit blanc gaussien, et classifications obtenues : (c) résultat de la classification aveugle et (d) résultat de l'algorithme ACO.

$\{100, 200, 300, 400\}$ et ayant toutes un écart-type de 40 (variance 1600). La distribution des valeurs des pixels, pour une classe donnée, est gaussienne $\mathcal{N}(\mu_i, \sigma_i)$. La Figure 2.3b montre l'image des données dans le cas d'un bruit blanc gaussien.

La Figure 2.3c montre la classification aveugle. La Figure 2.3d représente les résultats de la classification ACO, pour les paramètres suivants : $|N(s)|{=}8$, $\beta = 1.0$, et les valeurs initiales de (p_e, q, T_e) (4%, 40%, 100). Pour la comparaison (dans ce qui suit), la valeur de β a été choisie égale à celle optimisée empiriquement pour la classification MAP avec voisinage stationnaire. On remarque que la classification aveugle est très bruitée. En analysant les résultats de la méthode ACO par rapport à la classification aveugle (i.e. régularisation spatiale par rapport à l'attache aux données), nous remarquons que la régularisation permet souvent la correction des erreurs de la classification aveugle. Dans ce qui suit, des analyses plus profondes et des comparaisons avec des méthodes de classification (avec régularisation) vont être présentées.

La Figure 2.4 montre les potentiels des voisinages normalisés, $|\{r \in N(s); \ l_r = l_s\}|/|N(s)|$ correspondant aux quatre classes. Nous constatons que les voisinages sont construits de façon à avoir un label uniforme. Avant la convergence, les potentiels sont estimés à partir d'un voisinage de forme fixe 8-connexité (qui sert comme initialisation). Nous remarquons que plusieurs pixels ont un voisinage avec des classes hétérogènes. Après convergence, même sur les frontières des classes, on remarque que les valeurs des potentiels sont très proches de 1 (couleur blanche) ou de 0 (couleur noire), indiquant un voisinage homogène. En effet, le fait d'avoir un voisinage non-stationnaire adaptatif permet que des pixels ayant des labels différents ne soient pas considérés comme voisins même s'il sont très proches spatialement. Uniquement dans des cas isolés, les fourmis n'arrivent pas à trouver un voisinage complètement uniforme en terme de labels, ceci étant dû probablement au bruit très fort sur l'image des données. Cependant, nous notons que la valeur de la fonction de voisinage du label d'un pixel quelconque est toujours plus proche de 1 que la valeur obtenue par la classification 8-connexité classique.

Nous proposons dans ce qui suit, la comparaison des résultats de ACO avec ceux d'approches alternatives. Les Figures 2.5a & b montrent respectivement les résultats de l'ICM et le MAP obtenu en utilisant le recuit simulé. Les deux méthodes utilisent la 8-connexité avec un voisinage isotrope et le modèle de Potts (différentes valeurs de β ont été testées, et uniquement le meilleur résultat est présenté). La Figure 2.5c est le résultat obtenu par la méthode processus ligne [Geman and Geman, 1984]. La Figure 2.5d est le résultat de la classification par le Chien-modèle [Descombes et al., 1998; 1995]. Ce modèle est défini sur un voisinage 5×5, dépendant de trois paramètres qui contrôlent l'énergie locale des contours, lignes et bruit. Ces deux dernières approches (processus ligne et le Chien-modèle) ont été sélectionnées, pour la comparaison avec notre approche, comme plus sophistiquées (et plus complexes) que le modèle à voisinage isotropique. Ces deux méthodes sont a priori capables de préserver les structures fines de l'image durant la régularisation. Rappelons que les résultats d'ACO sont représentés dans la Figure 2.3d.

Avec l'ICM 8-connexité en utilisant un voisinage isotropique, la plupart des erreurs de pixels 'isolés' ont été corrigées par rapport à la classification aveugle (présentée dans la Figure 2.3c). En revanche, un paquet d'erreurs ne peut pas être corrigé sans toucher aux structures fines. Le recuit simulé produit des résultats presque équivalents (légèrement meilleurs grâce à la minimisation globale plutôt que la minimisation locale). Le fait que

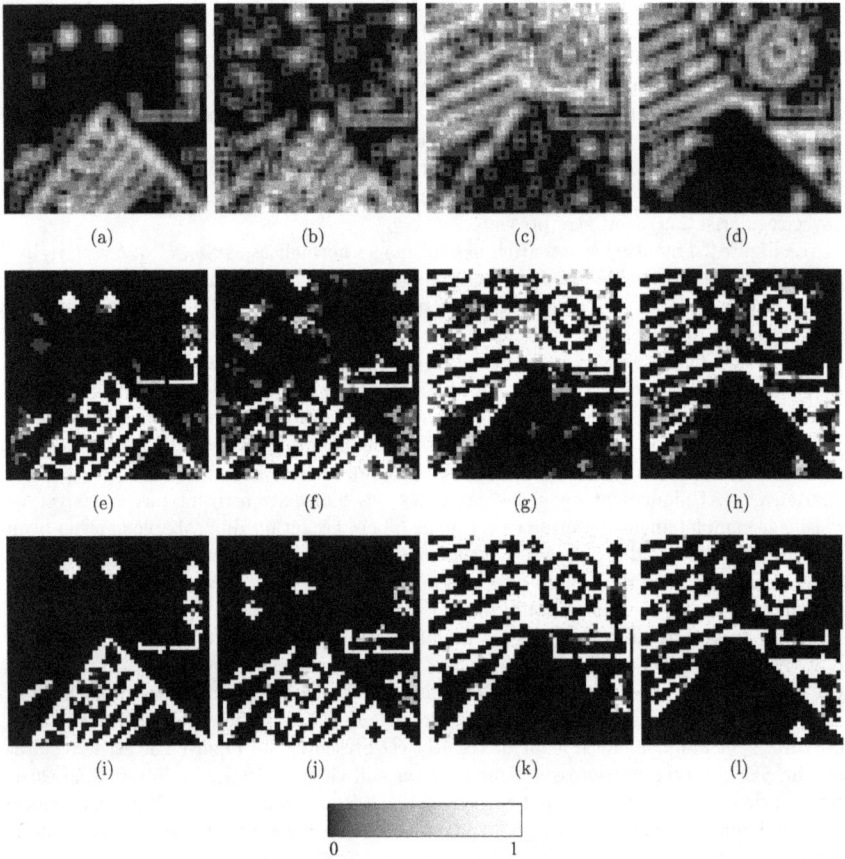

FIGURE 2.4 – Fonctions de potentiel des voisinages normalisés des quatre classes (une par colonne) : la première ligne correspond à la forme classique fixe d'un voisinage : la seconde et la troisième en utilisant la méthode ACO respectivement avant et après convergence.

156

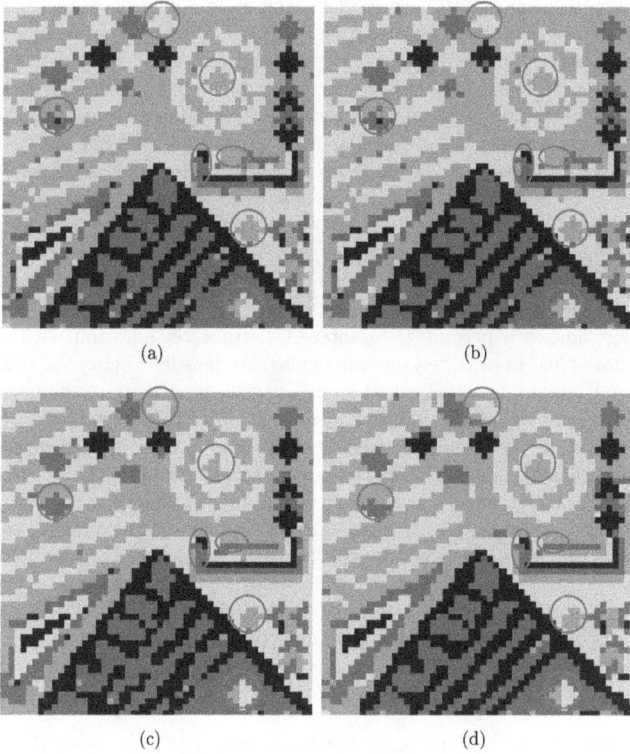

FIGURE 2.5 – Données simulées (bruit $\sigma = 40$) : des résultats de classification alternatives :
(a), (b) meilleur résultat en utilisant la 8-connexité avec un modèle de Potts utilisant
respectivement l'algorithme du ICM et celui du recuit simulé, (c) résultat en utilisant les
processus ligne [Geman and Geman, 1984], (d) résultat en utilisant des cliques d'ordre
supérieur (Chien-modèle, [Descombes *et al.*, 1998])

l'ICM et le recuit simulé produisent des résultats très proches prouvent que les erreurs qui restent ne sont pas dues au processus d'optimisation mais plutôt au modèle d'image considéré. En particulier (mais pas exclusivement), ces erreurs sont dues au fait qu'on suppose des voisinages stationnaires. Cette constatation est confirmée en examinant les autres résultats, où plusieurs erreurs ont été corrigées soit en utilisant un modèle d'image plus complexe (processus ligne, Chien-modèle), soit en relâchant l'hypothèse de voisinages stationnaires (ACO). Parmi les approches considérées, ACO produit le meilleur résultat, même si quelques erreurs restent à cause du niveau de bruit assez fort dans l'image de données initiale : les structures fines sont plus moins préservées mais la plupart des erreurs de la classification aveugle sont corrigées. Plusieurs exemples illustrant l'intérêt de l'approche sont montrés dans les Figures 2.3 & 2.5. Par exemple, on peut voir que les structures longitudinales de la partie au milieu à droite de l'image ont été perdues par l'ICM ou la classification MAP classique. La préservation de ces structures avec des méthodes classiques qui considèrent des voisinages isotropes nécessite la diminution du paramètre de pondération du poids du voisinage (β), mais cela en contre-partie induira une non correction d'une grande partie des erreurs de la classification aveugle. En revanche, l'utilisation des méthodes plus sophistiquées, comme les processus ligne, le Chien-modèle, ou le voisinage adaptatif permet de préserver les structures fines tout en corrigeant les erreurs. On note plusieurs cas, tels que ceux encerclés dans les Figures 2.3 et 2.5 (excepté celui en bas à droite) où la classification en utilisant un modèle simple d'image (fonctions de potentiel utilisant des cliques d'ordre 2) produit des résultats meilleurs que ceux des processus ligne ou le Chien-modèle, mais ces résultats sont un peu au-dessous de ceux de l'approche voisinage adaptatif. Finalement, la surface montrée par le cercle en bas à droite de l'image montre un cas où uniquement l'approche adaptative permet de corriger une erreur initiale de la classification aveugle. Ceci pourra être expliqué par le fait que notre modèle est moins contraignant que les processus ligne qui nécessitent une structure régulière du contour ou le Chien-modèle qui imposent des contraintes sur l'orientation des formes et des contours [Descombes and Pechersky, 2003]. Afin d'éviter l'effet de la sur-régularisation du modèle de Potts, le modèle proposé adapte localement la forme du voisinage et donc est plus flexible que les méthodes avec des a priori plus complexes.

Quantitativement, les performances sont mesurées par le pourcentage de bonne classi-fication (r_{GC}), ou par le paramètre *Kappa*, ces deux estimateurs étant issus de la matrice de confusion comme suit :

$$r_{GC} = \frac{\sum_{i=1}^{c} M_{ii}}{\sum_{i=1}^{c} \sum_{j=1}^{c} M_{ij}}, \tag{2.18}$$

TABLE 2.2 – Comparaison des performances des différents algorithmes de classification pour trois valeurs de niveau de bruit. Pour chaque valeur de bruit, la première ligne représente r_{GC} et la seconde $Kappa$

Classification	Aveugle	SA	processus ligne	Chien-modèle	ACO
$\sigma = 20$	98.28	99.40	98.72	99.04	99.76
	97.63	99.17	98.23	98.67	99.67
$\sigma = 40$	85.00	91.36	92.32	92.56	93.60
	79.40	88.06	89.38	89.74	91.16
$\sigma = 60$	67.44	77.80	80.00	82.40	80.40
	55.70	69.40	72.49	75.91	73.15

$$Kappa = \frac{(r_{GC} - b)}{1 - b},$$
$$\text{avec } b = \frac{\sum_{i=1}^{c}\left(\sum_{j=1}^{c}M_{ij}\sum_{j=1}^{c}M_{ji}\right)}{\left(\sum_{i=1}^{c}\sum_{j=1}^{c}M_{ij}\right)^2}. \tag{2.19}$$

Le Tableau 2.2 montre les performances des différentes méthodes de classification obtenues à partir de données images simulées avec différentes valeurs de niveau de bruit : l'écart-type des classes est égal respectivement à 20, 40 et 60, tandis que les centres des classes restent les mêmes. Les performances sont comparées en terme de pourcentage de bonne classification r_{GC} et de valeur $Kappa$, pour des résultats correspondant à la classification aveugle, l'approche MAP 8-connexité utilisant le recuit simulé, les processus ligne, le Chien-modèle et la méthode ACO auto-adaptative 8-connexité. Nous remarquons que l'amélioration apportée par les voisinages auto-adaptatifs (utilisant ACO) par rapport à la modélisation par voisinage de forme fixe (MAP avec cliques d'ordre 2, optimisée par le recuit) peut atteindre quelques pourcentages. Cependant, nous remarquons aussi que pour le cas d'un bruit de niveau élevé, la méthode auto-adaptative est moins performante que l'algorithme Chien-modèle. En effet, à fort bruit (niveau supérieur à celui d'une image de télédétection classique), nous avons intérêt d'imposer explicitement des contraintes (cliques d'ordre supérieur) au lieu de chercher les structures fines qui sont quasiment effacées.

Plus précisément, la Figure 2.6 montre deux images de données simulées et les résultats de classification obtenus en utilisant respectivement la méthode ACO et le Chien-modèle, dans les deux cas d'écart-type $\sigma = 20$ et $\sigma = 60$. Rappelons que l'approche par voisinage auto-adaptatif n'impose aucun a priori sur la forme du voisinage (uniquement le cardinal est fixé) contrairement à d'autres approches qui privilégient certaines géométries à partir de la définition des potentiels des cliques. A partir de la Figure 2.6d-f, nous remarquons que dans le cas d'un bruit fort, et à cause de l'optimisation locale, les approches moins contraignantes peuvent ne pas aboutir à la solution correcte. En revanche, pour un niveau de bruit très faible (montré dans les Figures 2.3d & b) et les Figures 2.6b & c), la méthode ACO donne les meilleurs résultats.

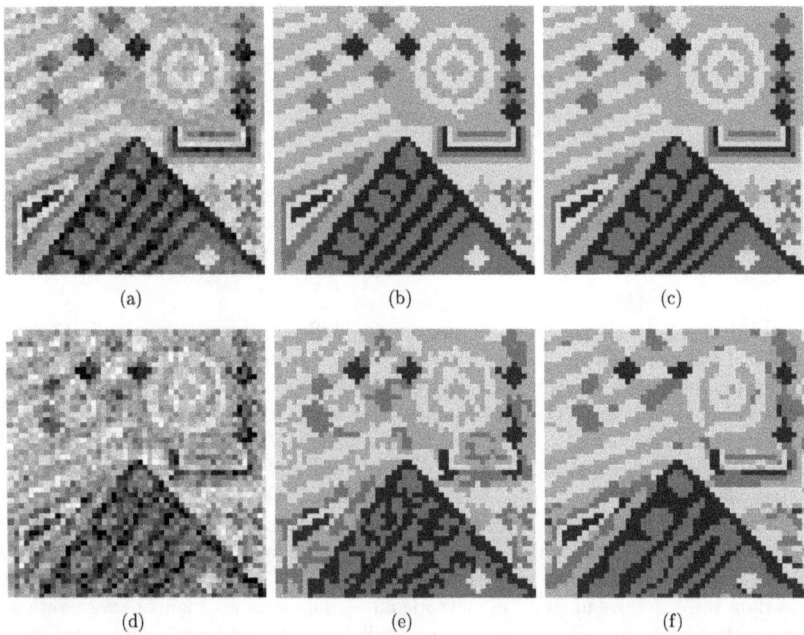

FIGURE 2.6 – Données simulées : (a) image de données avec un bruit blanc Gaussien ($\sigma = 20$) : (b) classification ACO ; (c) Chien-modèle ; (d) image de données avec un bruit blanc gaussien ($\sigma = 60$) : (e) classification ACO ; (f) Chien-modèle.

TABLE 2.3 – Caractéristiques des classes de l'image SPOT 4 en terme de fCover

Numéro de classe	Centre	Variance	Couleur
1	0.563	1.0	
2	0.608	1.0	
3	0.044	1.0	
4	0.172	1.0	
5	0.316	1.0	

Nous soulignons finalement que l'amélioration globale des résultats correspondant à l'approche proposée est due à l'utilisation d'un voisinage non-stationnaire au lieu d'une fenêtre classique. En effet, si on utilise ACO avec un modèle MRF classique (forme fixe), on trouve des résultats proches de ceux du Recuit Simulé [Ouadfel and Batouche, 2003]. Ici, la méthode ACO est utilisée pour estimer la non-stationnarité du voisinage. En alternative à la méthode ACO, une optimisation utilisant l'échantillonneur de Gibbs et le recuit simulé afin de retrouver le couple $(l, h) = \{(l_s, h_s), s \in \Omega\}$ (défini dans la Section 2.1.2) a été développée. Cependant, la valeur de l'énergie dans l'espace solution est très fluctuante avant d'atteindre un résultat satisfaisant : en particulier, changer la forme du voisinage h_s d'un seul pixel s par itération rend impossible une transition directe entre deux configurations vérifiant la condition de réciprocité (il y en a au moins une configuration intermédiaire non-réciproque, i.e. avec une valeur d'énergie très élevée).

2.3.2 Application au données réelles

A présent, nous étudions tout d'abord un exemple issu d'une image réelle de petite taille sur laquelle nous avons fait nos classifications. Ensuite nous montrons des cartes de classification du fCover sur le bassin du Yar.

La sous-image étudiée a été acquise par le capteur SPOT4/HRVIR, qui permet de mesurer la réflectance en trois bande de fréquence : Vert, Rouge et Proche Infrarouge, la taille du pixel étant de $20 \times 20 m^2$. L'image considérée a été acquise sur une région agricole test en Roumanie en Juin (base de données ADAM). Le taux de végétation a été estimé. Sur l'image, une sous-image de 256×256 pixels a été extraite. Elle est montré dans la Figure 2.7a. Cinq classes principales de densité de végétation peuvent être distinguées : taux de végétation nul (sol nu ou eau), une végétation de faible densité (correspondant a des céréales semées au printemps et qui commencent à pousser), jusqu'à une végétation très dense (correspondant à des cultures pleinement développées à la fin de juin, e.g. haricots et prairies). La Table 2.3 montre les caractéristiques des cinq classes de l'image estimées à partir de l'algorithme *fuzzy c-means* [Bezdek and R. Ehrlich, 1984], ainsi que leur code couleur de classification. Nous notons, tout d'abord, la grande complexité du paysage de l'image, et en particulier, la finesse de la plupart des parcelles (excepté celles de céréales de printemps) due aux pratiques agricoles dans la région et à la résolution moyenne du capteur. De plus, plusieurs champs de grandes tailles présentent des états de culture hétérogènes (e.g. sol nu avec chaume). Des exemples de ces configurations sont pointés par les cercles 3-6 dans la Figure 2.7a. On trouve par exemple du sol nu aux

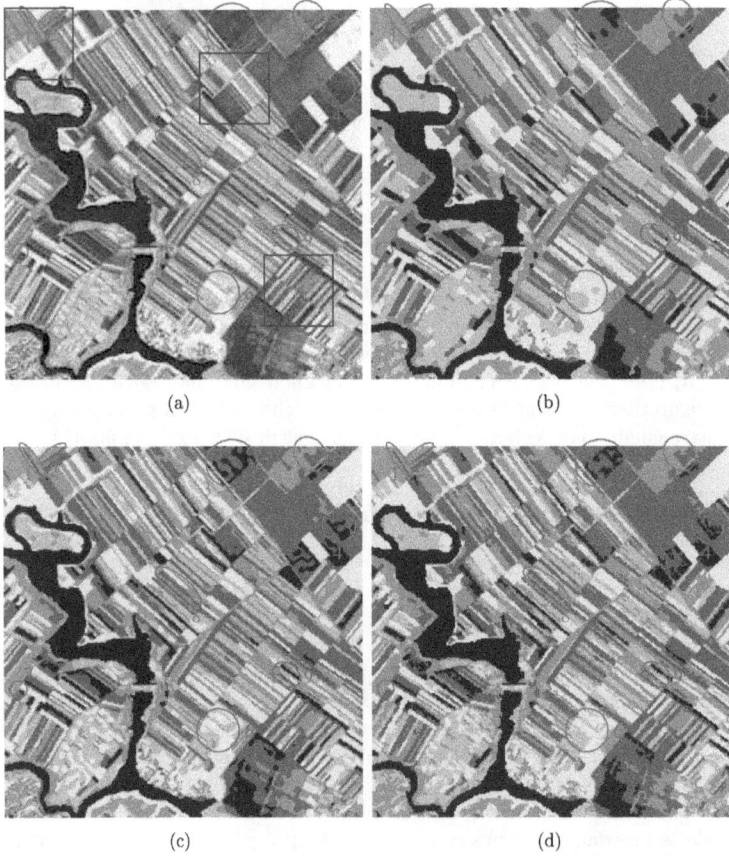

FIGURE 2.7 – Données SPOT 4 et résultats de classification : (a) taux de couverture ; (b) classification aveugle, (c) MAP 8-connexité avec recuit simulé, (d) ACO.

bords des parcelles. Lors de la classification, on peut s'attendre à ce que ces formes soient détruites par régularisation (quand leurs états de végétation ne sont pas très différents de ceux de la majeure partie de la parcelle à laquelle ils appartiennent), ou préservées mais tout en régularisant leurs frontières irrégulières. Par ailleurs, de part la taille d'un pixel $(20 \times 20m^2)$, l'image contient des pixels mixtes, en particulier aux bords des parcelles. En considérons une classification dure, on souhaiterait que ces pixels mixtes soient classifiés dans une des classes composant le mélange (et non pas une classe intermédiaire, e.g., les pixels composés par une végétation dense éparpillée sur sol nu ne devrait pas être considérée comme une végétation peu dense). Nous comparons alors le comportement des différentes méthodes de classification vis-à-vis de ces problèmes.

Les Figures 2.7b-d montrent les résultats des classifications. La comparaison est uniquement quantitative du fait de l'absence d'une vérité terrain précise. Le résultat de la classification aveugle (non montré) est très bruité. Cet effet pourra être réduit en prenant en compte le voisinage. La Figure 2.7b montre les résultats de la classification MAP classique 8-connexité utilisant le recuit, la Figure 2.7c montre les résultats du Chien-modèle, et la Figure 2.7d montre les résultats du voisinage adaptatif utilisant ACO. Dans la Figure 2.7b, nous remarquons l'effet du voisinage isotrope, notamment l'effacement des structures fines, soit complètement (comme dans le cas des régions des cercles 1 et 2) ou partiellement (comme dans le cas des régions des cercles 8 et 9). Cependant, cet effet ne peut pas être réduit (par diminution du paramètre β) sans en contre partie laisser beaucoup d'erreurs de classification aveugle. La Figure 2.7b est en effet le meilleur compromis entre régularisation du bruit et préservation de la complexité réelle des structures. En considérant soit la classification par le Chien-modèle soit celle par voisinage adaptatif, nous remarquons que les parcelles correspondant à des structures fines sont restituées. Nous notons aussi, qu'en utilisant le Chien-modèle (comme dans le cas du voisinage isotrope), on observe un lissage non réaliste des frontières entre des végétations présentant différents états (cercles 3 à 6). Ces deux approches conduisent à des erreurs sous forme de plusieurs pixels erronés sous forme d'agrégation régularisés, ce qui n'est pas le cas de l'approche par voisinages adaptatifs. Finalement, nous notons qu'il y a plusieurs cas où les erreurs de la classification aveugle ne sont corrigées que par la méthode ACO, comme on peut le constater de façon plus détaillée dans la Figure 2.8.

La Figure 2.8 permet une étude plus fine des classifications (de gauche à droite respectivement, MRF classique, ACO et Chien-modèle) dans le cas de trois sous-parties de l'image précédente (Figure 2.7). Les surfaces encerclées représentent les parties étudiées et montrant l'intérêt du voisinage adaptatif :
 – une préservation meilleure des structures fines relativement au modèle du voisinage isotrope (cercles 1,2,4,5,11,13,14,16) ;
 – meilleure restitution de la forme géométrique réelle relativement au Chien-modèle (cercles 6,8,10,13,14,15)
 – meilleure élimination des erreurs de la classification aveugle (3,12) en particulier en présence de pixels mixtes (7,9,16,17,18,19).

Il faut aussi noter, qu'il y a des régions où le Chien-modèle produit les meilleurs résultats, notamment pour les parcelles longitudinales où l'utilisation de contraintes sur les formes et sur les lignes pourrait être nécessaire afin de retrouver la géométrie réelle.

Ici, nous présentons nos données réelles. La Figure 2.9 montre les deux images des

163

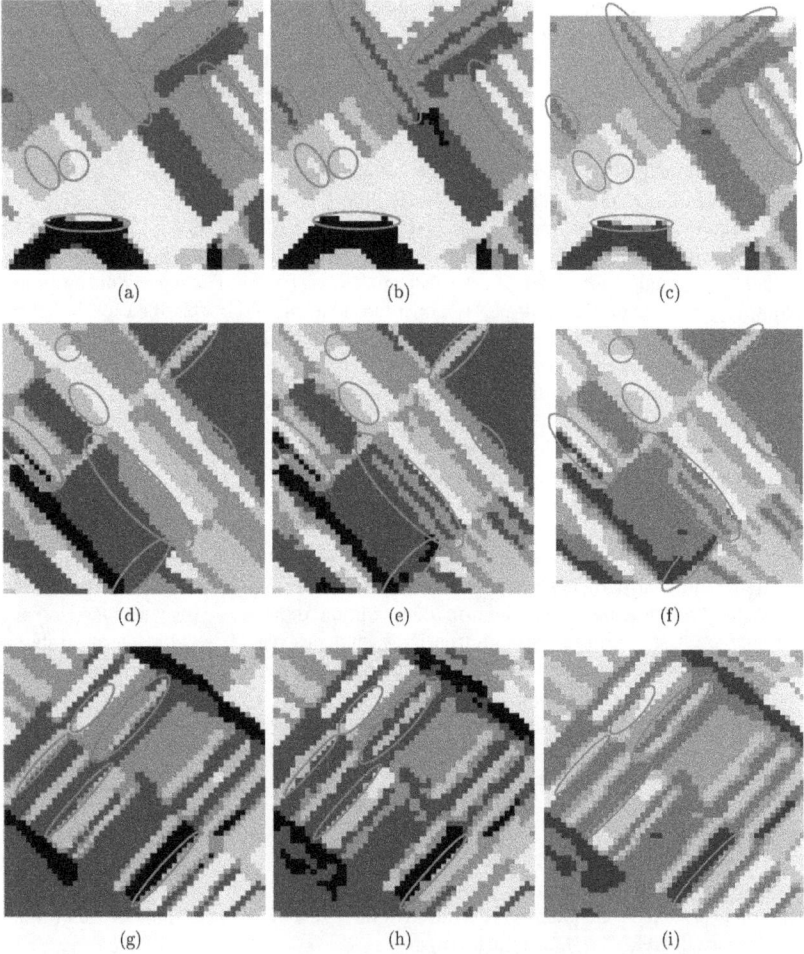

FIGURE 2.8 – Comparaison des résultats des classifications : de la gauche à la droite : voisinage isotrope (a),(d),(g), le voisinage adaptatif (b),(e),(h), et le Chien-modèle (c),(f),(i), dans le cas de trois sous-images 50×50 pixels de l'image de la Figure 2.7 (montrées par des carrés bleus).

réflectances en Proche Infrarouge du bassin du Yar des hivers 2003 et 2006. les Tableaux 2.4 et 2.5 montrent les résultats des clustering en 5 classes utilisant le *fuzzy c-means*, respectivement de l'image SPOT 5 et Quickbird. Les résultats des classifications MAP sont présentés sur les Figures 2.10 et 2.11 correspondant respectivement à l'image SPOT et Quickbird. Les Figures 2.10a et 2.11a représentent la classifications aveugles alors que les Figures 2.10b et 2.11b représentent les classifications MAP avec recuit simulé. Notons que l'algorithme ACO n'a pas été utilisé parce qu'il est assez lourd en temps de calcul et les images sont assez grandes.

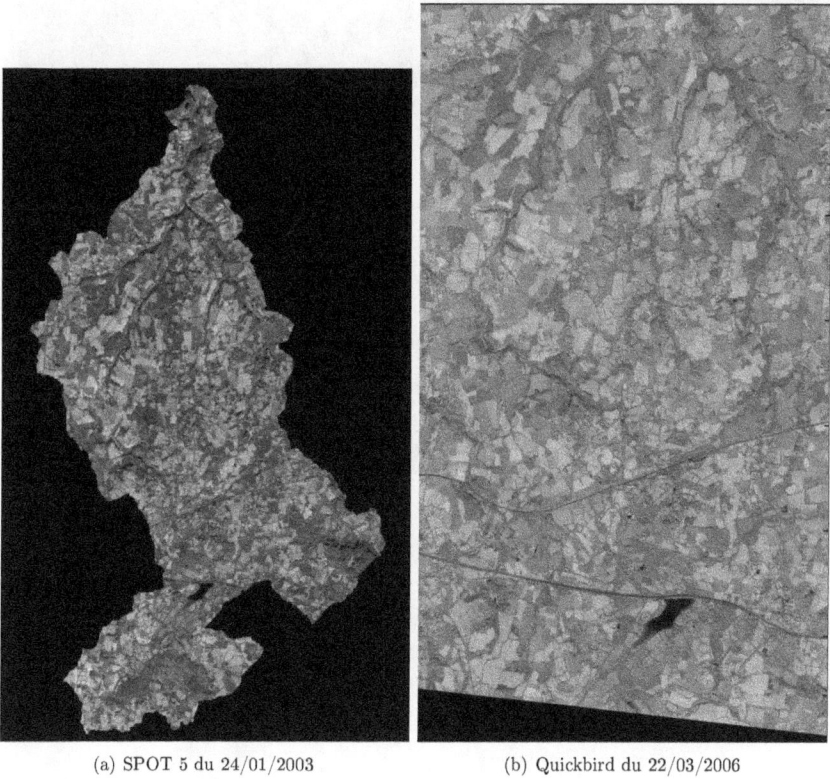

(a) SPOT 5 du 24/01/2003   (b) Quickbird du 22/03/2006

FIGURE 2.9 – Images des réflectances en Proche Infrarouge des hivers 2003 et 2006.

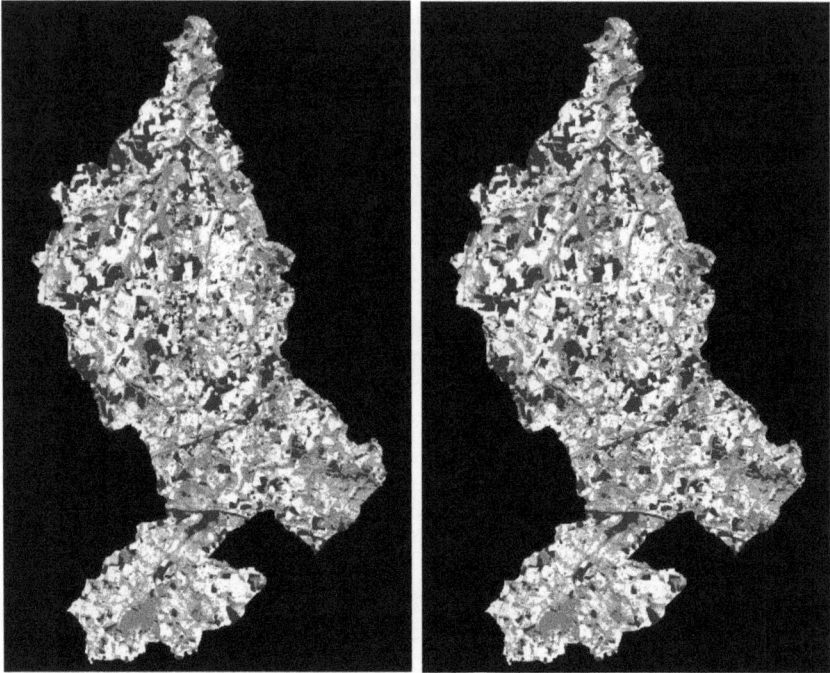

(a) Classification aveugle   (b) MAP 8-connexité avec recuit simulé

FIGURE 2.10 – Classification de l'image SPOT 5 de l'hiver 2003 (24/01/03).

TABLE 2.4 – Caractéristiques des classes de l'image SPOT 5 en terme de fCover

Numéro de classe	Centre	Variance	Couleur
1	0.138	0.071	
2	0.35	0.057	
3	0.545	0.067	
4	0.791	0.075	
5	0.995	0.022	

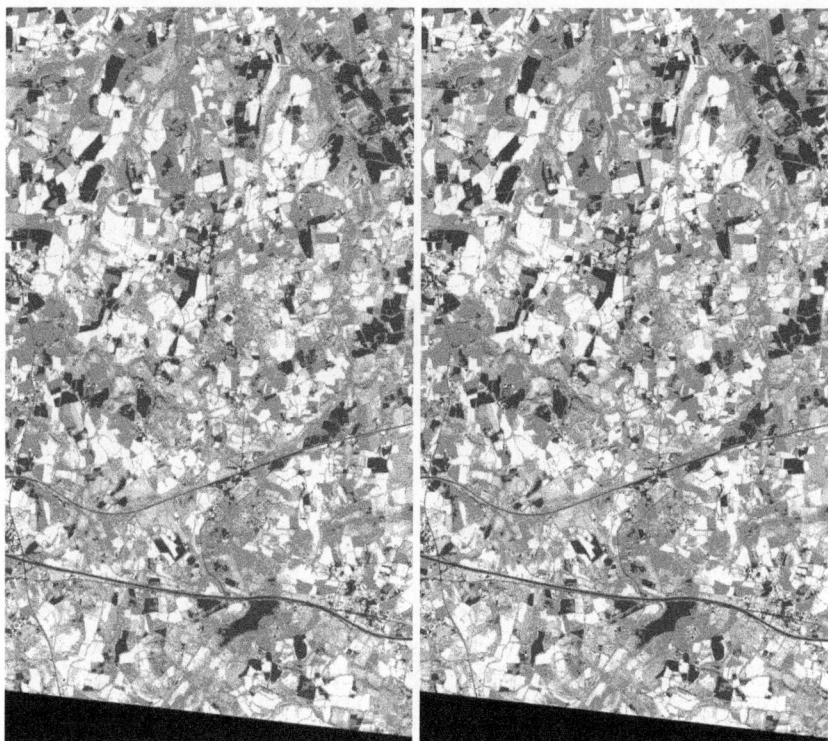

(a) Classification aveugle   (b) MAP 8-connexité avec recuit simulé

FIGURE 2.11 – Classification de l'image Quickbird 5 de l'hiver 2006 (22/03/2006).

TABLE 2.5 – Caractéristiques des classes de l'image Quickbird en terme de fCover

Numéro de classe	Centre	Variance	Couleur
1	0.009	0.027	
2	0.213	0.059	
3	0.415	0.068	
4	0.659	0.084	
5	0.973	0.053	

2.4   Conclusion

La méthode ACO appliquée à la construction des voisinages des pixels dans des problèmes de classification globale a été étudiée au cours du chapitre. L'algorithme développé permet d'avoir des résultats meilleurs que ceux de la classification MAP classique utilisant le recuit simulé, pour différents niveaux de bruit. Cette méthode d'optimisation nous permet de considérer un champ de Markov non-stationnaire en terme de forme de voisinage et fournit un outil numérique pour l'estimation du voisinage local.

L'avantage d'avoir une forme de voisinage auto-adaptative apparaît clairement dans le cas d'images contenant des structures spatiales fines, comme nous l'avons illustré dans le cas des images simulées. La classification MRF classique utilisant un voisinage isotrope 8-connexité ne permet pas de trouver les vrais labels des structures complexes, ceci indépendamment de la méthode d'optimisation ICM ou le recuit simulé. En effet, cette limite n'est pas due à l'optimisation mais au modèle d'image considéré. Le Chien-modèle ou les processus ligne qui sont des modèles d'image plus sophistiqués améliorent de façon plus au moins probante les résultats. Finalement, la méthode de voisinage auto-adaptative semble être la plus adaptée et flexible en vue de restituer la complexité des images. Des résultats similaires ont été aussi obtenus pour des données réelles où la performance de la méthode auto-adaptative a été montrée qualitativement.

En plus de ses performances, la méthode développée est aussi robuste par rapport à l'ajustement des paramètres. En particulier, les paramètres de ACO (la probabilité d'exploration, la quantité de phéromones déposée, et la durée de l'expérience) pourront être calibrés à des valeurs par défaut. Pour le paramètre β, on peut considérer la valeur optimale correspondant au cas classique de voisinage 8-connexité isotrope. Cette possibilité d'utiliser des paramètres par défaut ou des estimations empiriques obtenues par des algorithmes simples et rapides (comme le ICM) est un grand avantage car l'algorithme proposé est plutôt long (de part sa complexité additionnelle).

Ce chapitre a fait l'objet d'un article publié dans la revue *IEEE Transaction on Image Processing*, [Hégarat-Mascle *et al.*, 2007].

Conclusion

L'observation et le suivi des surfaces continentales depuis l'espace, par télédétection, est un domaine de recherches actif où l'un des défis actuels est l'estimation quantitative et automatique de paramètres biophysiques à partir des mesures d'un ou plusieurs capteurs. Dans le cadre de ce travail de thèse nous nous sommes intéressés au paramètre 'taux de couverture végétale' (noté fCover), qui représente la proportion de sol recouverte par de la végétation. Ce facteur intervient dans de nombreux modèles de fonctionnement des surfaces continentales, notamment des modèles hydrologiques et/ou atmosphériques, influençant les échanges d'eau et d'énergie entre la surface et l'atmosphère. La thèse porte sur l'inversion de ce paramètre à partir de données-images satellites de résolution spatiale décamétrique à métrique.

La thèse comprend quatre parties retraçant les étapes de compréhension de la physique des signaux mesurés, de modélisation de ces signaux en vue de leur inversion, d'estimation mathématique du paramètre recherché à partir d'une ou plusieurs sources de données, et de classification des estimations obtenues. Les contributions de ce travail de recherche sont de deux natures : apports en modélisation physique pour la télédétection (définition du modèle direct de simulation de la réflectance, et inversion du taux de couverture végétale), apports en traitement de données (fusion de données multisources − cas d'indices de végétation non indépendants − et classification d'images avec prise en compte de non stationnarités − pour l'obtention d'une carte des taux de couverture végétale).

Modèle de transfert radiatif direct

Dans le cadre de l'étude du modèle direct de simulation de la réflectance, nous avons proposé de coupler deux modèles de transfert radiatif déjà existants (le modèle SAIL et la méthode Adding), chacun focalisé sur une échelle de représentation des interactions onde-surface différente. L'approche a été développée tout d'abord dans le cas d'un milieu turbide (taille nulle des particules). Elle a été ensuite étendue dans le cas d'un milieu discret (taille non-nulle des particules). Pour une couche de végétation donnée, les différents opérateurs de Adding sont alors estimés en utilisant le formalisme de SAIL. Plus précisément, en divisant une couche de végétation en sous-couches 'très fines' pour lesquelles les flux diffus peuvent être négligés, en estimant les différents opérateurs de Adding de ces sous-couches, puis en utilisant le principe Adding pour superposer les sous-couches, on obtient les opérateurs de la couche globale. Un des premiers atouts du modèle couplé est qu'il permet alors de s'affranchir de l'hypothèse de flux diffus semi-isotropes considérée par SAIL, qui, comme nous l'avons montré, conduit à une sous-estimation de la réflectance.

Nous avons également proposé, dans le cas discret, une adaptation du modèle de Kuusk au formalisme de Adding, ce qui a permis de prendre en compte l'effet dit du 'hot spot'. Nous avons alors montré un atout majeur du modèle couplé qui, en considérant uniquement la végétation ayant interagit réellement avec le flux radiant dans le calcul des opérateurs Adding, permet de conserver l'énergie, ce qui n'est pas le cas pour les autres modèles de transfert radiatif 1-D. Par ailleurs, notre méthode permet de calculer l'effet de hot spot entre les flux diffus : nous avons appelé ce nouveau concept 'effet de hot spot multiple'.

Le modèle couplé proposé a été évalué d'une part sur le plan théorique en vérifiant la conservation des lois physiques (symétrie et conservation de l'énergie) et d'autre part numériquement en utilisant la base RAMI II. En particulier, concernant la conservation de l'énergie, elle est assurée théoriquement : dans le cas turbide, par la décomposition de la végétation en couches fines et l'exploitation du principe Adding, et dans le cas discret, par la définition du modèle multi hot spot. Elle a été vérifiée numériquement, l'erreur étant de l'ordre de 0.1% pour une valeur de LAI=3 dans le cas turbide, les résultats étant à peine moins bons dans le cas discret. Plus généralement, la comparaison de notre méthode avec des modèles 3-D de la base RAMI II, supposés plus réalistes que les modèles 1-D, a montré que notre modèle est le seul modèle 1-D qui donne des résultats très proches des modèles 3-D, aussi bien dans le cas turbide que dans le cas discret. Finalement, concernant le temps de calcul, moyennant la mise en mémoire des opérateurs d'une couche fine, il devient très raisonnable (comparativement aux modèles 3D).

Dans nos futurs travaux, en terme de mise en œure, nous souhaitons augmenter la précision de la discrétisation de la méthode en utilisant le polynôme de Gauss-Legendre. En terme de phénomènes physiques pris en compte, nous envisagerons de modéliser l'hétérogénéité de la végétation, le 'clumping', et en coopération avec les chercheurs en Infrarouge Thermique, nous envisageons d'étendre le modèle à ces longueurs d'onde.

Modèle de transfert radiatif inverse

Dans cette partie, en vue de son inversion, une approximation 'au premier ordre' du modèle couplé SAIL/Adding a été proposée. Ayant justifié et vérifié le réalisme de cette approximation, qui consiste concrètement à ne considérer que la première réflexion par le sol, nous avons alors montré que dans le plan des réflectances (Rouge, Proche-Infrarouge), une isoligne de valeur de densité de végétation constante est un segment de droite dont les paramètres sont reliés à ceux du modèle SAIL, eux-mêmes reliés aux caractéristiques de la végétation et du sol.

Ensuite, face à la complexité de la modélisation des isolignes *versus* tous les paramètres de la végétation et du sol, nous avons proposé une paramétrisation empirique de la famille des isolignes à partir de simulations du modèle SAIL. Plus précisément, nos simulations ont montré des relations, en fonction du taux de couverture végétale, quasi-linéaire pour la pente des isolignes et linéaire pour l'intersection entre l'isoligne et la droite des sols. Nous avons obtenu ainsi un modèle simplifié à quatre paramètres, qu'il est possible d'étalonner à partir d'une base de données d'apprentissage.

Ayant démontré certaines propriétés mathématiques quant aux solutions du modèle inverse (existence, nombre), nous avons proposé un algorithme d'inversion permettant, à partir des mesures de réflectances dans le Rouge et le Proche-Infrarouge, d'estimer la valeur du taux de couverture végétale.

Finalement, nous avons décliné notre modèle d'inversion selon deux versions, en fonction de l'apprentissage de ses paramètres effectué selon l'une ou l'autre des méthodes d'optimisation : Simplex et SCE-UA, qui correspondent respectivement à une méthode déterministe d'optimisation locale et à une optimisation heuristique.

Afin d'évaluer la performance des deux versions de notre modèle d'inversion, nous les avons comparées avec des indices de végétation classiques, dans le cas de données simulées et dans celui de données réelles. Les données simulées l'ont été à l'aide du modèle couplé PROSPECT/SAIL (qui prend comme paramètres d'entrée les paramètres biophysiques de la végétation, du sol et la géométrie de la scène). Notre méthode a montré des résultats plus précis et robustes pour les différents cas de couverts considérés : végétation verte, végétation jaune, mélange de végétation verte et jaune, différents types de sols, bruit sur la valeur de la distribution des feuilles, sur les caractéristiques du sol (paramètres de la droite des sols) et sur le facteur de hot spot. Nous notons aussi que les méthodes d'optimisation SCE-UA et Simplex donnent des résultats proches, avec, comme attendu, un léger avantage pour le SCE-UA qui est une méthode d'optimisation globale. Dans le cas des données réelles, les conclusions sur les performances respectives des méthodes d'estimation du taux de couverture végétale sont les mêmes, bien que les résultats soient nettement moins contrastés.

Dans nos futurs travaux, nous envisageons d'estimer d'autres relations empiriques entre les paramètres des isolignes et d'autres descripteurs de la densité de végétation comme le LAI, ou d'autres caractéristiques de la végétation comme la fraction d'absorption de radiation active photosynthétique (FAPAR), le coefficient de hot spot, ALA, C_{a+b} et N. Des couverts de végétation hétérogènes pourront aussi être testés [Yoshioka et al., 2000b]. Dans ces cas, un grand nombre de bandes spectrales est nécessaire puisque le nombre de paramètres indépendants à estimer est plus élevé (en particulier la relation bijective reliant le fCover au LAI n'est plus valide pour une végétation hétérogène). En supposant l'existence de droites des sols pour n'importe quel couple de bandes spectrales, une paramétrisation des isolignes de réflectance dans chaque plan de couple de bandes pourrait être adaptée afin de résoudre de tel problème inverse.

Fusion de données multisources −cas d'indices de végétation non indépendants

Dans cette partie, nous nous sommes intéressés à la combinaison de différentes sources de données pour une estimation plus précise et/ou plus robuste d'un paramètre recherché. Dans le cadre de notre application thématique, il s'agissait concrètement de combiner différents indices de végétation (au sens large, i.e. soit classiques, soit issus de la méthode d'inversion proposée précédemment) pour tirer profit des complémentarités de leurs domaines de performance : par exemple le NDVI fournit des résultats relativement précis pour l'inversion de valeurs moyennes du taux de couverture végétale et le PVI pour l'inversion des fortes valeurs.

Nous avons choisi la théorie des fonctions de croyances comme cadre formel permettant la représentation non seulement de l'incertitude mais également de l'imprécision des connaissances. Cependant, les indices de végétation sont souvent très corrélés, ce qui ne correspond pas au cadre d'application classique de cette théorie (classiquement les sources sont supposées indépendantes au moins 'cognitivement'). Nous avons donc développé et proposé une nouvelle règle de combinaison adaptée au cas de sources 'partiellement non-distinctes' appelée : 'règle prudente adaptative'. La définition de cette nouvelle règle dans le cas d'un espace de discernement discret puis dans le cas continu (le taux de couverture végétale est un paramètre continu entre 0 et 1) a requis les développements théoriques suivants :

- Pour des croyances consonantes, nous avons montré l'équivalence entre les ordon-nancements q-ordering et s-ordering dans les deux cas discret et continu, équivalence justifiant l'optimalité de la règle prudente au sens du s-ordering.

- Dans le cas continu, nous avons proposé une nouvelle fonction de croyance appelée 'densité de poids canonique' de par son analogie avec la fonction $-\log w$ où w est la fonction de 'poids' de l'ignorance (croyance dans l'espace de discernement tout entier) introduite notamment lors de la décomposition canonique d'une fonction de croyance en fonctions de croyance dites 'à support simple'. Nous avons démontré les propriétés de cette 'densité de poids canonique' pour la combinaison conjonctive, l'ordonnancement des croyances et l'affaiblissement. En particulier, cette nouvelle densité a permis la définition de la notion d'affaiblissement généralisé, qui dans le cas continu 'Gaussien' (cas considéré par la suite) correspond à une augmentation de l'écart type de la gaussienne.

La règle prudente adaptative a alors été proposée comme une règle de combinaison prenant en compte la corrélation entre les sources de croyances, paramétrée de façon à 'passer' de la règle conjonctive, quand les sources sont indépendantes, à la règle prudente, quand les sources sont non-distinctes.

L'intérêt de la règle théorique développée a été étudié dans le cadre de notre application. Dans ce cas, nous avons proposé que les fonctions de masses associées aux différents indices de végétation soient estimées à partir de probabilités pignistiques gaussiennes (cas dit 'Gaussien'). La 'corrélation' entre les indices de végétation, notamment couples (PVI,WDVI), (NDVI,RVI) et (Simplex,SCE-UA), a été posée a priori.

Les performances de la fusion ont été évaluées sur des données simulées (avec et sans bruit) et des données réelles. Dans le cas des données simulées, nous avons montré que combiner plusieurs indices de végétation permet d'améliorer soit la précision de l'estima-tion, soit sa robustesse. Pour quelques cas optimaux, cette méthode permet d'améliorer les performances à la fois en terme de précision et de robustesse. Dans le cas des données réelles, les résultats sont moins clairs (ils vont toutefois dans le même sens que pour les données simulées), mais cela peut être expliqué par la distribution spécifique des taux de couverture végétale et la précision des mesures effectuées sur le terrain.

Comme perspectives méthodologiques, tout d'abord nous souhaitons mettre en place un apprentissage automatique de la 'corrélation' ou de la redondance entre sources. Cet apprentissage pourra se faire à partir de l'analyse statistique conjointe des sources consi-dérées. Par ailleurs, comme toutes les croyances utilisées sont consonantes, tout le déve-loppement théorique présenté dans ce chapitre pourra être transposé dans le cadre de la théorie des possibilités. En plus, dans le cas non-consonant, la règle prudente proposée par Denoeux (2006) pourra remplacer la règle prudente actuelle dans la définition de la règle prudente adaptative. Enfin, l'affaiblissement généralisé pourrait être utilisé afin de résoudre le conflit entre sources.

Comme perspectives liées à notre application, un modèle de discernement de la corrélation entre indices de végétation tenant compte la dépendance en fCover devrait être défini. Un tel modèle permettrait de modéliser par exemple la forte 'corrélation' pour des faibles valeurs de fCover entre les indices prenant en compte la droite des sols.

Classification d'images avec prise en compte de non stationnarités – carte des taux de végétation

Cette dernière partie de la thèse est motivée par le besoin d'obtenir une cartographie grossière des taux de couverture végétale. Pour ce faire, nous nous somme placés dans le cadre des classifications Bayésiennes (critère du Maximum A Posteriori) fondées sur une modélisation des images par champs aléatoires de Markov. L'originalité de l'approche que nous avons proposée consiste à relâcher l'hypothèse de stationnarité des voisinages de façon à ce que leur forme s'adapte de façon automatique aux caractéristiques de l'image des données et des labels. L'objectif est de mieux préserver les contours et les structures fines tout en favorisant les configurations régulières au sens de voisinages homogènes en terme de label. Nous avons montré alors que la recherche d'un voisinage adaptatif correspond à l'estimation du champ caché couple : label et voisinage. Ce champ est markovien sur une fenêtre 'assez grande' de l'image induisant l'impossibilité d'une recherche exhaustive de la configuration optimale de par le nombre très élevé de configurations possibles.

Par ailleurs, on souhaite refuser les configurations de voisinage ne vérifiant pas l'hypothèse de réciprocité. Afin de ne tester que des configurations vérifiant cette hypothèse, nous avons proposé une utilisation originale de la méthode ACO (Ant Colony Optimization) dont la pertinence a déjà été établie pour plusieurs problèmes d'optimisation notamment NP-complets. Cette dernière consiste à lancer plusieurs fourmis artificielles sur l'image qui collectent les informations sur les voisins (et leurs labels) de chaque pixel et communiquent ces informations aux autres pixels de l'image. Le modèle et la méthode de classification proposée ont été comparés d'une part aux méthodes classiques de classification par champs de Markov qui considèrent un voisinage stationnaire (Maximum A Posteriori obtenu par recuit simulé ou algorithme ICM), et d'autre part à des approches adaptées à la préservation des structures fines et des contours, à savoir le Chien-modèle et les processus ligne. Nous avons pu montrer que dans de nombreux cas la relaxation de l'hypothèse de stationnarité sur la forme de voisinage permet de mieux préserver les structures fines, même si dans quelques cas particuliers les a priori introduits par les processus ligne ou le Chien-modèle permettent d'orienter plus efficacement la recherche de la solution optimale (cas d'un bruit très fort).

Nous avons également observé une grande robustesse de l'algorithme ACO vis-à-vis de ses quelques paramètres qui pourront alors être fixés a priori. Les paramètres du modèle de l'image (notamment la pondération entre les termes d'attache aux données et de régularisation) pourront être considérés comme égaux à ceux correspondant au cas de voisinages stationnaires (et donc estimés classiquement soit en mode non supervisé, soit par ajustement supervisé). En effet, le principal problème demeurant lié à l'approche proposée est le temps de calcul, qui réduit à l'heure actuelle considérablement son intérêt pratique.

Dans des travaux futurs, nous envisageons de développer une solution approximée de l'algorithme afin de diminuer le temps de calcul.

Annexe A

Fonctions comonotones

Soit $(U_n)_{n\in\mathbb{N}}$ et $(V_n)_{n\in\mathbb{N}}$ deux suites définies sur $\mathbb{R}^+$. On dit que U et V sont comonotones [Halmos, 1969] si :

$$\forall n, m \in \mathbb{N}, U_m \geq U_n \Leftrightarrow V_m \geq V_n.$$

Dans ce cas, on a :

$$\forall n \in \mathbb{N}, \sum_{i=0}^{n} U_n V_n \geq \frac{1}{n+1} \sum_{i=0}^{n} U_n \sum_{i=0}^{n} V_n.$$

Ce théorème veut dire que la moyenne du produit de deux suites comonotones est supérieure au produit des moyennes.

Le caractère comonotone est étendu dans le cas continu comme suit. Soit f et g deux fonctions continues non-négatives définies sur $[a,b] \subset \mathbb{R}$. On dit que f et g sont comonotones si :

$$\forall x, x' \in [a,b], \, f(x) \geq f(x') \Leftrightarrow g(x) \geq g(x').$$

Alors, on a [Halmos, 1969] :

$$\int_a^b f(x)g(x)dx \geq \frac{1}{b-a} \int_a^b f(x)dx \int_a^b g(x)dx. \tag{A.1}$$

Maintenant, supposant que l'opérateur d'intégrale dans (A.1) est changé par une intégration sur $[a,b]$ multipliée par une densité φ, tels que φ est continue, non-négative et $\int_a^b \varphi(x)dx > 0$, alors (A.1) devient :

$$\int_a^b f(x)g(x)\varphi(x)dx \geq \left(\int_a^b \varphi(x)dx \right)^{-1} \int_a^b f(x)\varphi(x)dx \int_a^b g(x)\varphi(x)dx.$$

La propriété de comonotonie est étendue pour des fonctions à deux variables comme suit. Soit f et g deux fonctions continues non-négatives définies sur le fermé $[a,b] \times [c,d] \subset \mathbb{R}^2$. On dit que f et g sont comonotones si :

$$\begin{cases} \forall x, x' \in [a,b] \text{ et } \forall y \in [c,d], \, f(x,y) \geq f(x',y) \Leftrightarrow g(x,y) \geq g(x',y), \\ \forall y, y' \in [c,d] \text{ et } \forall x \in [a,b], \, f(x,y) \geq f(x,y') \Leftrightarrow g(x,y) \geq g(x,y'). \end{cases}$$

Alors [Halmos, 1969] :

$$\int_c^d \int_a^b f(x,y)g(x,y)dxdy \geq \frac{1}{(b-a)(d-c)} \int_c^d \int_a^b f(x,y)dxdy \int_c^d \int_a^b g(x,y)dxdy.$$
(A.2)

En ajoutant une densité φ définie sur $[a,b] \times [c,d]$, tels que φ est continue, non négative et $\int_c^d \int_a^b \varphi(x,y)dxdy > 0$, (A.2) devient :

$$\int_c^d \int_a^b f(x,y)g(x,y)\varphi(x,y)dxdy \geq \left(\int_c^d \int_a^b \varphi(x,y)dxdy \right)^{-1} \int_c^d \int_a^b f(x,y)\varphi(x,y)dxdy \int_c^d \int_a^b g(x,y)\varphi(x,y)dxdy.$$
(A.3)

Annexe B

Condition de non concurrence entre trois isolignes

Dans cet annexe, nous montrons une condition suffisante de non concurrence entre trois isolignes. Si F est une famille de droites paramétrée par $f \in [0,1]$. D_f la droite correspondante à f, $\alpha(f)$ et $\beta(f)$ sont respectivement la pente et l'ordonnée à l'origine de la droite D_f. Afin d'éviter la concurrence entre trois isolignes, notre condition consiste d'une façon grossière à imposer le fait que α varie en fonction de f d'une façon plus rapide que β.

Dfinition 5 *On note $\mathfrak{F}$ l'ensemble des familles de droites F paramétrées par $f \in [0,1]$. Pour $F \in \mathfrak{F}$, la droite correspondante à f est appelée D_f. La pente et l'ordonné à l'origine de D_f sont appelés respectivement $\alpha(f)$ et $\beta(f)$. $\forall f, \alpha(f) > 0$ et $\alpha(f)$ est une fonction strictement croissante de f.*

Proprit 1 *$\forall f_1, f_2 \in [0,1]$ tels que $f_1 \neq f_2$ D_{f_1} et D_{f_2} ne sont pas parallèles.*

Dfinition 6 *$F \in \mathfrak{F}$, $f_1, f_2 \in [0,1]$. $M_{f_1,f_2}(x_{f_1,f_2}, y_{f_1,f_2})$ est l'intersection entre D_{f_1} et D_{f_2}.*

Dfinition 7 *Soit $M_o(x_o, y_o)$ un point du plan $\mathbb{R}^2$ et $D : y = \alpha x + \beta$ une droite de $\mathbb{R}^2$, on dit que $M_o > D$ si $y_o > \alpha x_o + \beta$, et $M_o < D$ si $y_o < \alpha x_o + \beta$.*

Dfinition 8 *Soit $M_1(x_1, y_1)$ et $M_2(x_2, y_2)$ deux points du plan $\mathbb{R}^2$, on dit que $M_2 > M_1$ si $x_2 > x_1$ et $y_1 > y_2$.*

Proprit 2 *Soit $F \in \mathfrak{F}$, $D_f \in F$ et $M_1(x_1, y_1), M_2(x_2, y_2) \in D_f$. $x_2 > x_1 \Leftrightarrow y_2 > y_1 \Leftrightarrow M_2 > M_1$. (Preuve : utiliser $\alpha(f) > 0$)*

Dfinition 9 *On dit que $F \in \mathfrak{F}$ vérifie la propriété de croissance, notée $F \nearrow$, si $\forall f_0, f_1, f_2 \in [0,1]$ tel que $f_0 < f_1 < f_2$, $M_{f_0,f_1} < M_{f_0,f_2}$.*
    La Figure B.1 montre une telle configuration : $M_{f_0,f_1} < M_{f_0,f_2} < M_{f_0,f_3}$ et $M_{f_1,f_2} < M_{f_1,f_3}$.

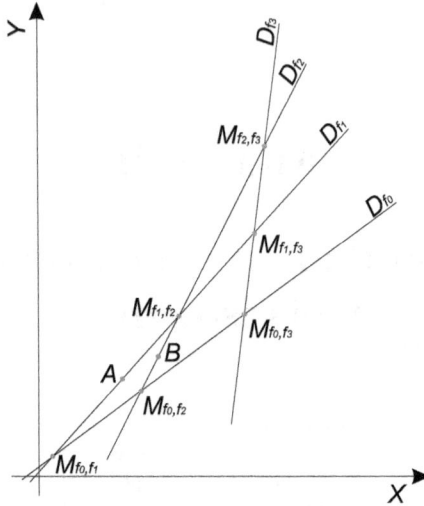

FIGURE B.1 – D_{f_0}, D_{f_1}, D_{f_2} et D_{f_3} sont quatre droites d'une famille paramétrée F. $\{M_{f_i,f_j}\} = D_{f_i} \cap D_{f_j}$. $A \in D_{f_1}$ et $B \in D_{f_2}$ tels que $A > D_{f_0}$ et $B > D_{f_0}$.

Dfinition 10 *Soit* $[a,b] \in [0,1[\times]a,1]$, *on dit que* $F \in \mathfrak{F}$ *vérifie la propriété de croissance restreinte sur l'intervalle* $[a,b]$, *notée* $F\nearrow_{[a,b]}$, *si* $\forall f_0, f_1, f_2 \in [a,b]$ *tels que* $f_0 < f_1 < f_2$, $M_{f_0,f_1} < M_{f_0,f_2}$.

Proprit 3 *Soit* $F \in \mathfrak{F}$. $F\nearrow_{[a,b]} \Leftrightarrow \forall f_0, f_1, f_2 \in [a,b]/f_0 < f_1 < f_2$, $M_{f_0,f_1} < M_{f_0,f_2} \Leftrightarrow r_{f_0,f_1} < r_{f_0,f_2} \Leftrightarrow -\frac{\beta(f_1)-\beta(f_0)}{\alpha(f_1)-\alpha(f_0)} < -\frac{\beta(f_2)-\beta(f_0)}{\alpha(f_2)-\alpha(f_0)}$.

Proprit 4 *Soit* $F \in \mathfrak{F}$ *et* $a, b \in [0,1]$, *tel que* $a < b$. *Si* $F\nearrow_{[a,b]}$, *alors* $\forall f_0, f_1, f_2 \in [a,b]$, *tel que* $f_0 \neq f_1$, $f_1 \neq f_2$ *et* $f_2 \neq f_0$, $D_{f_0} \cap D_{f_1} \cap D_{f_2} = \emptyset$.

Proprit 5 *Soit* $F \in \mathfrak{F}$, $f_0, f_1, f_3 \in [0,1]$, *tels que* $f_0 < f_1 < f_2$, $A \in D_{f_1}$. *Alors*, $A > D_{f_0} \Leftrightarrow A > M_{f_0,f_1}$ *et* $A > D_{f_2} \Leftrightarrow A < M_{f_1,f_2}$ *(la Figure B.1 illustre la configuration de* A *relative à* D_{f_0} *et* D_{f_2}*)*.

Lemme 1 *Soit* $F \in \mathfrak{F}$, $f_0, f_1, f_2 \in [0,1]$, *tels que* $f_0 < f_1 < f_2$. *Si* $M_{f_0,f_2} > M_{f_0,f_1}$ *alors* $M_{f_1,f_2} > D_{f_0}$, $M_{f_1,f_2} > M_{f_0,f_1}$ *et* $M_{f_1,f_2} > M_{f_0,f_2}$. *Réciproquement, si* $M_{f_1,f_2} > D_{f_0}$, *alors* $M_{f_0,f_2} > M_{f_0,f_1}$.

Preuve *Sens directe* # Soit $A \in D_{f_1}$ et $B \in D_{f_2}$ tels que $A > D_{f_0}$ et $B > D_{f_0}$ (cf. la Figure B.1) :

$$
\begin{aligned}
(\overrightarrow{AM_{f_0,f_1}}, \overrightarrow{BM_{f_0,f_2}}) &\equiv (\overrightarrow{AM_{f_0,f_1}}, \overrightarrow{M_{f_0,f_1}M_{f_0,f_2}}) + (\overrightarrow{M_{f_0,f_1}M_{f_0,f_2}}, \overrightarrow{BM_{f_0,f_2}})[2k\pi], \\
&\equiv \pi + (\overrightarrow{M_{f_0,f_1}A}, \overrightarrow{M_{f_0,f_1}M_{f_0,f_2}}) + \pi + (\overrightarrow{M_{f_0,f_1}M_{f_0,f_2}}, \overrightarrow{M_{f_0,f_2}B})[2k\pi], \\
&\equiv -(\overrightarrow{M_{f_0,f_1}M_{f_0,f_2}}, \overrightarrow{M_{f_0,f_1}A}) + (\overrightarrow{M_{f_0,f_1}M_{f_0,f_2}}, \overrightarrow{M_{f_0,f_2}B})[2k\pi].
\end{aligned}
$$

178

Comme $(M_{f_0,f_2}M_{f_0,f_2})$, $(M_{f_0,f_1}A)$ et $(M_{f_0,f_2}B)$ sont respectivement collinéaires à D_{f_0}, D_{f_1} et D_{f_2}, et $\alpha(f)$ est une fonction croissante de f, alors $\pi - B\widehat{M_{f_0,f_2}}M_{f_0,f_1} > A\widehat{M_{f_0,f_1}}M_{f_0,f_2}$:

$$2k\pi < -(\overrightarrow{M_{f_0,f_1}M_{f_0,f_2}}, \overrightarrow{M_{f_0,f_1}A}) + (\overrightarrow{M_{f_0,f_1}M_{f_0,f_2}}, \overrightarrow{M_{f_0,f_2}B}) < \pi + 2k\pi.$$

Alors, $2k\pi < (\overrightarrow{AM_{f_0,f_1}}, \overrightarrow{BM_{f_0,f_2}}) < \pi + 2k\pi$. Donc l'intersection entre (AM_{f_0,f_1}) et (BM_{f_0,f_2}) est située dans le demi plan au-dessus de D_{f_0} : $M_{f_1,f_2} > D_{f_0}$ (voir la Figure B.1).

$$\text{Par ailleurs,} \quad \left. \begin{array}{c} f_0 < f_1 \\ M_{f_1,f_2} \in D_{f_1} \\ M_{f_1,f_2} > D_{f_0} \end{array} \right\} \overset{P.5}{\Longrightarrow} M_{f_1,f_2} > M_{f_0,f_1}.$$

De la même façon, nous obtenons $M_{f_1,f_2} > M_{f_0,f_2}$.

Sens réciproque #

$$\left. \begin{array}{c} f_0 < f_1 \\ M_{f_1,f_2} \in D_{f_1} \\ M_{f_1,f_2} > D_{f_0} \end{array} \right\} \overset{P.5}{\Longrightarrow} M_{f_1,f_2} > M_{f_0,f_1} \Rightarrow \left. \begin{array}{c} f_0 < f_1 \\ M_{f_0,f_1} \in D_{f_1} \\ M_{f_0,f_1} < M_{f_1,f_2} \end{array} \right\} \overset{P.5}{\Longrightarrow} M_{f_0,f_1} > D_{f_2}$$

$$\Rightarrow \left. \begin{array}{c} f_0 < f_2 \\ M_{f_0,f_1} \in D_{f_0} \\ M_{f_0,f_1} > D_{f_2} \end{array} \right\} \overset{P.5}{\Longrightarrow} M_{f_0,f_2} > M_{f_0,f_1}. \quad (\text{B.1})$$

∎

Lemme 2 *Soit $F \in \mathfrak{F}$, $f_0, f_1, f_2, f_3 \in [0,1]$ et D_{f_0}, tels que $f_0 < f_1 < f_2 < f_3$. Si $M_{f_0,f_2} > M_{f_0,f_1}$, et $M_{f_1,f_3} > M_{f_1,f_2}$ alors $M_{f_0,f_3} > M_{f_0,f_2}$ (cf. la Figure B.1).*

Preuve

$$\left. \begin{array}{c} \left. \begin{array}{c} f_0 < f_1 < f_2 \\ M_{f_0,f_2} > M_{f_0,f_1} \end{array} \right\} \overset{L.1}{\Longrightarrow} M_{f_1,f_2} > M_{f_0,f_2} \\ \left. \begin{array}{c} f_1 < f_2 < f_3 \\ M_{f_1,f_3} > M_{f_1,f_2} \end{array} \right\} \overset{L.1}{\Longrightarrow} M_{f_2,f_3} > M_{f_1,f_2} \end{array} \right\} \Rightarrow M_{f_2,f_3} > M_{f_0,f_2}$$

$$\Rightarrow \left. \begin{array}{c} f_1 < f_2 \\ M_{f_2,f_3} \in D_{f_2} \\ M_{f_2,f_3} > M_{f_0,f_2} \end{array} \right\} \overset{P.5}{\Longrightarrow} M_{f_2,f_3} > D_{f_0} \Rightarrow \left. \begin{array}{c} f_0 < f_2 < f_3 \\ M_{f_2,f_3} > D_{f_0} \end{array} \right\} \overset{L.1r}{\Longrightarrow} M_{f_0,f_3} > M_{f_0,f_2}$$

∎

Lemme 3 (Généralisation du Lemme 2) *Soit $F \in \mathfrak{F}$, $f_0, f_1, f_2 \in [0,1]$, tels que $f_0 < f_1 < f_2 <$ et $M_{f_0,f_2} > M_{f_0,f_1}$. Soit $f_{22}, f_{33} \in [f_2,1]$ tel que $f_{22} < f_{33}$. Si $M_{f_1,f_2} < M_{f_1,f_{22}} < M_{f_1,f_{33}}$ alors $M_{f_0,f_{22}} < M_{f_0,f_{33}}$.*

Preuve

$$\left. \begin{array}{c} \left. \begin{array}{c} f_1 < f_{22} < f_{33} \\ M_{f_1,f_{22}} < M_{f_1,f_{33}} \end{array} \right\} \overset{L.1}{\Longrightarrow} M_{f_1,f_{22}} < M_{f_{22},f_{33}} \\ \left. \begin{array}{c} f_0 < f_1 < f_2 < f_{22} \\ M_{f_0,f_1} < M_{f_0,f_2} \\ M_{f_1,f_2} < M_{f_1,f_{22}} \end{array} \right\} \overset{L.2}{\Longrightarrow} M_{f_0,f_1} < M_{f_0,f_{22}} \Rightarrow \left. \begin{array}{c} f_0 < f_1 < f_{22} \\ M_{f_0,f_1} < M_{f_0,f_{22}} \end{array} \right\} \overset{L.1}{\Longrightarrow} M_{f_1,f_{22}} > M_{f_0,f_{22}} \end{array} \right\}$$

$$\Rightarrow M_{f_{22},f_{33}} > M_{f_0,f_{22}} \Rightarrow \left. \begin{array}{c} f_0 < f_{22} \\ M_{f_{22},f_{33}} \in D_{f_{22}} \\ M_{f_{22},f_{33}} > M_{f_0,f_{22}} \end{array} \right\} \overset{P.5}{\Longrightarrow} M_{f_{22},f_{33}} > D_{f_0} \Rightarrow \left. \begin{array}{c} f_0 < f_{22} < f_{33} \\ M_{f_{22},f_{33}} > D_{f_0} \end{array} \right\} \overset{L.1r}{\Longrightarrow} M_{f_0,f_{22}} < M_{f_0,f_{33}}$$

∎

Thorme 11 *Soit $F \in \mathfrak{F}$, $f_0, f_1, f_2, f_3 \in [0,1]$ tels que $f_0 < f_1 < f_2 < f_3$. Si $F \nearrow_{[f_0, f_2]}$ et $F \nearrow_{[f_1, f_3]}$ alors $F \nearrow_{[f_0, f_3]}$.*

Preuve Soit $f_{00}, f_{11}, f_{22} \in [f_0, f_3]$ tels que $f_{00} < f_{11} < f_{22}$. Nous montrons dans ce qui suit $M_{f_{00}, f_{11}} < M_{f_{00}, f_{22}}$ dans les six cas suivants :

- 1er cas : $f_0 \leq f_{00} < f_{11} < f_{22} \leq f_2 < f_3$: alors $f_{00}, f_{11}, f_{22} \in [f_0, f_2]$, $F \nearrow_{[f_0, f_2]}$ par hypothèse.
- 2ème cas : $f_0 \leq f_{00} < f_{11} \leq f_1 < f_2 < f_{22} \leq f_3$:

$$\left.\begin{array}{r} f_{00} < f_1 < f_2 < f_{22} \\ M_{f_{00}, f_1} < M_{f_{00}, f_2}(F \nearrow_{[f_0, f_2]}) \\ M_{f_1, f_2} < M_{f_1, f_{22}}(F \nearrow_{[f_1, f_3]}) \end{array}\right\} \overset{L.2}{\Longrightarrow} \left.\begin{array}{l} M_{f_{00}, f_2} < M_{f_{00}, f_{22}} \\ \\ M_{f_{00}, f_{11}} < M_{f_{00}, f_2}(F \nearrow_{[f_0, f_2]}) \end{array}\right\} \Rightarrow M_{f_{00}, f_{11}} < M_{f_{00}, f_{22}}$$

- 3ème cas : $f_0 \leq f_{00} < f_1 < f_{11} < f_2 < f_{22} \leq f_3$:

$$\left.\begin{array}{r} f_{00} < f_{11} < f_2 < f_{22} \\ M_{f_{00}, f_{11}} < M_{f_{00}, f_2}(F \nearrow_{[f_0, f_2]}) \\ M_{f_{11}, f_2} < M_{f_{11}, f_{22}}(F \nearrow_{[f_1, f_3]}) \end{array}\right\} \overset{L.2}{\Longrightarrow} M_{f_{00}, f_{11}} < M_{f_{00}, f_{22}}$$

- 4ème cas : $f_0 \leq f_{00} < f_1 < f_{11} = f_2 < f_{22} \leq f_3$: comme dans le deuxième cas, $M_{f_{00}, f_2} < M_{f_{00}, f_{22}} \Rightarrow M_{f_{00}, f_{11}} < M_{f_{00}, f_{22}}$
- 5ème cas : $f_0 \leq f_{00} < f_1 < f_2 < f_{11} < f_{22} \leq f_3$:

$$\left.\begin{array}{r} f_{00} < f_1 < f_2 \\ f_2 < f_{11} < f_{22} \\ M_{f_{00}, f_1} < M_{f_{00}, f_2}(F \nearrow_{[f_0, f_2]}) \\ M_{f_1, f_2} < M_{f_1, f_{11}} < M_{f_1, f_{22}}(F \nearrow_{[f_1, f_3]}) \end{array}\right\} \overset{L.3}{\Longrightarrow} M_{f_{00}, f_{11}} < M_{f_{00}, f_{22}}$$

- 6ème cas : $f_0 < f_1 \leq f_{00} < f_{11} < f_{22} \leq f_3$: alors $f_{00}, f_{11}, f_{22} \in [f_1, f_3]$, $F \nearrow_{[f_1, f_3]}$ par hypothèse.

Proposition 10 *Soit $F \in \mathfrak{F}$, $n \in \mathbb{N}^*$, $a_1, \ldots, a_n, b_1, \ldots, b_n \in [0,1]$ tels que $0 = a_1 \leq a_2 < b_1 \leq a_3 < b_2 \leq a_4 < b_3 \leq a_5 \ldots a_{n-1} < b_{n-2} \leq a_n < b_{n-1} \leq b_n = 1$. Si $\forall i \in \{1, \ldots, n\}$, $F \nearrow_{[a_i, b_i]}$, alors $F \nearrow$.*

Preuve Utiliser le Théorème 11 et la récurrence sur le nombre total d'intervalles n. ∎

Proposition 11 *Soit $F \in \mathfrak{F}$. Si $\exists \varepsilon > 0$ alors $\forall f \in [0,1]$ $F \nearrow_{[f, f+\varepsilon]}$, d'où $F \nearrow$.*

Preuve Soit $n \in \mathbb{N}^*$, tel que $n \geq \frac{1}{\varepsilon}$, $\forall i \in \{1, \ldots 2n - 1\}$ $a_i = \frac{i-1}{2n}$ et $b_i = \frac{i+1}{2n}$.

$$\left.\begin{array}{r} 0 = a_1 \leq a_2 < b_1 \leq a_3 < b_2 \ldots a_{2n-1} < b_{2n-2} \leq b_{2n-1} = 1 \\ \forall i \in \{1, 2n-1\} |b_i - a_i| \leq \varepsilon \Rightarrow F \nearrow_{[a_i, b_i]} \end{array}\right\} \overset{Pr.10}{\Longrightarrow} F \nearrow .$$

∎

Lemme 4 *Soit* $F \in \mathfrak{F}$ *et* $a, b \in [0, 1]$, *tel que* $a < b$, α *et* β *(voir la Définition 5) sont des fonctions* C^1. *Alors* $F \nearrow_{[a,b]}$ *si* $\forall f_0, f_1 \in [a, b]$ *tel que* $f_0 < f_1$:

$$\underbrace{\frac{d\left(\frac{\beta(f_1) - \beta(f_0)}{\alpha(f_1) - \alpha(f_0)}\right)}{df_1}}_{\Psi(f_1, f_0)} < 0. \tag{B.2}$$

Preuve $\Psi(f_1, f_0) < 0$ alors $\frac{\beta(f_1) - \beta(f_0)}{\alpha(f_1) - \alpha(f_0)}$ est une fonction strictement croissante d'où :

$$-\frac{\beta(f_1) - \beta(f_0)}{\alpha(f_1) - \alpha(f_0)} < -\frac{\beta(f_2) - \beta(f_0)}{\alpha(f_2) - \alpha(f_0)} \overset{P.3}{\Longrightarrow} F \nearrow_{[a,b]} .$$

∎

Thorme 12 (La propriété de croissance) *Soit* $F \in \mathfrak{F}$, *tels que* α, β *sont des fonctions* C^2, *et* α''' *et* β''' *existent. Alors* $F \nearrow$ *si* $\forall f \in [0, 1]$:

$$\underbrace{\beta'' \alpha' - \beta' \alpha''}_{\psi} < 0.$$

Preuve Comme ψ est une fonction continue dans $[0, 1]$ et $\forall f \in [0, 1]$, $\psi(f) < 0$. Alors $\exists \varepsilon \in \mathbb{R}_+^*$, tel que $\psi < -\varepsilon$.

Soit $f_0, f_1 \in [0, 1]$, tel que $f_0 < f_1$:

$$\begin{aligned}
\Psi(f_1, f_0) < 0 \quad &\Leftrightarrow \quad \beta'(f_1)(\alpha(f_1) - \alpha(f_0)) - \alpha'(f_1)(\beta(f_1) - \beta(f_0)) < 0, \\
&\Leftrightarrow \quad \frac{(f_1 - f_0)^2}{2} \psi(f_0) + \mathcal{O}(f_1 - f_0)^3 < 0, \\
&\Leftrightarrow \quad \psi(f_0) + \mathcal{O}(f_1 - f_0) < 0,
\end{aligned}$$

avec $\mathcal{O}$ vérifie : $\exists A \in \mathbb{R}_+ / \forall f \in [0, 1], \mathcal{O}(f) < fA$.

Maintenant, soit $\varepsilon_0 = \frac{\varepsilon}{A}$, $f \in [0, 1]$, $f_0, f_1 \in [f, f + \varepsilon_0]$, tel que $f_0 < f_1$:

$$\begin{aligned}
\psi(f_0) + \mathcal{O}(f_1 - f_0) \quad &< -\varepsilon + (f_1 - f_0)A, \\
&< -\varepsilon + \varepsilon_0 A, \\
&< 0.
\end{aligned}$$

Donc, $\forall f_0, f_1 \in [f, f + \varepsilon_0] / f_0 < f_1$, $\Psi(f_1, f_0) < 0$. Alors, $\forall f \in [0, 1]$ $F \nearrow_{[f, f + \varepsilon_0]}$. D'où, suivant la Proposition 11 $F \nearrow$. ∎

Annexe C

Équivalence entre les ordonnancements s et q dans le cas discret

Lemme 5 *Soit $n \in \mathbb{N}^*$, $(u_i)_{i=\{1,\ldots,n\}}$ et $(v_i)_{i=\{1,\ldots,n\}}$ deux suites non-négatives tels que :*

$$
\begin{cases}
\displaystyle\sum_{i=1}^{n} u_i = \sum_{i=1}^{n} v_i, & \text{(C.1)} \\[2mm]
\displaystyle\sum_{j=i}^{n} u_j \leq \sum_{j=i}^{n} v_j, \ \forall i \in \{1,\ldots,n\}. & \text{(C.2)}
\end{cases}
$$

Alors $\exists M = (a_{i,j})_{\{1,\ldots,n\}\times\{1,\ldots,n\}}$ une matrice $n \times n$ triangulaire supérieure et stochastique sur mes colonnes, tels que :

$$
\forall i \in \{1,\ldots,n\}
\begin{cases}
\displaystyle u_i = \sum_{j=i}^{n} a_{i,j} v_j, & \text{(C.3)} \\[2mm]
\displaystyle\sum_{j=1}^{i} a_{j,i} = 1. & \text{(C.4)}
\end{cases}
$$

Preuve Dans ce qui suit et pour $i \in \{1,\ldots,n\}$ donné, on réfère à (C.2), (C.3) et (C.4) par (C.2)$_i$, (C.3)$_i$ et (C.4)$_i$. Aussi, pour $k \leq i \in \{1,\ldots,n\}$, nous ajoutons une nouvelle propriété (C.4)$_{i,k}$ référant à la $\sum_{j=k}^{i} a_{j,i} \leq 1$. Par ailleurs, dans le reste de la preuve, une équation donnée (.) pour un certain rang i, sera appelée (.)$_i$.

Afin de construire M, nous montrons (C.3) et (C.4) par récurrence. L'idée de base de la construction de M est de distribuer v du 'plus large' indice (n) aux 'plus petits' i $\forall i \in \{1,\ldots,n\}$. En pratique, nous attribuons successivement la valeur de $a_{n,n}$, $a_{n-1,n}$, $a_{n-1,n-1}$, $a_{n-2,n}$, etc.

Définissons $a_{n,n} = \frac{u_n}{v_n}$ si $v_n \neq 0$, suivant (C.2)$_n$ $a_{n,n} \leq 1$, et donc (C.3)$_n$ est bien satisfaite. Si $v_n = 0$, alors $u_n \leq v_n$ (C.2)$_n$, donc $u_n = 0$, on peut alors imposer $a_{n,n} = 1$, et (C.3)$_n$ est satisfaite. Notons que dans ce cas, $a_{i,n} = 0 \ \forall i < n$ afin de satisfaire (C.4)$_n$.

Maintenant, pour une ligne i de M, et colonne n, nous supposons que $\sum_{k=i+1}^{n} a_{k,n} \leq 1$ (la propriété (C.4)$_{n,i+1}$). Alors, si $v_n = 0$, on pose $a_{i,n} = 0$. Sinon, on pose $a_{i,n}^{(1)} = \frac{u_i}{v_n}$,

$a_{i,n}^{(2)} = 1 - \sum_{k=i}^{n} a_{k,n}$. Deux cas se présentent, soit $a_{i,n}^{(1)} \leq a_{i,n}^{(2)}$, on pose $a_{i,n} = a_{i,n}^{(1)}$, ou $a_{i,n}^{(1)} > a_{i,n}^{(2)}$ et on pose $a_{i,n} = a_{i,n}^{(2)}$ ($a_{i,n} = \min\{a_{i,n}^{(1)}, a_{i,n}^{(2)}\}$). Dans tout les cas, $(C.4)_{n,i}$ est vérifiée, en plus, dans le premier cas, $(C.3)_i$ est vérifiée en choisissant $a_{i,j} = 0$, $\forall j < n$, et en second cas, $(C.4)_n$ est vérifiée en choisissant $a_{j,n} = 0 \ \forall j < i$.

Un raisonnement similaire à suivre pour les autres termes $\{i+1, \ldots, n-1\}$ de M, mais en tenant en compter la construction 'partielle' de u_i, si $v_j \neq 0$, $a_{i,j} = \min\{a_{i,j}^{(1)}, a_{i,j}^{(2)}\}$ avec $a_{i,j}^{(1)} = \frac{u_i - \sum_{k=j+1}^{n} a_{i,k}v_k}{v_j}$ et $a_{i,j}^{(2)} = 1 - \sum_{k=i+1}^{j} a_{k,j}$. Si $v_j = 0$, on pose $a_{i,j} = 0$. Si $a_{i,j} = a_{i,j}^{(1)}$, $(C.3)_i$ est vérifiée en choisissant $a_{i,k} = 0 \ \forall k < j$.

Maintenant, traitons le cas où on arrive à la colonne $j = i$. Si $v_i \neq 0$, on va procéder comme dans les cas précédents, sinon on pose $a_{i,i} = 1$. Si $(C.3)_i$ n'est pas vérifiée, cela veut dire qu'on a choisit $a_{i,j} = a_{i,j}^{(2)}$, $\forall j \in \{i, \ldots, n\}$. Ainsi, l'unique cas ou $(C.3)_i$ est n'est encore vérifiée est quand $u_i > v_i + \sum_{j=i+1}^{n}[1 - \sum_{k=i+1}^{j} a_{k,j}]v_j$, comme $\forall j \in \{i+1, \ldots, n\}$, $a_{i,j}^{(2)} = 1 - \sum_{k=i+1}^{j} a_{k,j}$ et $a_{i,i}^{(2)} = 1$. Maintenant, nous allons montrer par récurrence que ce cas est irréalisable. En rang i, l'hypothèse de récurrence est :

$$u_i \leq v_i + \sum_{j=i+1}^{n} [1 - \sum_{k=i+1}^{j} a_{k,j}]v_j. \tag{C.5}$$

$(C.5)$ est montrée au rang n. Supposant qu'au rang $\{i+1, \ldots, n\}$, nous avons :

$$\begin{aligned}
(C.2)_i &\Leftrightarrow \sum_{j=i}^{n} u_j \leq \sum_{j=i}^{n} v_j \\
&\Leftrightarrow u_i \leq^* v_i + \sum_{j=i+1}^{n} v_j - \sum_{j=i+1}^{n}[\sum_{k=j}^{n} a_{j,k}v_k] \\
&\Leftrightarrow u_i \leq v_i + \sum_{j=i+1}^{n} v_j - \sum_{j=i+1}^{n} \sum_{k=i+1}^{j} a_{k,j}v_j \\
&\Leftrightarrow u_i \leq v_i + \sum_{j=i+1}^{n}[1 - \sum_{k=i+1}^{j} a_{k,j}]v_j
\end{aligned} \tag{C.6}$$

Alors $(C.5)_i$ est vraie et donc nous avons par récurrence, $(C.5)_i$ est vraie $\forall i \in \{1, \ldots, n\}$, et donc le cas e $(C.3)_i$ est toujours pas vérifiée' n'est jamais réalisable.

Afin de montrer $(C.4)_i$, d'une part, rappelons que $(C.4)_{i,j}$ est vraie $\forall j \leq i \in \{1, \ldots, n\}$ en particulier pour $j = 2$, on a $1 - \sum_{k=2}^{i} a_{2,i} \geq 0$. D'autre part, au rang 1, $(C.6)_{i=1}$ est une égalité suivant l'hypothèse C.1. D'où, à partir de la construction de M :

$$a_{1,i} = \begin{cases} 1 & \text{, if } i = 1, \\ 1 - \sum_{j=2}^{i} a_{j,i} & \text{, otherwise}, \end{cases}$$

permettant à la fois $(C.4)_i \ \forall i \in \{1, \ldots, n\}$ et $(C.3)_1$.

En résumé, M pourra s'écrire comme suit :

$$\begin{cases}
a_{i,j} &= 1, \text{ if } j = i \text{ and } v_i = 0, \\
&= \dfrac{u_i - \sum_{k=i+1}^{n} a_{i,k}v_k}{v_i}, \text{ if } j = i \text{ and } v_i \neq 0, \\
&= 0, \text{ if } j > i \text{ and } v_j = 0, \\
&= \min\left\{1 - \sum_{k=i+1}^{j} a_{k,j}, \dfrac{u_i - \sum_{k=j+1}^{n} a_{i,k}v_k}{v_j}\right\}, \text{ otherwise}.
\end{cases}$$

■

---

*. $u_j = \sum_{k=j}^{n} a_{j,k}v_k$

Thorme 13 *Pour deux bba normalisées et consonantes ayant le même ensemble d'ordonnancement consonant Δ, $\sqsubseteq_s$ et $\sqsubseteq_q$ sont équivalentes.*

Preuve Nous montrons uniquement que $\sqsubseteq_q$ implique $\sqsubseteq_s$ comme l'autre implication est valide pour toute bba.

Soit m_1 et m_2 deux bba consonantes normalisées ayant le même ensemble d'ordonnancement consonant $\Delta = \{\omega_1, \ldots, \omega_n\}$, tel que $m_1 \sqsubseteq_q m_2$. Nous montrons tout d'abord que $m_1^\Delta = S_\Delta m_2^\Delta$ où m_i^Δ est le vecteur dont les éléments sont $(m_i(\omega_j))_{j=\{1,\ldots,n\}}$, et $S_\Delta = (a_{i,j})_{\{1,\ldots,n\} \times \{1,\ldots,n\}}$ est une matrice $n \times n$ triangulaire supérieure et stochastique en colonne, i.e. :

$$\forall i \in \{1, \ldots, n\} \begin{cases} m_1^\Delta(i) = \sum_{j=i}^n a_{i,j} m_2^\Delta(j), & \text{(C.7)} \\[2mm] \sum_{j=1}^i a_{j,i} = 1. & \text{(C.8)} \end{cases}$$

Alors, nous montrons qu'il est trivial de déduire la matrice $S^{2^{|\Omega|} \times 2^{|\Omega|}}$ stochastique en colonne tel que $m_1 = S m_2$.

Comme $m_1 \sqsubseteq_q m_2$, alors $\forall i \in \{1, \ldots, n\}$ $q_1(\omega_i) \leq q_2(\omega_i)$, donc $\sum_{j=i}^n m_1^\Delta(j) \leq \sum_{j=i}^n m_2^\Delta(j)$. Comme les deux bba sont normalisées alors $q_1(\omega_1) = q_2(\omega_1) = 1$, donc $\sum_{i=1}^n m_1^\Delta(i) = \sum_{i=1}^n m_2^\Delta(i)$. La suite des couples (m_1^Δ, m_2^Δ) satisfait les mêmes hypothèses que (u, v) du Lemme 5, induisant ainsi l'existence de S^Δ satisfaisant (C.7) et (C.8) (matrice M du Lemme 5).

Finalement l'extension de S_Δ à S est comme suit :

$$\forall (A, B) \in 2^{|\Omega|} \times 2^{|\Omega|}, \ S(A, B) = \begin{cases} S_\Delta(A, B) & \text{, if } A, B \in \Delta \\ 1 & \text{, if } A = B \notin \Delta \\ 0 & \text{, otherwise.} \end{cases}$$

Avec une telle définition, il est clair que S est une matrice de spécialisation vérifiant $m_1 = S m_2$, et donc $m_1 \sqsubseteq_s m_2$. ∎

Annexe D

Équivalence entre les ordonnancements s et q dans le cas continu

Thorme 14 *Soit h_1 et h_2 deux bbd consonantes sur $[0, A]$, tels que h_1 et h_2 sont des fonctions bornées sur $[0, A]$, $h_1 \sqsubseteq_q h_2$, $h_1(0) = h_2(0)$, $q_1(0) = q_2(0)$, $\forall x \in]0, A]$, $h_2(x) > 0$ et $q_1(x) < q_2(x)$. Alors : $\forall \epsilon \in]0, A]$, $\exists u_2^\epsilon \in]\epsilon, A]$ tels que $\lim_{\epsilon \to 0} u_2^\epsilon = 0$ et $\exists s_\epsilon$ une fonction définie sur chaque intervalle de $[0, A] \times [u_2^\epsilon, A]$ vérifiant :*

$$\begin{cases} \forall t \in [u_2^\epsilon, A], \displaystyle\int_\epsilon^t s_\epsilon(x, t)dx = 1, \\ \forall x \in [\epsilon, A], \ h_1(x) = \displaystyle\int_{\sup\{x, u_2^\epsilon\}}^A s_\epsilon(x, t)h_2(t)dt. \end{cases} \tag{D.1}$$

Preuve Comme h_1 (respectivement h_2) est bornée, alors q_1 (respectivement q_2) est continue et :

$$q_1(A) = q_2(A) = 0. \tag{D.2}$$

Soit $x \in]0, A]$, on a $q_2(x) > q_1(x)$ et $q_2(A) = 0 \leq q_1(x)$, donc comme q_2 est continue $\exists y_x \in]x, A]$ tel que $q_2(y_x) = q_1(x)$. Maintenant, soit $\epsilon > 0$, et $\zeta_\epsilon = \min_{x \in [\epsilon, A]}(y_x - x) = \inf_{x \in [\epsilon, A]}(y_x - x) > 0$, alors :

$$\forall x \in [\epsilon, A], \ q_1(x) \leq q_2(x + \zeta_\epsilon). \tag{D.3}$$

Par ailleurs, comme q_1 est une fonction décroissante alors :

$$\forall x \in [\epsilon, A] \, \forall y \in [x, A], \ q_1(y) \leq q_2(x + \zeta_\epsilon). \tag{D.4}$$

Soit $\epsilon > 0$ et définissons $(u_i^\epsilon)_{i=\{1,\dots,n_\epsilon\}}$ par : $u_1^\epsilon = \epsilon$, $u_2^\epsilon = y_\epsilon$, alors :

$$q_2(u_2^\epsilon) = q_1(\epsilon) = q_1(u_1^\epsilon). \tag{D.5}$$

$\forall i = \{2, \dots, n_\epsilon - 1\}$, $u_{i+1}^\epsilon = u_i^\epsilon + \zeta_\epsilon$ et $u_{n_\epsilon}^\epsilon = A$. n_ϵ satisfiée $u_{n_\epsilon-1}^\epsilon + \zeta_\epsilon \geq A$. A partir de (D.3),

$$\forall i \in \{2, \dots, n_\epsilon - 2\}, \ q_1(u_i^\epsilon) \leq q_2(u_{i+1}^\epsilon). \tag{D.6}$$

A partir de (D.4), pour $x = A - \zeta_\epsilon$ et $y = u^\epsilon_{n_\epsilon - 1}$, on a $q_1(u^\epsilon_{n_\epsilon - 1}) \leq q_2(A)$. Donc, suivant (D.2)

$$q_1(u^\epsilon_{n_\epsilon - 1}) = 0. \qquad (D.7)$$

Notons que $\lim_{\epsilon \to 0} q_2(u^\epsilon_2) = \lim_{\epsilon \to 0} q_1(\epsilon) = q_1(0) = q_2(0)$. Maintenant $\forall x \in]0, A]$, $h_2(x) > 0$, alors q_2 est une fonction strictement décroissante. D'où, nécessairement

$$\lim_{\epsilon \to 0} u^\epsilon_2 = 0.$$

Définissons $m_{1,i}$ et $m_{2,i}$ pour $i = \{1, \ldots, n_\epsilon - 2\}$ par :

$$m_{1,i} = \int_{u^\epsilon_i}^{u^\epsilon_{i+1}} h_1(x) dx,$$

$$m_{2,i} = \int_{u^\epsilon_{i+1}}^{u^\epsilon_{i+2}} h_2(x) dx.$$

Soit $i \in \{1, \ldots, n_\epsilon - 2\}$:

$$\sum_{j=i}^{n_\epsilon - 2} m_{1,j} = \int_{u^\epsilon_i}^{u^\epsilon_{n_\epsilon - 1}} h_1(x) dx = q_1(u^\epsilon_i) - \overbrace{q_1(u^\epsilon_{n_\epsilon - 1})}^{=0} = q_1(u^\epsilon_i),$$

$$\sum_{j=i}^{n_\epsilon - 2} m_{2,j} = \int_{u^\epsilon_{i+1}}^{u^\epsilon_{n_\epsilon}} h_2(x) dx = q_2(u^\epsilon_{i+1}).$$

A partir de (D.6), $\forall i \in \{2, \ldots, n_\epsilon - 2\}$, $\sum_{j=i}^{n_\epsilon - 2} m_{1,j} \leq \sum_{j=i}^{n_\epsilon - 2} m_{2,j}$. A partir de (D.5), $\sum_{i=1}^{n_\epsilon - 2} m_{1,i} = \sum_{i=1}^{n_\epsilon - 2} m_{2,i}$. La suite des couples (m_1, m_2) satisfait les hypothèses du Lemme 5. Donc, $\exists (a_{i,j})_{(i=\{1,\ldots,n_\epsilon-2\}, j=\{i,\ldots,n_\epsilon-2\})}$ une séquence positive tels que $\forall i \in \{1, \ldots, n_\epsilon - 2\}$:

$$\begin{cases} m_{1,i} = \displaystyle\sum_{j=i}^{n_\epsilon - 2} a_{i,j} m_{2,j}, \\ \displaystyle\sum_{j=1}^{i} a_{j,i} = 1. \end{cases}$$

Définissons r_ϵ sur $[u^\epsilon_i, u^\epsilon_{i+1}] \times [u^\epsilon_j, u^\epsilon_{j+1}]$ $((i,j) \in \{1, \ldots, n_\epsilon - 2\} \times \{i+1, \ldots, n_\epsilon - 1\})$ par $r_\epsilon(x,t) = \frac{a_{i,j}}{u^\epsilon_{i+1} - u^\epsilon_i}$, alors :

$$\begin{cases} \displaystyle\int_{u^\epsilon_i}^{u^\epsilon_{i+1}} h_1(x) dx = \int_{u^\epsilon_i}^{u^\epsilon_{i+1}} \int_{u^\epsilon_{i+1}}^{u^\epsilon_{n_\epsilon}} r_\epsilon(x,t) h_2(t) dt dx, \\ \forall j \in \{2, \ldots, n_\epsilon\}, \forall t \in [u^\epsilon_j, u^\epsilon_{j+1}], \displaystyle\int_{u^\epsilon_1}^{u^\epsilon_j} r_\epsilon(x,t) dx = 1. \end{cases} \qquad (D.8)$$

Maintenant, afin de 'supprimer' l'intégrale sur x dans la première égalité de (D.8), nous proposons de changer r_ϵ par s_ϵ dans chaque intervalle $[u_i^\epsilon, u_{i+1}^\epsilon]$. Par ailleurs, afin de satisfaire la seconde égalité de (D.8), il suffit de satisfaire :

$$\int_{u_i^\epsilon}^{u_{i+1}^\epsilon} s_\epsilon(x,t)dx = \int_{u_i^\epsilon}^{u_{i+1}^\epsilon} r_\epsilon(x,t)dx, \forall i \in \{1, \ldots, n_\epsilon - 2\}, \forall t \in [u_{i+1}^\epsilon, u_{n_\epsilon}^\epsilon]. \qquad (D.9)$$

Soit $s_\epsilon(x,t) = r_\epsilon(x,t) + \varsigma(x)$ for $(x,t) \in [u_i^\epsilon, u_{i+1}^\epsilon] \times [u_j^\epsilon, u_{j+1}^\epsilon]$ tel que :

$$\varsigma(x) = \frac{(u_{i+1}^\epsilon - u_i^\epsilon)h_1(x) - m_{1,i}}{(u_{i+1}^\epsilon - u_i^\epsilon)\displaystyle\int_{u_{i+1}^\epsilon}^{u_{n_\epsilon}^\epsilon} h_2(t)dt}.$$

Comme $\int_{u_i^\epsilon}^{u_{i+1}^\epsilon} \varsigma(x,t)dx = 0$, alors s_ϵ satisfait la condition (D.9). Soit $i \in \{1, \ldots, n_\epsilon - 2\}$ et $x_0 \in [u_i^\epsilon, u_{i+1}^\epsilon]$

$$
\begin{aligned}
h_1(x_0) &= h_1(x_0) - \frac{1}{u_{i+1}^\epsilon - u_i^\epsilon}\left[\int_{u_i^\epsilon}^{u_{i+1}^\epsilon} h_1(x)dx - \int_{u_i^\epsilon}^{u_{i+1}^\epsilon} h_1(x)dx\right], \\
&= h_1(x_0) - \frac{m_{1,i}}{u_{i+1}^\epsilon - u_i^\epsilon} + \frac{1}{u_{i+1}^\epsilon - u_i^\epsilon}\int_{u_i^\epsilon}^{u_{i+1}^\epsilon}\int_{u_{i+1}^\epsilon}^{u_{n_\epsilon}^\epsilon} r_\epsilon(x,t)h_2(t)dtdx, \\
&= h_1(x_0) - \frac{m_{1,i}}{u_{i+1}^\epsilon - u_i^\epsilon} + \int_{u_{i+1}^\epsilon}^{u_{n_\epsilon}^\epsilon} r_\epsilon(x_0,t)h_2(t)dt, \\
&= h_1(x_0) - \frac{m_{1,i}}{u_{i+1}^\epsilon - u_i^\epsilon} + \int_{u_{i+1}^\epsilon}^{u_{n_\epsilon}^\epsilon} [s_\epsilon(x_0,t) - \varsigma(x_0)]h_2(t)dt, \\
&= \underbrace{h_1(x_0) - \frac{m_{1,i}}{u_{i+1}^\epsilon - u_i^\epsilon} - \varsigma(x_0)\int_{u_{i+1}^\epsilon}^{u_{n_\epsilon}^\epsilon} h_2(t)dt}_{=0} + \int_{u_{i+1}^\epsilon}^{u_{n_\epsilon}^\epsilon} s_\epsilon(x_0,t)h_2(t)dt, \\
&= \int_{u_{i+1}^\epsilon}^{u_{n_\epsilon}^\epsilon} s_\epsilon(x_0,t)h_2(t)dt.
\end{aligned}
$$

s_ϵ est définie sur tout fermé de $[u_i^\epsilon, u_{i+1}^\epsilon] \times [u_j^\epsilon, u_{j+1}^\epsilon]$ tel que $(i,j) \in \{1, \ldots, n_\epsilon - 2\} \times \{i+1, \ldots, n_\epsilon - 1\}$. La définition pourra être étendue à $[0,A] \times [u_j^\epsilon, u_{j+1}^\epsilon]$ en posant $s(x,t) = 0$ dans le domaine restant, s_ϵ est bien définie sur $[0,A] \times [u_2^\epsilon, A]$ est vérifie (D.1). ∎

Thorme 15 *Soit h_1 et h_2 deux bbd consonantes sur $[0,A]$, tels que h_1 et h_2 sont des fonctions bornées sur $[0,A]$, $h_1 \sqsubseteq_q h_2$, $h_1(0) = h_2(0)$, $q_1(0) = q_2(0)$, $\forall x \in]0,A]$, $h_2(x) > 0$ et $q_1(x) < q_2(x)$ alors $h_1 \sqsubseteq_s h_2$.*

Preuve Dans cette preuve, nous présentons une extension du domaine de définition de s_ϵ présentée dans le Théorème 14 à tout le domaine $[0,A]^2$. Le couple $(u_1^\epsilon, u_2^\epsilon)$ est définie comme dans la preuve du Théorème 14.

Afin de faire cette extension, nous proposons la construction d'une suite $(s_n)_{n \in \mathbb{N}^*}$ comme suit. $s_1 = s_1$ ($\epsilon = 1$), s_1 est alors définie sur $[0,A] \times [u_2^1, A]$. Définissons h_1^* sur $[0, u_2^1]$ tels que :

$$\begin{cases} h_1^*(x) &= h_1(x) \quad \text{, si } x \in [0, u_1^1], \\ &= 0 \quad\quad \text{, sinon.} \end{cases}$$

Maintenant h_2^* est définie comme étant la restriction de h_2 sur $[0, u_2^1]$. Pour $i \in \{1, 2\}$, la communalité q_i^* associée à h_i^* est comme suit :

$$q_i^*(x) = \int_x^{u_2^1} h_i^*(t)dt.$$

Maintenant, pour $x \in [u_1^1, u_2^1]$, $q_1^*(x) = 0 < q_2^*(x)$, et pour $x \in]0, u_1^1]$:

$$
\begin{aligned}
q_1^*(x) &= \int_x^{u_1^1} h_1(t)dt, \\
&= \int_x^A h_1(t)dt - \int_{u_1^1}^A h_1(t)dt, \\
&=^* \int_x^A h_1(t)dt - \int_{u_2^1}^A h_2(t)dt, \\
&<^\dagger \int_x^A h_2(t)dt - \int_{u_2^1}^A h_2(t)dt, \\
&< \int_x^{u_2^1} h_2(t)dt, \\
&< q_2^*(x).
\end{aligned}
$$

Notons tout d'abord que l'inégalité devient égalité quand $x = 0$. Alors, à partir de l'inégalité obtenue, $h_1^* \sqsubseteq_q h_2^*$. Il est clair que le couple (h_1^*, h_2^*) vérifie les hypothèse du Théorème 14 sur $[0, u_2^1]$ permettant ainsi la définition de $s_{\frac{1}{2}}$ sur $[0, u_2^1] \times [u_2^{\frac{1}{2}}, u_2^1]$. $s_{\frac{1}{2}}$ est étendue sur $[0, A] \times [u_2^{\frac{1}{2}}, u_2^1]$ simplement par mettre des 0 où elle n'est pas définie. Définissons maintenant s_2 sur $[0, A] \times [u_2^{\frac{1}{2}}, A]$ comme suit :

$$
\begin{cases}
s_2(x, t) &= s_{\frac{1}{2}}(x, t) \quad \text{, si } (x, t) \in [0, A] \times [u_2^{\frac{1}{2}}, u_2^1] \\
&= s_1(x, t) \quad \text{, sinon.}
\end{cases}
$$

s_2 satisfait :

$$
\begin{cases}
\forall t \in [u_2^{\frac{1}{2}}, A], \int_{u_1^{\frac{1}{2}}}^t s_2(x, t)dx = 1, \\
\forall x \in [u_1^{\frac{1}{2}}, A], h_1(x) = \int_{\sup\{x, u_2^{\frac{1}{2}}\}}^A s_2(x, t)h_2(t)dx.
\end{cases}
\tag{D.10}
$$

En utilisant cette méthode, on peut construire récursivement s_{n+1} à partir de s_n, $\forall n > 0$ (cf la Figure D.1). s_n est définie sur $[0, A] \times [u_2^{\frac{1}{n}}, A]$ et satisfait une égalité comme celle en (D.10) avec le couple $(u_1^{\frac{1}{n}}, u_2^{\frac{1}{n}})$ qui remplace $(u_1^{\frac{1}{2}}, u_2^{\frac{1}{2}})$.

Maintenant $u_1^{\frac{1}{n}} = \frac{1}{n}$, alors $\lim_{n \to \infty} u_1^{\frac{1}{n}} = 0$, donc $\lim_{n \to \infty} u_2^{\frac{1}{n}} = 0$. Et finalement le domaine $[0, A] \times [u_2^{\frac{1}{n}}, A]$ converge vers $[0, A] \times]0, A]$.

---

*. A partir de l'Equation D.5
†. Par hypothèse $q_1(x) < q_2(x)$

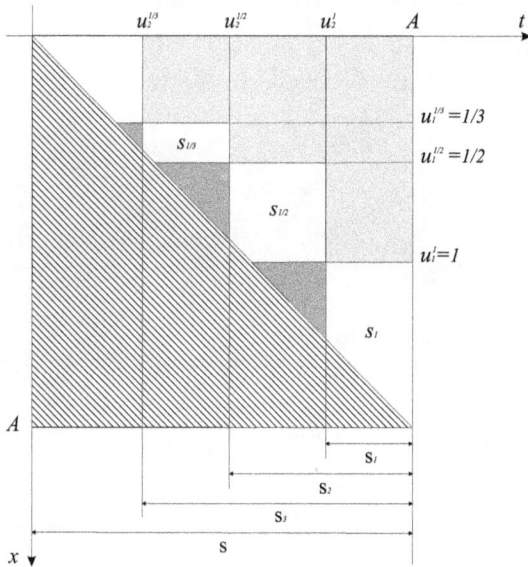

FIGURE D.1 – Construction de s : le domaine hachuré correspond à la partie inutilisée de s qui est triangulaire supérieure (la variable x et inférieure à la variable t) ; la sous-partie de s ajoutée à chaque itération de la construction (s_1, ensuite $s_{\frac{1}{2}}$, ensuite $s_{\frac{1}{3}}$, etc.) est montrée (le domaine de définition de s_n est l'union des domaines de définition de s_1, $s_{\frac{1}{2}}$, $s_{\frac{1}{3}}$, ..., $s_{\frac{1}{n}}$). Les parties de s avec valeurs nulles sont représentées avec deux niveaux de gris : (i) le gris clair correspond à des valeurs nulles parce que la condition sur les colonnes ($\int_0^t s(x,t)dx = 1$) est déjà satisfaite avec $x \geq u_1^{\frac{1}{n}}$, (ii) le gris foncé correspond à des valeurs nulles parce que la condition sur les lignes ($h_1(x) = \int_x^A s(x,t)h_2(t)dt$) est déjà satisfaite avec $x \geq u_2^{\frac{1}{n}}$.

191

L'idée de base de cette construction est comme suit. Si $t \in [u_2^{\frac{1}{n}}, A]$, alors $\forall x \in [0, A]$, (x, t) est dans le domaine de définition de s_n. D'autre part, (x, t) est dans le domaine de définition de $s_{n'}$, $\forall n' \geq n$ et $s_{n'}(x, t) = s_n(x, t)$.

$\forall y \in]0, A]$, définissons $n^*(y) = \operatorname{argmin}_{n \in \mathbb{N}^*}(u_2^{\frac{1}{n}} \leq y)$. Pour $(x, t) \in [0, A] \times]x, A]$, nous définissons s comme suit. $s(x, t) = s_{n^*(t)}(x, t)$. Suivant la construction de s_{n^*}, $s(x, t) = s_n(x, t)$, $\forall n \geq n^*(t)$. En particulier, $s(x, t) = s_{n^*(x)}(x, t)$.

Notons que, $\forall (x, t) \in [0, A] \times]x, A]$, $s(x, t) = \lim_{n \to +\infty} s_n(x, t)$.

Examinant dans ce qui suit le cas où $x = 0$.

Par construction (cf la Figure D.1), on a $s(0, t) = 0$ et :

$$
\begin{aligned}
\int_0^t s(x, t) dx &= \int_{u_1^{n^*(t)}}^t s_{n^*(t)}(x, t) dx, \\
&= 1.
\end{aligned}
$$

Aussi, on a :

$$
\begin{aligned}
\int_x^A s(x, t) h_2(t) dt &= \int_x^A s_{n^*(t)}(x, t) h_2(t) dt, \\
&= h_1(x).
\end{aligned}
$$

Maintenant, étendons la définition de s à $[0, A]^2$ en choisissant $s(x, 0) = \delta(x)$ ($\int_0 s(x, 0) = 1$). Donc :

$$
\begin{aligned}
\int_0^A s(0, t) h_2(t) dt &= \int_{0^+} \delta(t) h_2(t) dt, \\
&= h_2(0).
\end{aligned}
$$

Comme $h_2(0) = h_1(0)$ alors $h_1(0) = \int_0^A s(0, t) h_2(t) dt$. Donc s est une spécialisation et finalement $h_1 \sqsubseteq_s h_2$. ∎

Annexe E

Monotonie de la fonction cwf dans le cas Gaussien

Thorme 16 *Soit Betf une probabilité pignistique gaussienne (Betf $= \mathcal{N}(\mu, \sigma)$) alors la fonction cwf correspondante φ^σ est une fonction croissante sur $[\mu, +\infty[$. Par abus de notation, nous allons considérer la variable centrée réduite $y = \frac{x-\mu}{\sigma}$.*

$$\bar{\varphi}^\sigma(y) = \frac{y^2}{y + \sqrt{\frac{\pi}{2}} \, \mathrm{erfcx}\left[\frac{y}{\sqrt{2}}\right]}, \tag{E.1}$$

où $\mathrm{erfcx}(x) = \frac{2}{\sqrt{\pi}} \exp[x^2] \int_x^{+\infty} \exp[-t^2] dt$.

Preuve Tout d'abord, essayons d'obtenir une borne supérieure de erfcx(x). Soit $x > 0$:

$$\begin{aligned}
\mathrm{erfcx}(x) &= \frac{2}{\sqrt{\pi}} \exp[x^2] \int_x^{+\infty} \exp[-t^2] dt, \\
&< \frac{2}{\sqrt{\pi}} \exp[x^2] \int_x^{+\infty} (1 + \frac{1}{2t^2}) \exp[-t^2] dt, \\
&< \frac{2}{\sqrt{\pi}} \exp[x^2] \frac{\exp[-x^2]}{2x}, \\
&< \frac{1}{\sqrt{\pi} x}.
\end{aligned} \tag{E.2}$$

Comme ici, il n'y pas d'ambiguïté entre différentes formes de cwf, et afin de simplifier les notations, nous enlevons l'indice σ de $\bar{\varphi}$. Nous voulons dans la suite estimer le signe de $\bar{\varphi}'$.

$$\begin{aligned}
\bar{\varphi}'(y) &= \frac{2y\left(y + \sqrt{\frac{\pi}{2}} \mathrm{erfcx}\left[\frac{y}{\sqrt{2}}\right]\right) - y^2\left\{1 + \sqrt{\frac{\pi}{2}}\left(y \, \mathrm{erfcx}\left[\frac{y}{\sqrt{2}}\right] - \frac{\sqrt{2}}{\sqrt{\pi}}\right)\right\}}{\left(y + \sqrt{\frac{\pi}{2}} \mathrm{erfcx}\left[\frac{y}{\sqrt{2}}\right]\right)^2}, \\
&\propto \underbrace{2y + \sqrt{\frac{\pi}{2}}(2 - y^2) \, \mathrm{erfcx}\left[\frac{y}{\sqrt{2}}\right]}_{\varphi^1(y)},
\end{aligned} \tag{E.3}$$

193

où le symbole $\propto$ veut dire que les nombres à gauche et à droite ont le même signe.

Maintenant, suivant (E.2),

$$
\begin{aligned}
\varphi^1(y) \quad &> \quad 2y + \sqrt{2\pi}\,\mathrm{erfcx}\left[\tfrac{y}{\sqrt{2}}\right] - \sqrt{\tfrac{\pi}{2}}y^2\frac{\sqrt{2}}{\sqrt{\pi}y}, \\
&> \quad y + \sqrt{2\pi}\,\mathrm{erfcx}\left[\tfrac{y}{\sqrt{2}}\right], \\
&> \quad 0.
\end{aligned}
\tag{E.4}
$$

Alors, suivant (E.3) et (E.4), $\forall u \in [0, \infty[\ \bar{\varphi}'(y_u) \geq 0$, et finalement, $\bar{\varphi}^\sigma$ et φ^σ sont des fonctions croissantes. ∎

Proposition 12 *Soit $Betf_1 = \mathcal{N}(\mu, \sigma_1)$ et $Betf_2 = \mathcal{N}(\mu, \sigma_2)$ des probabilités pignistiques gaussiennes. Les bbd correspondantes sont respectivement h_1 et h_2, les fonctions cwf correspondantes sont respectivement φ^{σ_1} et φ^{σ_2}. Si $\sigma_1 \leq \sigma_2$ alors $h^{\sigma_1} \sqsubseteq_\varphi h^{\sigma_2}$.*

Preuve Suivant le Théorème 16, φ^{σ_1} est une fonction croissante, alors $\forall x \in [\mu, +\infty[$ et $y = \frac{x-\mu}{\sigma} : \varphi^{\sigma_1}(x) = \frac{\bar{\varphi}^{\sigma_1}(y)}{\sigma_1} \geq \frac{\bar{\varphi}^{\sigma_1}(\frac{\sigma_1}{\sigma_2}y)}{\sigma_1} \geq \frac{\bar{\varphi}^{\sigma_1}(\frac{\sigma_1}{\sigma_2}y)}{\sigma_2} = \frac{\bar{\varphi}^{\sigma_2}(y)}{\sigma_2} = \varphi^{\sigma_2}(x)$. Donc, $h^{\sigma_1} \sqsubseteq_\varphi h^{\sigma_2}$. ∎

Bibliographie

[Allen *et al.*, 1970] W. A. Allen, T. V. Gayle, and A. J. Richardson. Plan canopy irradiance specified by the duntley equations. *Journal of Optic Society of America*, 60(3) :372–376, 1970.

[Allen *et al.*, 1973] W.A. Allen, H.W. Gausman, and A.J. Richardson. Willstatter-stoll theory of leaf reflectance evaluated by ray tracing. *Applied Optics*, 12(10) :2448–2453, 1973.

[Anderson, 1995] J. A. Anderson. *An Introduction to Neural Networks*. Cambridge, MA, 1995.

[Andrieu *et al.*, 1997] B. Andrieu, F. Baret, S. Jacquemoud, T. Malthus, and M. Steven. Evaluation of an improved version model for simulating bidirectional of sugar beet canopies. *Rem. Sens. Env.* , 60 :247–257, 1997.

[Avriel, 1976] M. Avriel. *Nonlinear Programming : Analysis and Methods*. Prentice-Hall, 1976.

[Baret and Buis, 2007] F. Baret and S. Buis. *Estimating canopy characteristics from remote sensing observations. Review of methods and associated problems*. Springer, 2007.

[Baret and Guyot, 1991] F. Baret and G. Guyot. Potentials and limits of vegetation indices for lai and apar assessment. *Rem. Sens. Env.* , 35(2–3) :161–173, 1991.

[Baret *et al.*, 1989] F. Baret, G. Guyot, and D. Major. Tsavi : A vegetation index which minimizes soil brightness effects on lai and apar estimation. In *In 12th Canadian symposium on remote sensing and IGARSS'90*, volume 4, pages 1355–1359. IEEE, 1989.

[Baret *et al.*, 1993] F. Baret, S. Jacquemoud, and J. F. Hanocq. The soil line concept in remote sensing. *Remote Sensing Reviews*, 7 :65–82, 1993.

[Baret *et al.*, 1995] F. Baret, J. G. P. W. Clever, and M. D. Steven. The robustness of canopy gap fraction estimates from red and near infrared reflectances : A comparison of approaches. *Rem. Sens. Env.* , 54 :141–151, 1995.

[Bartlett, 1975] M. Bartlett. *The statistical Analysis of Spatial Pattern*. Wiley, New-York, 1975.

[Benboudjema and Pieczynski, 2005] D. Benboudjema and W. Pieczynski. Unsupervised image segmentation using triplet markov fields. *Computer Vision and Image Understanding*, 99 :476–498, 2005.

[Besag, 1974] J. Besag. Spatial interaction and the statistical analysis of lattice systems. *Journal of the Royal Statistical Society, Series B*, 36 :192–236, 1974.

[Besag, 1986] J. Besag. On the statistical analysis of dirty pictures. *Journal of the Royal Statistical Society, Series B*, 3(48) :259–302, 1986.

[Bezdek and R. Ehrlich, 1984] J.C. Bezdek and W. Full R. Ehrlich. Fcm : the fuzzy c-means algorithm. *Computer and Geoscience*, 10 :191–203, 1984.

[Bonabeau et al., 1998] E. Bonabeau, F. Heneaux, S. Guérin, D. Snyers, P. Kuntz, and G. Theraulaz. Routing in telecommunications networks with smart ant-like agents. Technical Report 98-01-003, Santa Fe Institute Working Paper, 1998.

[Bunnik, 1978] N.J.J. Bunnik. The multispectral reflectance of shortwave radiation of agricultural crops in relation with their morphological and optical properties. Technical report, Mededelingen Landbouwhogeschool, Wageningen, the Netherlands, 1978.

[Campbell, 1990] G. S. Campbell. Derivation of an angle density function for canopies with ellipsoidal leaf angle distribution. *Agricultural and Forest Meteorology*, 49 :173–176, 1990.

[Canévet, 1992] C. Canévet. *Le modele agricole breton*. Presses Universitaires de Rennes 2, 1992.

[Caron et al., 2007] F. Caron, E B. Ristic, Duflos, and P. Vanheeghe. Least committed basic belief density induced by a multivariate gaussian : Formulation with applications. *Int. J. Approx. Reasoning* , 2007.

[Cerny, 1985] V. Cerny. A thermodynamical approach to the travelling salesman problem : an efficient simulation algorithm. *Journal of Optimization Theory and Applications*, 45 :41–51, 1985.

[Chandrasekhar, 1960] S. Chandrasekhar. *Radiative Transfer*. Dover, New-York, 1960.

[Clevers, 1989] J. G. P. W. Clevers. The application of a weighted infrared-red vegetation index for estimation leaf area index by correcting for soil moisture. *Rem. Sens. Env.* , 25 :53–69, 1989.

[Colorni et al., 1991] A. Colorni, M. Dorigo, and V. Maniezzo. Distributed optimization by ant colonies. In *The first european conference on artificial life*, pages 134–142, Paris, France, 1991. Elsevier Publishing.

[Colorni et al., 1996] A. Colorni, M. Dorigo, F. Maffioli, V. Maniezzo, G. Righini, and M. Trubian. Heuristics from nature for hard combinatorial problems. *International Transactions in Operational Research*, 3 :1–21, 1996.

[Combal et al., 2002] B. Combal, F. Baret, M. Weiss, A. Trubuil, D. Macé, A. Pragnère, R. Myneni, Y. Knyazikhin, and L. Wang. Retrieval of canopy biophysical variables from bidirectional reflectance using prior information to solve the ill-posed inverse problem. *Rem. Sens. Env.* , 84 :1–15, 2002.

[Cooper et al., 1982] K. Cooper, J. A. Smith, and D. Pitts. Reflectance of a vegetation canopy using the adding method. *Applied Optics*, 21(22) :4112–4118, 1982.

[Corgne et al., 2002] S. Corgne, L. Hubert-Moy, J. Barbier, G. Mercier, and B. Solaiman. Follow-up and modelling of the land use in an intensive agricultural watershed in france,. In Leonidas Toulios, editor, *Remote Sensing for Agriculture, Ecosystems, and Hydrology IV*, volume 4879, pages 342–351. SPIE, Manfred Owe, 2002.

[Costa and Hertz, 1997] D. Costa and A. Hertz. Ants can colour graphs. *Journal of the Operational Research Society*, 48 :295–305, 1997.

[Cuiziat and Lagouarde, 1996] P. Cuiziat and J.P. Lagouarde. *École-Chercheurs en Bioclimatologie*, volume 1. Unité de Bioclimatologie INRA, 1996.

[Dabney et al., 2001] S.M. Dabney, J.A. Delgado, and D.W. Reeves. Using winter crops to improve soil and water quality. *Communication in Soil Science Plant Annals*, 32(7–8) :1221–1250, 2001.

[Dantzig et al., 1955] G. Dantzig, A. Orden, and P. Wolfe. The generalized simplex method for minimizing a linear form under inequality restraints. *Pacific Journal of Mathematics*, 8 :183–195, 1955.

[Denoeux, 2006] Thierry Denoeux. The cautious rule of combination for belief functions and some extensions. In *Proceedings of FUSION'2006*, Florence, Italy, 2006.

[Descombes and Pechersky, 2003] X. Descombes and E. Pechersky. Droplet shapes for a class of models in z2 at zero temperature. *Journal of Statistical Physics*, 111(1–2) :129–169, 2003.

[Descombes et al., 1995] X. Descombes, J.F. Mangin, E. Pechersky, and M. Sigelle. Fine structure preserving markov model for image processing. In *9th Sandinavian Conference on Image Analysis, SCIA'95*, pages 156–166, Uppsala, Sweden, 1995.

[Descombes et al., 1998] X. Descombes, F. Kruggel, and Y. von Cramon. Spatiotemporal fmri analysis using markov random fields. *IEEE Trans. on Medical Imaging*, 17(6) :1028–1039, 1998.

[di Caro and Dorigo, 1997] G. di Caro and M. Dorigo. Antnet : A mobile agents approach to adaptive routing. Technical Report IRIDIA97–12, Université Libre de Bruxelles, 1997.

[di Caro and Dorigo, 1998] G. di Caro and M. Dorigo. Antnet : distributed stigmeric control for communications networks. *Journal of Artificial Intelligence Research*, 9 :317–365, 1998.

[Dorigo and Gambardella, 1997] M. Dorigo and L.M. Gambardella. Ant colony system : A cooperative learning approach to the traveling salesman problem. *IEEE Trans. on Evolutionary Computation*, 1 :53–66, 1997.

[Dorigo and Stützle, 2004] M. Dorigo and T. Stützle. *Ant Colony Optimization*. MIT Press, 2004.

[Dorigo et al., 1996] M. Dorigo, V. Maniezzo, and A. Colorni. The ant system : optimization by a colony of cooperating agents. *IEEE Trans. on Systems, Man, and Cybernetics-Part B*, 26 :29–41, 1996.

[Dorigo et al., 1999] M. Dorigo, G. Di Caro, and L.M. Gambardella. Ant algorithms for discrete optimization. *Artificial Life*, 5 :137–172, 1999.

[Duan et al., 1992a] Q. Duan, S. Sorooshian, and V. K. Gupta. Effective and efficient global optimization for conceptual rainfall-runoff models. *Water Resources Research*, 28(4) :1015–1031, 1992.

[Duan *et al.*, 1992b] S. Sorooshian Q. Duan, , and V. K. Gupta. Calibration ot the sma-nwsrfs conceptual rainfull-runoff model unsing global optimization. *Water Resources Research*, 29(4) :1185–1194, 1992.

[Dubois and Prade, 1986a] D. Dubois and H. Prade. On the unicity of dempster's rule of combination. *International Journal of Intelligent Systems* , 1 :133–142, 1986.

[Dubois and Prade, 1986b] D. Dubois and H. Prade. A set theoretical view of belief functions. *Int. J. Gen. Systems*, 12 :193–226, 1986.

[Dubois *et al.*, 2001] Didier Dubois, Henri Prade, and Philippe Smets. New semantics for quantitative possibility theory. In *ECSQARU '01 : Proceedings of the 6th European Conference on Symbolic and Quantitative Approaches to Reasoning with Uncertainty*, pages 410–421, London, UK, 2001. Springer-Verlag.

[Fanga *et al.*, 2003] H. Fanga, S. Lianga, and A. Kuusk. Retrieving leaf area index using a genetic algorithm with a canopy radiative transfer model. *Rem. Sens. Env.* , 85 :257–270, 2003.

[Fernandes *et al.*, 2005] C. Fernandes, V. Ramos, and A. Rosa. Self-regulated artificial ant colonies on digital image habitats. *International Journal of Lateral Computing*, 2(1) :1–8, 2005.

[Fourty and Baret, 1997] T. Fourty and F. Baret. Vegetation water and dry matter contents estimated from top-of-the atmosphere reflectance data : a simulation study. *Rem. Sens. Env.* , 61 :34–45, 1997.

[Fourty and Baret, 1998] T. Fourty and F Baret. On spectral estimates of fresh leaf biochemistry. *International Journal of Remote Sensing*, 19 :1283–1297, 1998.

[Fourty *et al.*, 1996] T. Fourty, F. Baret, S. Jacquemoud, G. Schmuck, and J. Verdebout. Leaf optical properties with explicit description of its biochemical composition : direct and inverse problems. *Rem. Sens. Env.* , 56 :104–117, 1996.

[Gambardella *et al.*, 1999] L.M. Gambardella, E. Taillard, and M. Dorigo. Ant colonies for the quadratic assignment problem. *Journal of the Operational Research Society*, 50 :167–176, 1999.

[Gastellu-Etchegorry *et al.*, 1996] J.P. Gastellu-Etchegorry, V. Demarez, V. Pinel, and F. Zagolski. Modeling radiative transfer in heterogeneous 3-d vegetation canopies. *Remote Sensing of Environment*, 58 :131–156, 1996.

[Gausman *et al.*, 1970] H. W. Gausman, W. A. Allen, R. Cardenas, and A. J. Richardson. Relationship of light reflectance to histological and physical evaluation of cotton leaf maturity. *Applied Optics*, 9(3) :545–552, 1970.

[Geman and Geman, 1984] S. Geman and D. Geman. Stochastic relaxation, gibbs distribution and bayesian restoration of images. *IEEE Trans. on Pattern Analysis and Machine Intelligence* , 6 :721–741, 1984.

[Geman and Reynolds, 1992] S. Geman and G. Reynolds. Constrained restoration and recovery of discontinuities. *IEEE Trans. on Pattern Analysis and Machine Intelligence* , 14 :367–383, 1992.

[Geman et al., 1990] D. Geman, S. Geman, C. Graffigne, and P. Dong. Boundary detection by constrained optimization. *IEEE Trans. on Pattern Analysis and Machine Intelligence* , 12 :609–628, 1990.

[Gobron et al., 1997] N. Gobron, B. Pinty, M.M. Verstraete, and Y. Govaerts. A semidiscrete model for the scattering of light by vegetation. *J. Geophys. Res* , 102 :9431–9446, 1997.

[Goel, 1988] N.S. Goel. Models of vegetation canopy reflectance and their use in estimation of biophysical parameters from reflectance data. *Remote Sensing Reviews*, 4 :1–212, 1988.

[Govaerts and Verstraete, 1998] Y. Govaerts and M. M. Verstraete. Raytran : A monte carlo ray tracing model to compute light scattering in three-dimensional heterogeneous media. *IEEE Transactions on Geoscience and Remote Sensing*, 36 :493–505, 1998.

[Halmos, 1969] P. Halmos. *Measure Theory.* van Nostrand, New York, 1969.

[Hapke and Wells, 1981] B. Hapke and E. Wells. Bidirectional reflectance spectroscopy. 2. experiments and observations. *J. Geophys. Res*, 86 :3055–3060, 1981.

[Hapke, 1963] B. Hapke. A theorical photometric function for the lunar surface. *J. Geophys. Res.*, 68 :4571–4586, 1963.

[Hapke, 1981] B. Hapke. Bidirectional reflectance spectroscopy. 1. theory. *J. Geophys. Res*, 86 :3039–3054, 1981.

[Hapke, 1984] B. Hapke. Bidirectional reflectance spectroscopy. 3. correction for macroscopic roughness. *Icarus*, 59 :41–59, 1984.

[Hapke, 1986] B. Hapke. Bidirectional reflectance spectroscopy. 4. the extinction coefficient and the opposition effect. *Icarus*, 67 :264–280, 1986.

[Heusse et al., 1998] M. Heusse, D. Snyers, S. Guérin, and P. Kuntz. Adaptive agent-driven routing and load balancing in communication networks. Technical Report RR 98001-IASC, Ecole Nationale Supérieure des Télécommunications de Bretagne Technical, 1998.

[Hégarat-Mascle et al., 2007] S. Le Hégarat-Mascle, A. Kallel, and X. Descombes. Ant colony optimization for image regularization based on a non-stationary markov modelling. *IEEE Trans. on Image Processing*, 16(3) :865–878, 2007.

[Holben and Kimes, 1986] B. Holben and D. Kimes. Directional reflectance response in avhrr red and near-ir bands for three cover types and varying atmospheric conditions. *Rem. Sens. Env.* , 19 :213–236, 1986.

[Huete et al., 1984] A. R. Huete, D.F. Post, and R. D. Jackson. Soil spectral effects on 4-space vegetation discrimination. *Rem. Sens. Env.* , 15 :155–165, 1984.

[Huete, 1988] A. R. Huete. A soil-adjusted vegetation index (savi). *Rem. Sens. Env.* , 25 :295–309, 1988.

[Huete, 1989] A. R. Huete. *In Theory and Applications of Optical Remote Sensing*, chapter Soil influences in remotely sensed vegetation-canopy spectra, pages 107–141. John Wiley & Sons, New York, 1989.

[Jacquemoud and Baret, 1990] S. Jacquemoud and F. Baret. Prospect : A model of leaf optical properties spectra. *Rem. Sens. Env.* , 34(2) :75–91, 1990.

[Jacquemoud *et al.*, 1992] S. Jacquemoud, E Baret, and J. F. Hanocq. Modeling spectral and bidirectional soil reflectance. *Rem. Sens. Env.* , 43, 1992.

[Kallel *et al.*, 2007a] Abdelaziz Kallel, Sylvie Le Hégarat-Mascle, and Laurence Hubert-Moy. Combination of partially non-distinct evidence sources : From conjonctive to cautious rule. *Int. J. Approx. Reasoning (submited)*, 2007.

[Kallel *et al.*, 2007b] Abdelaziz Kallel, Sylvie Le Hégarat-Mascle, Laurence Hubert-Moy, and Catherine Ottlé. Fusion of vegetation indices using continuous belief functions and cautious-adaptive combination rule. *IEEE Trans. Geosci. Remote. Sens (accepted)*, 2007.

[Kallel *et al.*, 2007c] Abdelaziz Kallel, Sylvie Le Hégarat-Mascle, Catherine Ottlé, and Laurence Hubert-Moy. Determination of vegetation cover fraction by inversion of a four-parameter model based on isoline parametrization. *Rem. Sens. Env. (in press)*, 2007.

[Kallel *et al.*, 2007d] Abdelaziz Kallel, Wout Verhoef, Sylvie Le Hégarat-Mascle, Catherine Ottlé, and Laurence Hubert-Moy. Canopy bidirectional reflectance calculation based on adding method and sail formalism : Addings/addingsd. *Rem. Sens. Env. (submited)*, 2007.

[Keiner, 2003] L. E. Keiner. Physical oceanography animations. http ://king-fish.coastal.edu/marine/Animations/, Coastal Carolina University, 2003.

[Kimes *et al.*, 2000] D. S. Kimes, Y. Knyazikhin, J. L. Privette, A. A. Abuelgasim, and F. Gao. Inversion methods for physically-based models. *Remote Sensing Reviews*, 18 :381–439, 2000.

[Klawonn and Smets, 1992] Frank Klawonn and Philippe Smets. The dynamic of belief in the transferable belief model and specialization-generalizat. In *Proceedings of the 8th Annual Conference on Uncertainty in Artificial Intelligence (UAI-92)*, pages 130–13, San Mateo, CA, 1992. Morgan Kaufmann.

[Kokhanovsky, 2007] A.A. Kokhanovsky, editor. *Light Scattering Reviews 2*. Springer, 2007.

[Kubelka and Munk, 1931] P. Kubelka and F. Munk. Ein beitrag zur optik der farbanstriche. *Ann. Techn. Phys.*, 11 :593–601, 1931.

[Kuusk, 1985] A. Kuusk. The hot spot effect of a uniform vegetative cover. *Sovietic Jornal of Remote Sensing*, 3(4) :645–658, 1985.

[Kuusk, 1991a] A. Kuusk. Determination of vegetation canopy parameters from optical measurements. *Rem. Sens. Env.* , 37 :207–218, 1991.

[Kuusk, 1991b] A. Kuusk. *Photon-vegetation interactions. Applications in optical remote sensing and plant ecology*, chapter The hot spot elect in plant canopy reflectance, pages 139–159. Berlin : Springer, 1991.

[Kuusk, 1995] A. Kuusk. A fast, invertible canopy reflectance model. *Rem. Sens. Env.* , 51 :342–350, 1995.

[Labroche et al., 2002] N. Labroche, N. Monmarché, and G. Venturini. A new cluste-ring algorithm based on the ants chemical recognition system. In *Proceedings of the 15th European Conference on Artificial Intelligence (ECAI'2002)*, pages 345–349., Lyon, France, 2002.

[Lenoble, 1985] J. Lenoble. *Radiative transfer in scattering and absorbing atmospheres : Standard computational procedures*. Hampton, VA, 1985.

[Lewis, 1999] P. Lewis. Three-dimensional plant modelling for remote sensing simula-tion studies using the botanical plant modelling system. *Agronomie-Agriculture and Environment*, 19 :185–210, 1999.

[Maniezzo et al., 1994] V. Maniezzo, A. Colorni, and M. Dorigo. The ant system applied to the quadratic assignment problem. Technical Report IRIDIA94–28, Université Libre de Bruxelles, 1994.

[Meisinger et al., 1991] J.J. Meisinger, W.L. Hargrove, R.L. Mikkelsen, J.R. Williams, and V.W. Benson. *Cover Crops for Clean Water*, chapter Effects of cover crops on groundwater quality, pages 57–68. Soil & Water Conservation Society, 1991.

[Nelder and Mead, 1965] J.A. Nelder and R. Mead. A simplex method for function mini-mization. *Computer Journal*, 7 :308–313, 1965.

[Nezamabadi et al., 2006] H. Nezamabadi, S. Saryazdi, and E. Rashedi. Edge detection using ant algorithms. *Soft Computing*, 10(7) :623–628, 2006.

[Nilson, 1971] T. Nilson. A theoretical analysis of the frequency of gaps in plant stands. *Agricultural Meteorology*, 8 :25–38, 1971.

[Nocedal and Wright, 1999] J. Nocedal and S. J. Wright. *Numerical Optimization*. Sprin-ger, 1999.

[North, 1996] R.J. North. Three-dimensional forest light interaction model using a monte carlo method. *IEEE Transactions on Geoscience and Remote Sensing*, 34(946–956), 1996.

[Ouadfel and Batouche, 2003] S. Ouadfel and M. Batouche. Mrf-based image segmen-tation using ant colony system. *Electronic Letters on Computer Vision and Image Analysis*, 2 :12–24, 2003.

[Pearson and Miller, 1972] R. L. Pearson and L. D. Miller. Remote mapping of standing crop biomass for estimation of the productivity of the short grass prairie. In MI ERIM, Ann Arbor, editor, *8th International Symposium on Remote Sensing of the Environ-ment*, pages 1357–1381, Colorado, 1972. Pawnee National Grasslands.

[Pieczynski and Benboudjema, 2006] W. Pieczynski and D. Benboudjema. Multisensor triplet markov fields and theory of evidence. *Image and Vision Computing*, 24(1) :61–69, 2006.

[Pinty and Verstraete, 1991] B. Pinty and M. M. Verstraete. Extracting information on surface properties from bidirectional reflectance measurements. *J. Geophys. Res* , 96 :2865–2874, 1991.

[Pinty et al., 2001] B. Pinty, N. Gobron, J.L. Widlowski, S.A.W Gerstl, M.M. Verstraete, M. Antunes, C. Bacour, F. Gascon, J.P. Gastellu, N. Goel, S. Jacquemoud, P. North,

W. Qin, and T. Richard. The RAdiation transfer Model Intercomparison (RAMI) exercise. *J. Geophys. Res* , 106 :11937–11956, 2001.

[Pinty *et al.*, 2004] B. Pinty, J.L. Widlowski, M. Taberner, N. Gobron, M.M. Verstraete, M. Disney, F. Gascon, J.P. Gastellu, L. Jiang, A. Kuusk, P. Lewis, X. Li, W. Ni-Meister, T. Nilson, P. North, W. Qin, L. Su, R. Tang, R. Thompson, W. Verhoef, H. Wang, J. Wang, G. Yan, and H. Zang. The RAdiation transfer Model Intercomparison (RAMI) exercise : Results from the second phase. *J. Geophys. Res* , 109, 2004.

[Prahl *et al.*, 1993] S. A. Prahl, M. J. C. Van Gemert, and A. J. Welch. Determining the optical properties of turbid media by using the adding-doubling method. *Appl. Opt.*, 32 :559–568, 1993.

[Prahl, 1995] S. A. Prahl. *Optical-Thermal Response of Laser Irradiated Tissue*, chapter The adding-doubling method, pages 101–129. Plenum Press, 1995.

[Qi *et al.*, 1994] J. Qi, A. Chehbouni, A. R. Huete, and Y. H. Kerr. A modified soil adjusted vegetation index. *Rem. Sens. Env.* , 48 :119–126, 1994.

[Qin and Sig, 2000] W. Qin and A.W.G. Sig. 3-d scene modeling of semi-desert vegetation cover and its radiation regime. *Remote Sensing of Environment*, 74 :145–162, 2000.

[Rautiainen, 2005] M. Rautiainen. Retrieval of leaf area index for a coniferous forest by inverting a forest reflectance model. *Rem. Sens. Env.* , 99 :295–303, 2005.

[Richardson and Wiegand, 1977] A. J. Richardson and C. L. Wiegand. Distinguishing vegetation from soil background information. *Photogrametric Engeniering Remote Sinsing*, 43 :1541–1552, 1977.

[Ristic and Smets, 2004] B. Ristic and P. Smets. Belief function theory on the continuous space with an application to model based classification. In *IPMU'2004*, pages 1119–1126, Perugia, Italy, 2004.

[Rondeaux *et al.*, 1996] G. Rondeaux, M. Steven, , and F. Baret. Optimisation of soil-adjusted vegetation indices. *Rem. Sens. Env.* , 55 :95–107, 1996.

[Rouse *et al.*, 1974] J. W. Rouse, R. H. Haas, J. A. Schell, D. W. Deering, and J. C. Harlan. Monitoring the vernal advancement retrogradation of natural vegetation. 3, NASA/GSFC, 1974.

[Rumelhart *et al.*, 1986] D. Rumelhart, G. Hinton, and R. Williams. Learning internal representations by error propagation. In J. McClelland D. Rumelhart and the PDP research group, editors, *Parallel Distributed Processing : Explorations in the microstructure of cognition*, volume 1, pages 318–362. Foundations, MIT Press, Cambridge, MA, 1986.

[Schoonderwoerd *et al.*, 1997] R. Schoonderwoerd, O. Holland, and J. Bruten. Ant-like agents for load balancing in telecommunications networks. In *Proceedings of Agents'97*, pages 209–216, Marina del Rey, CA, 1997. ACM, Inc.

[Shafer, 1976] G. Shafer. *A Mathematical Theory of Evidence*. Princeton University Press, 1976.

[Sigel *et al.*, 2002] E. Sigel, B. Denby, and S. Le Hégarat-Mascle. Application of ant colony optimization to adaptive routing in a leo telecommunications satellite network. *Annals of Telecommunications*, 57 :520–539, 2002.

[Smets and Kennes, 1994] Ph. Smets and R. Kennes. The transferable belief model. *Artificial Intelligence*, 66 :191–234, 1994.

[Smets, 1978] P. Smets. *Un modèle mathématico-statistique simulant le processus du diagnostic médical.* PhD thesis, Univ. Libre de Bruxelles, Bruxelles, Belgium, 1978.

[Smets, 1992] Ph. Smets. The concept of distinct evidence. In *IPMU'92*, pages 789–794, Palma de Mallorca, Spain, 1992.

[Smets, 1993] Ph. Smets. An axiomatic justification for the use of belief function to quantify beliefs. In *Inter. Joint Conf. on AI'93*, pages 598–603, Chambery, 1993.

[Smets, 1995] Philippe Smets. The canonical decomposition of a weighted belief. In *IJCAI'95*, pages 1896–1901, Québec, CA, 1995.

[Smets, 2002] Ph. Smets. The application of the matrix calculus to belief functions. *Int. J. Approx. Reasoning* , 31(1–2) :1–30, 2002.

[Smets, 2005a] P. Smets. Decision making in the tbm : The necessity of the pignistic transformation. *Int. J. Approx. Reasoning* , 38 :133–147, 2005.

[Smets, 2005b] Philippe Smets. Belief functions on real numbers. *Int. J. Approx. Reasoning* , 40(3) :181–223, 2005.

[Smith *et al.*, 1981] J. A. Smith, K. J. Ranson, D. Nguyen, L. Balick, E. Link, L. Fritschen, and B. Hutchison. Thermal vegetation canopy model studies. *Rem. Sens. Env.* , 11 :311–326, 1981.

[Strat, 1984] T. M. Strat. Continuous belief functions for evidential reasoning. In *Proc. of AAAI-84*, pages 308–313, Austin, TX, 1984.

[Suits, 1972] G. H. Suits. The calculation of the directional reflectance of a vegetative canopy. *Rem. Sens. Env.* , 2 :117–125, 1972.

[Tanré *et al.*, 1990] D. Tanré, C. Deroo, P. Duhaut, M. Herman, and J.J. Morcrette. Description of a computer code to simulate the satellite signal in the solar spectrum : the 5s code. *International Journal of Remote Sensing*, 11(4) :659–668, 1990.

[Tarantola, 2005] A. Tarantola. *Inverse Problem Theory*. Society for Industrial and Applied Mathematics, 2005.

[Thompson and Goel, 1998] R.L. Thompson and N. S. Goel. Two models for rapidly calculating bidirectional reflectance : Photon spread (ps) model and statistical photon spread (sps) model. *Remote Sensing Reviews,*, 16 :157–207, 1998.

[van de Hulst, 1981] H. C. van de Hulst. *Light Scattering by Small Particles.* Dover Publications, Inc., New York, 1981.

[Verhoef and Bach, 2003] W. Verhoef and H. Bach. Simulation of hyperspectral and directional radiance images using coupled biophysical and atmospheric radiative transfer models. *Rem. Sens. Env.* , 87 :23–41, 2003.

[Verhoef and Bach, 2007] W. Verhoef and H. Bach. Coupled soil leaf canopy and atmosphere radiative transfer modeling to simulate hyperspectral multi-angular surface reflectance and toa radiance data. *Rem. Sens. Env.* , 109(2) :166–182, 2007.

[Verhoef, 1984] W. Verhoef. Light scattering by leaf layers with application to canopy reflectance modelling : the sail model. *Rem. Sens. Env.* , 16 :125–141, 1984.

[Verhoef, 1985] W. Verhoef. Earth observation modeling based on layer scattering matrices. *Rem. Sens. Env.* , 17 :165–178, 1985.

[Verhoef, 1998] W. Verhoef. *Theory of Radiative Transfer Models Applied to Optical Remote Sensing of Vegetation Canopies*. PhD thesis, Agricultural University, Wageningen, The Netherlands, 1998.

[Verhoef, 2002] W. Verhoef. Improved modelling of multiple scattering in leaf canopies : The model : Sail++. In *Proceedings of the First Symposium on Recent Advances in Quantitative Remote Sensing*, pages 11–20, Torrent, Spain, 2002.

[Vermote et al., 1997] E.F. Vermote, D. Tanré, J.L. Deuzé, M. Herman, and J.J. Morcette. Second simulation of the satellite signal in the solar spectrum, 6s : An overview. *IEEE Trans. Geosci. Remote. Sens* , 35(3) :675–686, 1997.

[Verstraete et al., 1990] M. M. Verstraete, B. Pinty, and R. E. Dickinson. A physical model of the bidirectional reflectance of vegetation canopies, part 2 : Inversion and validation. *J. Geophys. Res* , 95 :11767–11775, 1990.

[Vose, 1999] M. D. Vose. *The Simple Genetic Algorithm : Foundations and Theory*. MIT Press, 1999.

[Widlowski et al., 2006] J-L. Widlowski, M. Taberner, B. Pinty, V. Bruniquel-Pinel, M. Disney, R. Fernandes, J.-P. Gastellu-Etchegorry, N. Gobron, A. Kuusk, T. Lavergne, S. Leblanc, P. Lewis, E. Martin, M. Mõttus, P. J. R. North, W. Qin, M. Robustelli, N. Rochdi, R. Ruiloba, C. Soler, R. Thompson, W. Verhoef, M. M. Verstraete, and D. Xie. The third RAdiation transfer Model Intercomparison (RAMI) exercise : Documenting progress in canopy reflectance modelling. *Journal of Geophysical Research*, 112 :1–28, 2006.

[Yager, 1986] R. R. Yager. The entailment principle for dempster-shafer granules. *International Journal of Intelligent Systems* , 1 :247–262, 1986.

[Yoshioka et al., 2000a] H. Yoshioka, A. R. Huete, and T. Miura. Derivation of vegetation isoline equations in red-nir reflectance space. *IEEE Trans. Geosci. Remote. Sens* , 38(2) :838–848, 2000.

[Yoshioka et al., 2000b] H. Yoshioka, T. Miura, A. R. Huete, and B. D. Ganapol. Analysis of vegetation isolines in red-nir reflectance space. *Rem. Sens. Env.* , 74(2) :313–326, 2000.

[Yoshioka et al., 2002] H. Yoshioka, H. Yamamoto, and T. Miura. Use of an isoline-based inversion technique to retrieve a leaf area index for inter-sensor calibration of spectral vegetation index. In *Geoscience and Remote Sensing Symposium*, volume 3, pages 1639–1641. IGARSS, 2002.

[Yoshioka et al., 2003] H. Yoshioka, T. Miura, and A. R. Huete. An isoline-based translation technique of spectral vegetation index using eo-1 hyperion data. *IEEE Trans. Geosci. Remote. Sens* , 41 :1363–1372, 2003.

[Yoshioka, 2004] H. Yoshioka. Vegetation isoline equations for an atmosphere-canopy-soil system. *IEEE Trans. Geosci. Remote. Sens* , 42 :166–175, 2004.